Biologie

2 / Génétique

BIOMED

CLAUDE-LOUIS GALLIEN
Professeur à l'Université René Descartes, Paris V

Biologie

2 / Génétique

PRESSES UNIVERSITAIRES DE FRANCE

Avertissement

Les sujets abordés dans les trois fascicules de ce cours de Biologie générale englobent trois domaines fondamentaux : la Biologie cellulaire, la Génétique, la Biologie de la reproduction et du développement.

L'ensemble a été conçu dans le but d'apporter aux étudiants du premier cycle des Universités un document de travail essentiellement pratique, *permettant d'acquérir les notions de base, le vocabulaire et les méthodes de la Biologie moderne. Une autre préoccupation est de susciter l'intérêt des étudiants qui sont engagés dans des* études médicales *en leur faisant ressentir par le choix des exemples à quel point la Biologie est profondément intégrée à la Médecine. Au total ce document aura rempli pleinement son but s'il donne au lecteur le goût et les moyens d'approfondir ses connaissances en abordant des ouvrages plus élaborés.*

ISBN 2 13 044 130 0
ISSN 0398-656 x

Dépôt légal — 1re édition : 1976
7e édition mise à jour : 1994, octobre

Plan de l'ouvrage

INTRODUCTION

Chaque organisme vivant résulte des interactions entre un *programme* spécifique, qui définit à la fois ses potentialités et ses limites biologiques, et un *environnement* capable d'induire et de moduler l'expression de ces potentialités.

La génétique est la science qui étudie le programme du vivant, sa nature structurale et moléculaire, ainsi que les mécanismes qui assurent la régulation de son fonctionnement.

Les premières formes de vie apparues sur notre planète disposaient de programmes très simples, relativement pauvres en informations. Pendant des milliards d'années ces programmes furent exprimés, répliqués, transmis de génération en génération. Ils furent aussi recombinés, modifiés, enrichis de nouvelles instructions, et par conséquent ils se sont diversifiés. Tous ces phénomènes aboutissent à l'extraordinaire foisonnement des espèces vivantes (on en recense plus d'un million) et, au sein de chacune d'entre elles, à la remarquable variété des types individuels.

La génétique est donc la science de l'hérédité, en même temps que la science de la diversité et de la différence.

Au milieu du XIXe siècle, à une époque où l'on expliquait encore l'hérédité en termes de « mélange des sangs », Grégor Mendel* (1822-1884) fut le premier à établir expérimentalement la nature *discontinue* du matériel héréditaire : les caractères des individus sont gouvernés par des instructions, des « déterminants » qui sont *indépendants les uns des autres*.

Mendel le démontre dès 1866, en effectuant des croisements entre diverses variétés de pois *(Pisum sativum)** dans le potager de son couvent augustinien de Brno. Les « parents », dans ces croisements, appartiennent à des lignées pures qui diffèrent par un seul, ou par un petit nombre, de caractères bien définis.

Mendel analyse quantitativement ce qu'il advient de ces caractères dans la descendance obtenue ; il observe que les déterminants paternel et maternel de chaque caractère ne fusionnent pas, ne se fondent pas l'un dans l'autre chez les descendants, mais qu'ils se juxtaposent, qu'ils coexistent l'un à côté de l'autre. Par ailleurs les déterminants correspondant à des caractères différents ne « déteignent » pas non plus les uns sur les autres au cours des transmissions successives ; ils restent purs et conservent leur intégrité.

Les travaux de Mendel n'eurent sur le moment qu'une très faible audience ; il faudra attendre trente-quatre ans, et l'an 1900, pour que trois autres biologistes : de Vries, Correns, et von Tschermak redécouvrent à quelques mois d'intervalle les lois élémentaires de l'hérédité.

A cette époque, les cytologistes ont mis en évidence des structures cellulaires particulières, les chromosomes* ; ils ont observé la réduction de leur nombre lors de la formation des cellules reproductrices (les gamètes*), et la reconstitution du stock chromosomique initial dans l'œuf fécondé ou zygote*, après la fusion des gamètes. Dès 1902, Sutton et Boveri montrent qu'il existe une corrélation étroite entre le comportement des chromosomes dans les mécanismes de la reproduction sexuée, et le mode de transmission des déterminants héréditaires postulés par Mendel. Ceux-ci sont bientôt rebaptisés « gènes »* par Johansen, et en 1906 Bateson crée le terme de « génétique ».

C'est Morgan qui, en 1910, démontre que les gènes sont effectivement portés par les chromosomes. Il étudie la mouche du vinaigre *Drosophila melanogaster**, et repère dans ses élevages des individus porteurs de caractères nouveaux, différents de ceux observés dans les populations sauvages. Ces caractères originaux résultent d'un changement brusque, d'une mutation*, survenue au niveau des gènes qui leur correspondent. D'une façon générale la transmission des gènes mutés obéit aux règles énoncées par Mendel. Cependant lorsqu'on étudie simultanément plusieurs caractères mutants, on constate que certains d'entre eux ont tendance à rester associés, d'une génération à l'autre, comme si les gènes dont ils dépendent étaient « liés ». En analysant le mode de transmission d'un grand nombre de caractères mutants, Morgan montre qu'il existe chez la drosophile quatre « groupes de liaison* », ce qui correspond au nombre de chromosomes différents mis en évidence chez cette espèce.

A chaque génération, cependant, chez quelques individus, les caractères dépendant de gènes liés forment des associations nouvelles par rapport aux combinaisons initiales présentées par les parents. La liaison entre les gènes est donc susceptible d'être coupée, ce qui permet une recombinaison* des caractères. Les cytologistes montrent bien, en effet, que des chromosomes peuvent être rompus et échanger des fragments au cours d'un phénomène appelé enjambement* ou crossing-over*, qui s'observe lors de la formation des cellules sexuelles.

En multipliant les expériences, Morgan constate que le pourcentage des recombinants dans la descendance d'un type donné de croisement est toujours le même. Cela s'explique si, au sein d'un groupe de liaison, les gènes sont rangés dans un ordre fixe et séparés par une distance constante ; la fréquence des recombinaisons entre deux gènes serait alors fonction de la distance qui les sépare. La connaissance du pourcentage de recombinants permet donc d'établir la distance entre les gènes, ainsi que leurs positions respectives au sein d'un même groupe de liaison, et de dresser une carte factorielle*. En 1935, Painter et Bridges parviennent à visualiser les gènes sur les chromosomes, ils établissent par des méthodes cytologiques que la carte factorielle théorique correspond bien à la carte chromosomique réelle. Plus tard cependant, en 1950, on réalisera avec les travaux de McClintock que les chromosomes ne sont pas des structures aussi immuables qu'on pouvait le penser, et que certains gènes (transposons*) peuvent se déplacer sur un chromosome, ou encore « sauter » d'un chromosome à l'autre !

C'est aussi très tôt qu'on s'intéresse au mode d'action des gènes, et qu'on s'efforce de déterminer leur nature chimique.

Dès 1910 les travaux de Cuénot et ceux de Garrod tendent à indiquer que les gènes gouvernent la synthèse et l'activité de protéines catalytiques, les enzymes*. Mais c'est seulement entre 1935 et 1945, que Haldane, puis Beadle, Ephrussi, Tatum établissent par les méthodes de la biochimie que chaque gène contrôle la synthèse et les propriétés d'une protéine particulière. La mutation d'un gène peut entraîner la modification de la protéine correspondante, ce qui se traduit par le changement d'un caractère héréditaire.

En 1924, Feulgen montre que l'ADN* (acide désoxyribonucléique) est un constituant majeur des chromosomes. Une vingtaine d'années plus tard, Lederberg et Luria, entre autres, entreprennent d'étudier les mécanismes de l'hérédité chez les bactéries* et les virus*, qui se prêtent particulièrement bien à l'analyse biochimique. En 1944, Avery, McLeod, et McCarty constatent que l'ADN extrait d'un type de pneumocoques* peut *transformer héréditairement* les caractères de pneumocoques d'un autre type, génétiquement différents. L'ADN possède donc les propriétés mêmes des gènes : capacité de réplication, et faculté d'induire l'apparition de caractères qui n'ont pas de rapports directs avec sa propre nature chimique.

En 1952, Hershey et Chase confirment que le « matériel génétique » peut être identifié à l'ADN, et c'est sur cette molécule qu'on va désormais travailler. Les travaux de Chargaff (1950), et de Wilkins (1953), permettent à Watson et Crick de proposer en 1953 un modèle moléculaire fonctionnel de la molécule d'ADN. C'est la célèbre « double hélice » formée de deux brins complémentaires dont chacun sert de matrice pour l'assemblage de l'autre, assurant ainsi la reproduction à l'identique du programme héréditaire, et la transmission de toute mutation venant altérer les instructions initiales.

L'information génétique est inscrite dans une séquence linéaire formée à partir de quatre bases différentes (Adénine*, Guanine*, Cytosine*, Thymine*), dont la combinaison permet de réaliser une variété pratiquement infinie de messages. Dès 1960, les recherches de Crick, puis de Nirenberg, Matthaei, et Ochoa permettent de définir la notion de code génétique*, exprimant la relation entre une séquence de trois bases successives (triplet*) d'un brin de la molécule d'ADN, et un acide aminé donné parmi les vingt types qui entrent dans la constitution d'une protéine. La succession des acides aminés d'une protéine est donc spécifiée par la séquence des triplets de l'ADN représentant un gène.

Les travaux de Jacob et Monod sur la bactérie *Escherichia coli** montrent en 1965 que des systèmes précis de régulation contrôlent le fonctionnement du matériel génétique. Par ailleurs l'ADN ne forme pas directement une protéine ; il est d'abord transcrit sous forme d'un « messager » ribonucléique complémentaire, l'ARN*, qui sert de relais. C'est le message porté par l'ARN qui sera ensuite traduit en protéine. Un gène peut donc être assimilé à une « unité de transcription »*. Les mécanismes de contrôle interviennent soit au niveau transcriptionnel, soit au niveau post-transcriptionnel.

Le matériel ainsi que le code génétique sont communs à tous les êtres vivants, et, pour l'essentiel, ce sont aussi les mêmes types de mécanismes effecteurs ou répresseurs qui contrôlent la transcription et la traduction du programme. Des différences existent cependant entre les virus, les bactéries, et les cellules végétales ou animales « eucaryotes »* plus complexes. C'est ainsi que Chambon et Tonegawa ont montré, en 1977, que chez les organismes supérieurs la plupart des gènes sont « morcelés* » : au sein d'une même unité de transcription des séquences fonctionnelles, dont l'ensemble gouverne la synthèse d'une protéine, sont séparées par des séquences de bases en apparence non signifiantes, les introns*.

Il reste néanmoins que ce sont des processus de même nature qui assurent la synthèse des protéines responsables des caractères distinctifs de chaque espèce et de chaque individu. Cette très large unité de structure et de fonctionnement du matériel génétique rend possible la mise en œuvre de manipulations génétiques au niveau moléculaire. On sait isoler un gène provenant d'un organisme donné, le découper, lui ajouter des séquences de base qui le rendront fonctionnel, et l'incorporer éventuellement au matériel génétique d'un autre organisme. Ce « génie génétique », initialement simple méthode d'étude des gènes, ouvre des perspectives prodigieuses dont certaines s'écartent du domaine strict de la recherche fondamentale.

1

LA TRANSMISSION DES CARACTÈRES

SOMMAIRE

I. Vocabulaire et symbolique

Comme toutes les autres disciplines biologiques, la génétique s'est dotée progressivement d'un vocabulaire précis (qui continue à s'enrichir et peut éventuellement évoluer). Il est nécessaire de bien connaître le sens des termes les plus couramment employés, qui sont les suivants :

A / Vocabulaire

1 / Phénotype et génotype (Johannsen)

a) *Phénotype*

L'ensemble des caractères apparents permettant de reconnaître un individu constitue le phénotype*. Ce terme s'applique aussi bien à des caractères morphologiques qu'à des caractères physiologiques ou de comportement.

b) *Génotype*

La capacité de réaliser un phénotype donné réside dans le programme, dans « l'information génétique » transmise d'une génération à l'autre (1). On appelle génotype* l'ensemble de l'information génétique.

2 / Les gènes

Les premiers généticiens tendent assez normalement à penser que chaque « caractère » observé correspond à un « déterminant génétique » particulier. Le génotype, l'ensemble de l'information génétique (on dit encore le génome*), est constitué par de nombreuses unités génétiques, les gènes.

a) *Locus*

Assez rapidement on est amené à considérer que les gènes sont disposés linéairement sur un support — le chromosome — et que chaque gène occupe sur ce chromosome un emplacement défini appelé locus*.

b) *Mutation*

Les gènes sont transmis identiques à eux-mêmes de génération en génération. En de rares occasions une modification brutale peut intervenir dans le génome et l'information portée par un gène se trouve altérée, ce qui peut se traduire par un changement du caractère visible. Cette modification du matériel génétique porte le nom de mutation; c'est un événement peu fréquent dans des conditions normales (on admet qu'il atteint une génération de gènes sur 100 000).

c) *Allèles*

En raison des diverses mutations qui ont pu survenir au cours du temps, et qui ont été transmises et fixées par une espèce particulière, un gène donné, c'est-à-dire une instruction correspondant à une fonction donnée, peut présenter plusieurs variantes conditionnant des expressions différentes de cette même fonction. Il apparaît donc qu'un locus peut

(1) Dans tous les cas cependant, le milieu (l'environnement) peut modifier l'expression du génotype, donc le phénotype d'un sujet. Le phénotype est la résultante des interactions entre le programme héréditaire et le milieu.

être occupé par l'une des diverses formes possibles d'un gène. Ces formes différentes d'un même gène sont appelées des allèles* (du grec *allelos* = différent).

différents allèles pouvant occuper un même locus

d) *Couples d'allèles*

Dans les cellules diploïdes* (2*n* chromosomes), chaque locus existe en deux exemplaires homologues, puisque les chromosomes vont par paires d'homologues, l'un étant fourni par l'organisme maternel, l'autre par l'organisme paternel dans le cadre de la reproduction sexuée.

Pour une fonction donnée, chaque cellule diploïde dispose donc à la fois d'un allèle d'origine maternelle et d'un allèle d'origine paternelle.

Dans ces conditions, un caractère du phénotype résulte donc de l'expression d'au moins *un couple* d'allèles.

e) *Homozygotes, hétérozygotes*

Si les deux allèles d'un couple sont identiques, porteurs de la même information, le sujet est dit homozygote* pour le caractère considéré.

Si les deux allèles d'un couple sont différents, porteurs d'instructions dissemblables, le sujet est dit hétérozygote* pour le caractère considéré.

2 locus homologues, occupés par 2 allèles semblables!

f) *Gènes liés*

Lorsque deux gènes (par définition non allèles) sont portés *par un même chromosome*, on dit qu'ils sont liés*. Plus les locus qu'ils occupent sont voisins, plus la liaison est étroite.

g) *Gènes liés au sexe — gènes autosomiques*

Les gènes peuvent être portés par les chromosomes sexuels* X ou Y, on dit qu'ils sont liés au sexe*, ou bien portés par les autosomes*, on parle alors de gènes autosomiques.

La notion de « gène » est commode, c'est pourquoi nous continuerons de l'utiliser. Cependant elle doit être précisée en fonction du contexte et il nous faudra revenir ultérieurement sur la notion même d'unité génétique.

3 / Caractères

On appelle caractère *l'expression visible* d'un gène ou d'un groupe de gènes. Un caractère peut être étudié à plusieurs niveaux : macroscopique (taille du sujet, couleur des yeux ou des téguments), microscopique (aspect cellulaire, réactions d'agglutination des cellules du sang), biochimique (présence ou absence d'une protéine, modification d'une activité enzymatique), ou encore moléculaire (nombre ou nature des acides aminés qui forment un polypeptide).

a) *Polymérie*

Un même caractère peut être sous le contrôle de plusieurs couples d'allèles, on parle alors de polymérie* : ainsi pour le caractère de la pigmentation de la peau chez l'Homme, on estime que quatre couples d'allèles au moins entrent en jeu.

b) *Pleïotropie*

Plusieurs caractères sans relations apparentes peuvent dépendre d'un même couple d'allèles, c'est un phénomène de pleïotropie*; ainsi dans l'albinisme* universel complet un seul couple d'allèles serait responsable de l'absence de pigmentation cutanée, de l'épaisseur inférieure à la normale du tégument, du faible développement du système pileux.

c) *Dominance*

Lorsque deux allèles d'un même couple sont différents (hétérozygotie) il peut arriver qu'un seul d'entre eux exprime son caractère, il est dit dominant*, l'autre, qui est en quelque sorte masqué, est dit récessif*. En fait la notion de dominance se base sur la seule observation d'un phénotype et non pas sur la stricte analyse de l'effet primaire du gène, il est donc plus correct de parler de *caractère dominant* (et non de « gène » ou d' « allèle » dominant...). Si deux allèles différents d'un même couple conjuguent leurs effets pour exprimer un caractère « mixte » ou « intermédiaire », on parle de codominance*. Un caractère récessif ne peut s'exprimer que si les deux allèles « récessifs » sont présents (homozygote récessif).

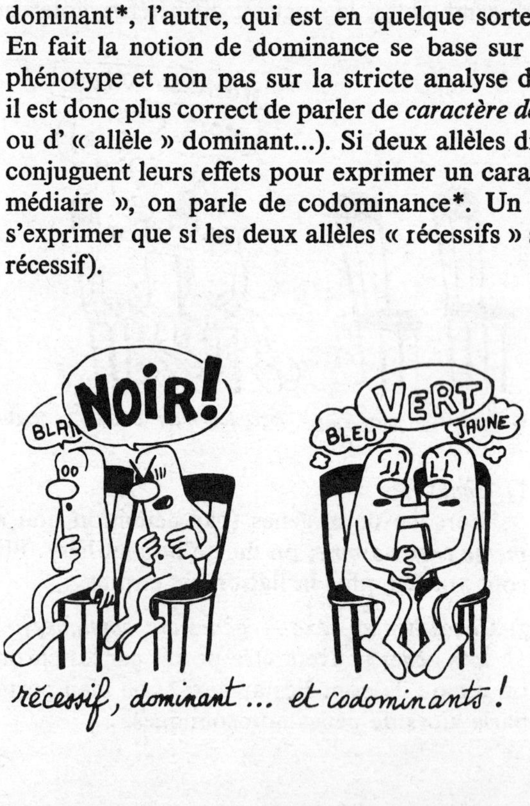

récessif, dominant ... et codominants !

4 / Croisements

La plupart des problèmes qui se posent en génétique formelle consistent à analyser les relations entre un phénotype et un génotype donnés. Pour étudier la transmission des caractères on réalise des croisements entre des sujets différant entre eux par certains de leurs caractères, on examine ensuite la répartition de ces caractères parmi les descendants.

a) *Hybrides*

On appelle hybrides* les descendants de tels croisements. Ce terme est d'ailleurs un peu impropre, en zoologie il s'applique plus spécifiquement à des individus résultant d'un croisement entre des parents d'espèces ou de races différentes. L'ensemble des hybrides de première génération constitue la F_1. Si l'on croise entre eux des sujets F_1, on obtient une deuxième génération qui constitue la F_2.

b) *Rétrocroisements*

Si des sujets de type F_1 sont croisés avec des individus des types parentaux, on réalise un rétrocroisement*, ou back-cross*.

B / Symbolique

Différentes conventions peuvent être utilisées pour représenter les génotypes et les phénotypes des sujets étudiés. Afin de familiariser le lecteur avec les notations parfois dissemblables qui peuvent être utilisées dans divers ouvrages, nous avons choisi d'utiliser suivant les cas tantôt les unes, tantôt les autres.

1) Les cellules d'un organisme diploïde possèdent deux lots de chromosomes homologues. Chaque locus existe donc en deux exemplaires portés chacun par un des chromosomes homologues. Les deux locus homologues sont représentés par une même lettre, on sépare ces lettres par un trait de fraction indiquant que les locus sont portés par deux chromosomes distincts : G/G.

Les différents allèles susceptibles d'occuper le locus G sont représentés par d'autres lettres (souvent l'initiale du caractère qu'ils gouvernent), portées en exposant. Un allèle dominant est représenté par une lettre majuscule, un allèle récessif par une lettre minuscule : G^A (caractère A dominant), G^b (caractère b récessif). Le phénotype est représenté par la lettre (majuscule ou minuscule) correspondant au caractère *exprimé*, et placée entre parenthèses (ou entre crochets).

Le génotype d'un sujet homozygote pour l'allèle A est donc représenté par G^A/G^A et son phénotype par (A).

Le génotype d'un sujet homozygote pour l'allèle b est représenté par G^b/G^b et son phénotype par (b).

Le génotype d'un sujet hétérozygote pour A et b est représenté par G^A/G^b et son phénotype par (A), puisque A domine b.

Si l'on a affaire à des allèles codominants A et C, le génotype s'écrit G^A/G^C et le phénotype (AC).

Dans un cas étudié nous rencontrerons une variante : dans le système de groupes sanguins* ABO, le locus commun est noté I lorsqu'il est occupé par des allèles dominants : I^A ou I^B, et i (en minuscule) lorsqu'il est occupé par un allèle récessif o. Un sujet de phénotype (O) a donc son génotype noté i/i. Cette dernière notation (qui n'est pas très logique) est cependant fréquemment utilisée et nous en ferons donc mention.

2) Dans un autre type de notation, on fait abstraction de l'indication du locus et seuls les allèles, représentés par des lettres, sont figurés en majuscules pour un allèle dominant, en minuscules pour un allèle récessif :

— sujet homozygote (A) A/A;
— sujet homozygote (b) b/b;
— sujet hétérozygote (A) A/b;
— sujet hétérozygote (AC) A/C (codominance).

Un cas particulier peut être rencontré : pour l'étude du système rhésus*, les allèles sont affectés du signe + ou —. On écrit Rh^+ l'allèle dominant, rh^- l'allèle récessif. Le phénotype peut être noté en majuscules, indifféremment (Rh^+) ou (Rh^-).

3) Dans un troisième type de notation, une différence est faite entre les allèles les plus fréquents dans la population étudiée (allèles « sauvages »*) et les allèles mutés, plus rares, gouvernant un caractère choisi comme marqueur.

Le locus est désigné par une lettre (souvent l'initiale du caractère marqueur) écrite en majuscule si l'allèle muté est dominant, en minuscule si l'allèle muté est récessif. La lettre seule indique qu'il s'agit de l'allèle muté, elle est affectée du signe + lorsqu'elle désigne l'allèle sauvage. Le phénotype est représenté par la même lettre entre parenthèses (ou entre crochets), seule si le caractère muté s'exprime, affectée du signe + si c'est le caractère sauvage qui est exprimé :

— (e) e/e est un sujet exprimant le caractère muté (e), gouverné par l'allèle récessif muté e présent à l'état homozygote ;
— (e^+) e^+/e est un sujet montrant un phénotype sauvage pour le caractère considéré, il est hétérozygote et porte un allèle récessif muté e et un allèle dominant sauvage e^+ ;
— (P) P^+/P est un sujet exprimant le caractère muté P, gouverné par l'allèle dominant muté P. L'allèle sauvage P^+ est récessif.

Dans certains cas, une simplification consiste à représenter l'allèle ou le caractère sauvage par le seul signe + :

$$(+)\ +/e = (e^+)\ e^+/e.$$

Suivant les cas étudiés nous verrons que chaque type de notation peut s'avérer plus ou moins commode.

II. La reproduction sexuée

Les lois de Mendel rendent compte des modalités de la transmission des caractères héréditaires à travers les générations dans le cadre de la reproduction sexuée. Cette forme de reproduction, par le biais de deux mécanismes complémentaires, la méiose* et la fécondation*, permet non seulement la *transmission* du patrimoine génétique, mais aussi le *brassage* des informations propres aux deux individus initialement impliqués dans le processus de reproduction sexuée.

A / Les gamètes

A l'origine de tout organisme pluricellulaire se trouve une cellule unique, l'œuf fécondé ou zygote. Le zygote est diploïde, c'est-à-dire qu'il possède deux lots homologues de chromosomes : un lot de *n* chromosomes qui est porteur des informations d'origine paternelle, et un lot de *n* chromosomes qui est porteur des informations d'origine maternelle. Les deux lots ont été réunis lors de la fécondation.

A partir de cette première cellule, une série de mitoses* successives conduit à la formation d'un individu pluricellulaire. Deux lignées de cellules coexistent alors au sein de l'organisme : la lignée somatique* et la lignée germinale*. Les cellules de la lignée somatique restent diploïdes, elles constituent les différents tissus et organes de l'individu. Les cellules de la lignée germinale se localisent au niveau d'organes particuliers, les glandes génitales ou gonades*. Au début de leur évolution, ces cellules sont encore diploïdes; elles s'engagent ultérieurement dans un processus particulier de division cellulaire conduisant à la formation de cellules haploïdes*, les gamètes. Les gamètes ne possèdent plus qu'un seul exemplaire du programme génétique, un seul lot de chromosomes (*n* chromosomes). Les gamètes produits par un organisme mâle sont des spermatozoïdes*, les gamètes produits par un organisme femelle sont les ovules*. Le mécanisme particulier de division cellulaire qui conduit à la formation de gamètes haploïdes à partir des cellules diploïdes de la lignée germinale est appelé méiose.

B / La méiose

Une cellule de la lignée germinale qui va subir la méiose possède deux lots *homologues* de chromosomes : un lot de *n* chromosomes d'origine paternelle, et un lot de *n* chromosomes d'origine maternelle. Chaque chromosome est lui-même « bichromatidien », c'est-à-dire qu'il est formé par deux filaments allongés côte à côte, les chromatides*. Les deux chromatides d'un chromosome bichromatidien sont chacune porteuses d'une série d'informations génétiques *identiques*.

Au total la cellule qui va subir la méiose possède donc quatre exemplaires du programme génétique.

La méiose s'effectue au cours de deux divisions cellulaires successives [1].

[1] Voir dans cette collection le volume I : *Biologie cellulaire*, et le volume III : *Biologie de la reproduction et du développement*.

1 | Première division de méiose

Au début de la méiose, tous les chromosomes se rassemblent de part et d'autre du plan équatorial de la cellule. Au cours de cette étape, les chromosomes qui forment chaque paire (un d'origine paternelle, un d'origine maternelle) sont très rapprochés (bivalents*), et échangent des segments homologues de chromatides, recombinant ainsi des fragments du programme d'origine paternelle, et des fragments du programme d'origine maternelle (crossing-over).

Après avoir effectué ces échanges, les chromosomes homologues se séparent et migrent chacun vers un pôle opposé de la cellule. Au cours de cette migration, la répartition des chromosomes d'origine paternelle ou maternelle se fait de façon aléatoire (au hasard).

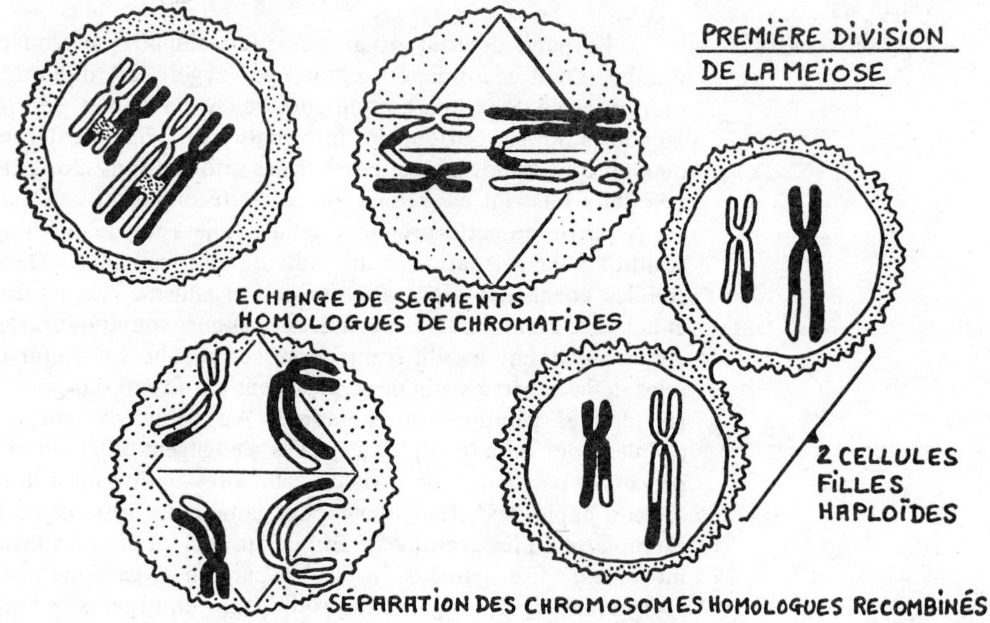

La cellule se divise ensuite, donnant deux cellules filles. Chaque cellule fille possède un seul lot de *n* chromosomes bichromatidiens. Certains chromosomes sont d'origine paternelle (mais portent des fragments recombinés de chromatides d'origine maternelle), les autres sont d'origine maternelle (mais sont porteurs de fragments recombinés de chromatides d'origine paternelle).

2 | Deuxième division de méiose

Chacune des deux cellules filles issues de la première division de méiose se divise à son tour.

Au cours de cette division, les chromosomes se disposent à l'équateur du fuseau de division. Les deux chromatides de chaque chromosome se séparent alors l'une de l'autre et migrent en direction des pôles opposés de la cellule. Celle-ci se divise, donnant deux cellules qui deviendront des gamètes. Ce sont donc en définitive quatre gamètes qui sont formés à partir de la cellule initiale.

Chaque gamète possède un seul lot de *n* chromosomes *monochromatidiens*, qui sont indifféremment d'origine paternelle ou maternelle. Il faut par ailleurs considérer que l'unique chromatide qui forme chaque

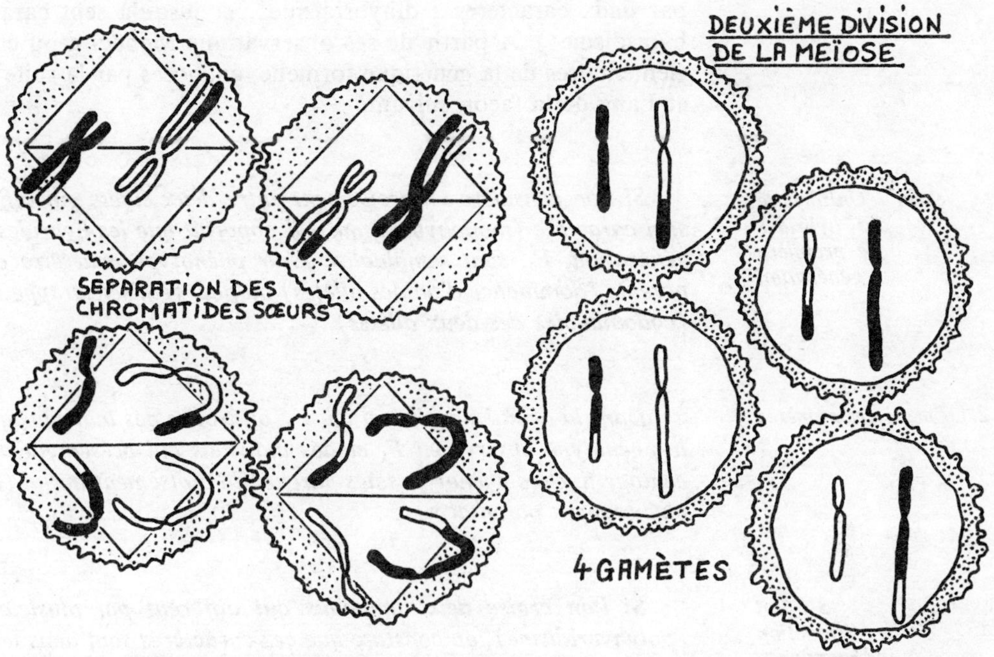

chromosome associe des fragments d'origine paternelle et des fragments d'origine maternelle. Ainsi, chaque gamète possède donc un seul exemplaire d'un programme génétique qui recombine les éléments des patrimoines héréditaires parentaux.

C / LA FÉCONDATION

C'est au cours de la fécondation qu'est réalisée l'union de deux gamètes, un spermatozoïde et un ovule. Au début du processus de fusion, chaque chromosome se dédouble et devient bichromatidien. Le zygote dispose ainsi de deux lots homologues de chromosomes bichromatidiens, l'un issu du spermatozoïde paternel, l'autre provenant de l'ovule maternel.

III. Les lois de Mendel

A / ENONCÉ DES LOIS

Mendel fut le premier à appliquer de façon rationnelle la méthode des croisements et de l'hybridation *en s'adressant à un matériel favorable* : des variétés simples d'une même espèce, différant entre elles par un unique caractère ou un petit nombre de caractères, nets et faciles à repérer. Il sélectionne comme souches parentales pour ses expériences des lignées pures*, constituées de populations homozygotes pour le caractère, ou les caractères considérés.

Mendel a étudié successivement les résultats de croisements entre des pois *(Pisum sativum)* différant par un caractère : monohybridisme*;

par deux caractères : dihybridisme*, et jusqu'à sept caractères (polyhybridisme*). A partir de ses observations Mendel a pu établir les lois élémentaires de la génétique formelle, énoncées par la suite par Morgan et Lang de la façon suivante :

1 / Uniformité des hybrides de première génération

Si l'on considère un croisement entre deux sujets qui diffèrent par un seul caractère (monohybridisme), il apparaît que les hybrides de première génération, F_1, sont semblables. Leur phénotype peut être celui d'un des parents (dominance d'un des allèles) ou peut réaliser un type intermédiaire (codominance des deux allèles).

2 / Pureté des gamètes

Dans la deuxième génération, F_2, on trouve des individus qui présentent le phénotype observé en F_1 et des individus qui présentent dans un pourcentage fixe les phénotypes des parents du croisement initial (on parlera de phénotype « parental »).

3 / Loi de disjonction indépendante *des caractères*

Si l'on croise deux individus qui diffèrent par plusieurs caractères (polyhybridisme), on constate que ces caractères sont dans les générations suivantes hérités de façon indépendante les uns des autres, et se retrouvent associés en F_2 comme s'ils avaient été distribués au hasard.

B / Caractère des études génétiques dans l'espèce humaine

Les lois que nous venons d'énoncer sont très générales. Elles s'appliquent aussi bien au matériel végétal qu'animal. Morgan et son école ont en particulier développé l'étude de la génétique chez un insecte, la mouche Drosophile*, qui constitue un matériel très favorable. Ces lois s'appliquent aussi, bien entendu, à l'espèce humaine.

Dans le paragraphe suivant, nous donnerons des exemples destinés à illustrer les lois de Mendel. Nous avons choisi de prendre ces exemples chez l'animal et de préférence, lorsque cela est possible, chez l'Homme. Il faut toutefois bien comprendre que l'Homme ne constitue pas un matériel commode : l'expérimentation au sens propre du terme n'est pas concevable sur l'espèce humaine, pour des raisons biologiques (taux de fécondité faible, lenteur des générations successives), mais aussi pour des raisons évidentes d'ordre moral et social (impossibilité de provoquer des « croisements »).

Il est cependant assez facile de mettre en évidence l'application à l'Homme des lois qui régissent la transmission des caractères héréditaires.

Un premier moyen consiste à étudier un système relativement simple portant sur des caractères courants, dans lequel pour un même couple d'allèles les trois génotypes possibles (deux homozygotes, un hétérozygote) correspondent à des phénotypes distincts. C'est le cas dans les systèmes de groupes sanguins.

On peut alors, non pas « faire des croisements » expérimentaux, mais étudier, ou prévoir, la descendance de sujets de « type » parental, ou F_1 ou F_2, formant des couples qui reproduisent les différents croisements expérimentaux possibles.

Un second moyen consiste à rechercher systématiquement la manière dont se transmet un caractère précis. Il peut s'agir, par exemple, d'une maladie héréditaire (ou « tare »*) dont on veut connaître la nature génétique et l'origine. L'apparition de ce caractère est suivie dans une famille sur plusieurs générations, lorsqu'on dispose des documents ou archives nécessaires, ce qui permet d'établir le pedigree* de cette famille par rapport au caractère étudié.

1 / Les systèmes de groupes sanguins

Les globules rouges humains portent au niveau de leur membrane plasmique différents types d'antigènes*, qui sont des complexes lipidiques ou protéiques associés à des oligosaccharides. A l'heure actuelle on sait reconnaître plus de 100 antigènes différents, qui sont groupés à l'intérieur de *14 systèmes de groupes sanguins*. Pour chacun de ces systèmes un sujet sera donc caractérisé par le type d'antigène qui lui est spécifique, et les individus d'une population donnée peuvent être classés en fonction du « groupe sanguin » auquel ils appartiennent dans chacun des 14 systèmes.

Un antigène est, bien entendu, toléré par l'organisme qui le produit, en revanche l'exposition à un antigène étranger incite l'organisme à élaborer une substance protéique appelée anticorps*, dont la fonction est de reconnaître (1) l'antigène étranger. L'anticorps a une action rigoureusement spécifique, il ne peut identifier qu'un antigène identique à celui qui a stimulé sa production.

Parmi les différents systèmes de groupes connus nous retiendrons pour nos exemples les suivants :

- **ABO (H),**
- **MN,**
- **Rhésus (DCE).**

a) *Le système ABO (H)*

Dans le système ABO (H) décrit par Landsteiner en 1901, on considère trois types d'antigènes A, B et H, qui sont tous formés à partir d'une structure commune : chaîne protéique ou lipidique associée à un oligosaccharide P* se terminant par un D-galactose*. Sauf cas très exceptionnnel (2), le D-galactose terminal de l'oligosaccharide P est toujours lié à un L-fucose* en position latérale. Cette structure correspond alors à l'antigène H. L'adjonction à l'antigène H d'un sucre terminal supplémentaire réalise l'antigène A (sucre terminal : N-acétylgalactosamine*) ou l'antigène B (sucre terminal : D-galactose).

En règle générale des antigènes H sont toujours présents sur la membrane plasmique des hématies ; en revanche les antigènes A et B peuvent, suivant les individus, être présents isolément, simultanément, ou encore être absents. Ceci entraîne l'existence de quatre groupes sanguins dans ce système :

— (A) : sujets qui portent l'antigène A (et l'antigène H);
— (B) : sujets qui portent l'antigène B (et l'antigène H);

(1) *In vitro* la manifestation d'une réaction antigène/anticorps dépend de la nature de l'anticorps : agglutination, sensibilisation et (ou) hémolyse (destruction) du globule rouge. *In vivo* la réaction d'agglutination est à l'origine de la destruction des globules rouges par des cellules spécialisées.

(2) Voir le « temps fort » à la fin de ce chapitre.

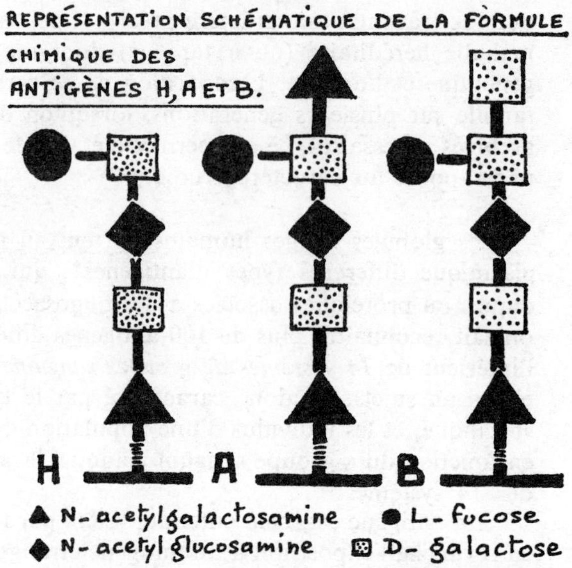

— (AB) : sujets qui portent à la fois l'antigène A et l'antigène B (et l'antigène H);

— (O) : sujets qui ne portent ni l'antigène A, ni l'antigène B, mais le seul antigène H, *non modifié* par l'adjonction d'un sucre supplémentaire.

Sur le plan génétique la production des antigènes A, B et H est gouvernée par deux groupes d'allèles correspondant à deux locus distincts :

Locus H. — Ce locus (1) peut être occupé par deux allèles possibles H et h. L'allèle H est dominant, il contrôle la synthèse de la fucosyltransférase qui additionne le L-fucose à l'oligosaccharide P. L'allèle h est récessif et amorphe* : il ne gouverne pas la synthèse d'une enzyme active.

Locus I. — Les allèles I^A, I^B et i appartiennent à une même série pluriallélique*, c'est-à-dire que chacun des trois peut occuper le locus appelé « I » sur chacun des deux chromosomes de la paire d'homologues concernée (2).

L'allèle I^A contrôle la synthèse d'une enzyme (N-acétyl galactosaminosyl transférase*) qui assure l'addition du N-acétyl galactosamine sur la structure oligosaccharidique H.

L'allèle I^B contrôle la synthèse de la D-galactosyl transférase* qui permet l'addition du D-galactose sur la structure H; les allèles I^A et I^B sont tous deux dominants (codominants).

L'allèle i est récessif ; c'est un gène amorphe qui ne gouverne pas la synthèse d'une enzyme active susceptible de modifier l'antigène H.

Les individus exposés à un antigène qui leur est étranger répondent en fabriquant un anticorps spécifique contre cet antigène, par contre *l'organisme ne fabrique pas d'anticorps contre ses propres antigènes.*

(1) Situé sur le chromosome 19 du caryotype* humain.
(2) Chromosome 9 du caryotype humain.

La production d'un anticorps de groupe sanguin nécessiterait donc, en théorie, l'introduction dans l'organisme de globules rouges « étrangers ». Toutefois les antigènes A et B sont parmi ceux dont la structure chimique ressemble étroitement aux antigènes présents sur des bactéries ou des spores auxquelles nous sommes constamment exposés. Par suite de cette exposition, virtuellement tous les sujets âgés de plus de 6 mois fabriquent les anticorps qui sont *compatibles avec leurs antigènes*, ainsi :

— les sujets du groupe (A) (antigène A) possèdent dans leur sérum des anticorps anti-B;
— les sujets du groupe (B) (antigène B) possèdent dans leur sérum des anticorps anti-A;
— les sujets du groupe (AB) (antigène B et antigène A) sont dépourvus d'anticorps anti-A ou anti-B, pour cette raison ils sont des receveurs universels* (1);
— les sujets du groupe (O) (ni antigène A, ni antigène B) quant à eux ne réagissent ni avec les anticorps anti-A, ni avec les anticorps anti-B, ils les possèdent cependant dans leur sérum ; ce sont des donneurs universels* (1) (dans le système ABO-H).

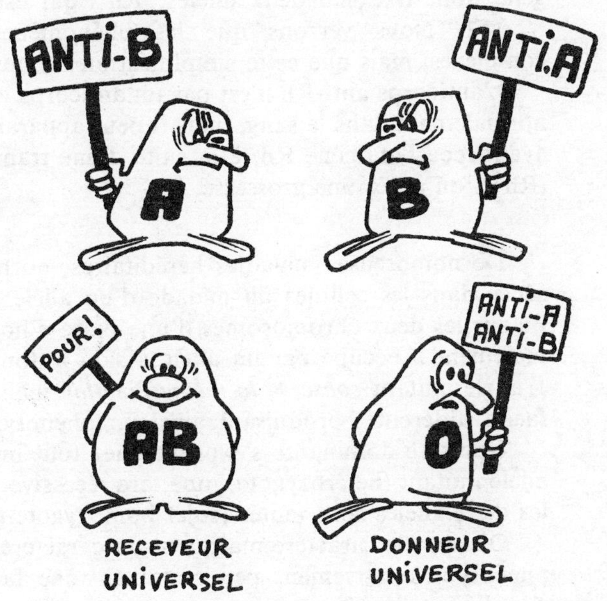

b) *Le système MN*

Dans ce système on considère deux antigènes, M et N, qui peuvent être présents isolément ou simultanément sur les hématies, ce qui entraîne l'existence de trois groupes sanguins :

— (M) : sujets qui portent le seul antigène M;
— (N) : sujets qui portent le seul antigène N;
— (MN) : sujets qui portent à la fois l'antigène M et l'antigène N.

(1) Dans les transfusions de sang entier les réactions susceptibles d'être dangereuses sont celles où les globules rouges du donneur sont agglutinés par les anticorps du receveur. La réaction inverse (agglutination des globules rouges du receveur par les anticorps présents dans le sérum du donneur) est négligeable. Cependant, en pratique médicale, les notions de « donneur universel » ou de « receveur universel » doivent être considérées avec une grande prudence.

Sur le plan génétique la production des antigènes M ou N est gouvernée par deux allèles L^M et L^N qui sont codominants. Ce système a été mis en évidence par Landsteiner et Levine en 1927; il est en fait plus complexe (système MNS), il existe d'autres allèles rares de L^M et L^N, et un deuxième groupe de gènes occupant un locus différent : S est impliqué dans ce système. Les locus du système MNS sont situés sur les chromosomes 4 du caryotype humain; nous ne retenons ici que les allèles L^M et L^N.

c) *Le système Rhésus*

Un troisième système d'antigènes de surface des hématies est le système Rhésus, découvert par Landsteiner, Wiener et Levine (1940). En première analyse et pour simplifier nous considérerons deux groupes dans ce système :

— (Rh^+) : sujets qui portent l'antigène Rh;
— (Rh^-) : sujets qui ne portent pas l'antigène Rh.

Pour la commodité de l'exemple, nous admettrons que le locus Rh, situé sur le chromosome 1 du caryotype humain, est occupé par un seul gène dont il existe deux allèles, Rh^+ qui est dominant, rh^- qui est récessif. Nous verrons que les phénomènes sont en réalité plus complexes, mais que cette simplification est admissible.

L'anticorps anti-Rh n'est pas un anticorps « naturel », il n'existe pas normalement dans le sang, mais il peut apparaître chez des sujets (Rh^-) ayant reçu l'antigène Rh, à la suite d'une transfusion avec un donneur (Rh^+), ou après une grossesse.

2 / Les tares et les caractères marqueurs

De nombreuses maladies héréditaires, ou tares, sont dues à la présence dans les cellules du malade d'un allèle mutant occupant sur un ou sur les deux chromosomes d'une paire d'homologues le locus « normalement » occupé par un allèle « sain » dont il dérive par mutation. L'allèle mutant *conserve la même fonction* mais exerce son action d'une façon différente, produisant ainsi un phénotype « anormal » (1).

Une tare dominante s'exprime chez tout individu porteur d'un seul allèle mutant (hétérozygote), une tare récessive ne s'exprime que lorsque les deux allèles sont mutés (sujet homozygote pour le gène taré).

On appelle caractère marqueur un caractère qui se manifeste par un phénotype relativement peu courant, donc facile à repérer dans une population donnée.

Un protocole commode pour étudier les modalités de la transmission des caractères au cours des générations successives consiste à établir un tableau à double entrée, en prenant en considération :

— le phénotype des parents;
— le génotype des parents (en général nous le supposerons connu; s'il n'est pas connu il faut envisager les deux possibilités compatibles avec le phénotype : homozygote ou hétérozygote);

(1) En réalité parler de « tares », de « bons » gènes ou de « mauvais » gènes, de « normal » ou « anormal », est abusif. Il existe seulement des formes différentes (allèles) d'un gène, qui se révèlent être plus ou moins favorables pour le sujet porteur dans un contexte défini. Le terme « tare » utilisé ici n'implique aucun sens péjoratif et constitue une commodité de langage. On peut encore utiliser la notion de locus, allèle ou caractère « morbide », lorsque la maladie considérée est susceptible d'entraîner la mort du sujet atteint.

— la formule génétique des gamètes, en tenant compte du fait que la méiose sépare de façon aléatoire les chromosomes appartenant à des couples d'homologues;
— dans les cas de polyhybridisme on doit tenir compte de toutes les possibilités de réassociation, en se rappelant qu'*il ne faut jamais recombiner des allèles entre eux au niveau des gamètes*.

IV. Exemples

A / Uniformité des hybrides de première génération

1 / Groupes sanguins Monohybridisme Codominance

Phénotypes. — On considère un croisement entre un sujet de phénotype (M) et un sujet de phénotype (N). Le phénotype représente ici l'appartenance à un groupe sanguin dans le système MN.

Génotypes. — Les deux sujets sont homozygotes, c'est-à-dire que les deux allèles (portés par des locus homologues) correspondant au caractère pris en considération sont semblables. Leurs génotypes (connus dans cet exemple) sont représentés par les formules : L^M/L^M et L^N/L^N; les deux allèles sont séparés par une barre de fraction, pour montrer qu'ils occupent des locus homologues portés par *deux chromosomes distincts*.

Gamètes. — Lors de la méiose les deux chromosomes homologues (donc les deux allèles) sont séparés, les gamètes (haploïdes) formés seront donc L^M ou L^M dans un cas, L^N ou L^N dans l'autre.

Lors de la fécondation, qui regroupe deux chromosomes homologues, l'un d'origine paternelle et l'autre d'origine maternelle, un locus L porteur d'un allèle M sera donc associé à un locus L homologue qui est nécessairement porteur de l'allèle N : L^M/L^N.

Ce sont ces phénomènes, correspondant respectivement à la méiose et à la fécondation qui sont schématisés sur le tableau suivant :

		Phénotype parental (groupe sanguin) (M)		
Phénotype parental (groupe sanguin)	(N)			
		L^M	L^M	Gamètes (séparation des homologues à la méiose)
Gamètes (séparation des homologues à la méiose)	L^N	L^M/L^N	L^M/L^N	Zygotes (reconstitution des couples d'homologues à la fécondation
	L^N	L^M/L^N	L^M/L^N	

On voit que tous les F_1 ont le même génotype L^M/L^N.

Dans l'exemple choisi les deux allèles L^M et L^N sont codominants et le phénotype, semblable pour tous les F_1, est (MN).

Les enfants de ce couple appartiendront *tous* au groupe sanguin (MN), la membrane de leurs hématies portera *les deux* antigènes M et N.

2 / Groupes sanguins
Monohybridisme
Un allèle dominant

On considère une union entre un homme (Rh^+), homozygote Rh^+/Rh^+, et une femme (Rh^-), homozygote rh^-/rh^- (Rh^+ allèle dominant est porté en majuscules, rh^- allèle récessif est porté en minuscules). Les gamètes seront tous du même type pour l'homme : Rh^+, et pour la femme : rh^-.

On dresse le tableau :

(Rh^-)	(Rh^+)	
	Rh^+	Rh^+
rh^-	Rh^+/rh^-	Rh^+/rh^-
rh^-	Rh^+/rh^-	Rh^+/rh^-

Tous les enfants de ce couple (la F_1) ont donc forcément le même génotype Rh^+/rh^-. L'allèle Rh^+ est dominant, tous les F_1 ont donc le même phénotype (Rh^+).

Ce cas précis, qui confirme la première loi de Mendel, nous permet de faire une remarque incidente : le père est ici (Rh^+), la mère est (Rh^-) et les enfants sont *toujours* des hétérozygotes Rh^+/rh^- de phénotype (Rh^+), ce qui signifie que leurs globules rouges sont porteurs de l'antigène Rh.

Vers la fin de la première grossesse (en particulier au moment de l'accouchement), des globules rouges du fœtus porteurs de l'antigène Rh passent dans la circulation maternelle [1]. Aucun accident ne se produit en ce qui concerne le nouveau-né, *mais la présence des antigènes Rh dans son sang provoque chez la mère la formation d'anticorps anti-Rh.*

Si une seconde grossesse se produit, les anticorps anti-Rh maternels passent dans la circulation du fœtus, détruisant ses globules rouges (porteurs de l'antigène Rh), et provoquant une anémie plus ou moins sévère et un ictère* [2], suivant la capacité du fœtus à compenser la destruction de ses globules rouges. L'anémie hémolytique* peut provoquer la mort, la plupart du temps après la naissance (défaillance cardiaque) ou plus rarement *in utero*.

En fait l'accident hémolytique n'est pas systématique, on estime qu'il ne se produit que dans 5 à 10 % des cas. La seule thérapeutique a longtemps consisté en la pratique de l'exsanguino-transfusion*, succession de saignées et de transfusions, permettant le renouvellement total du sang du nouveau-né. La fréquence de l'accident est en voie de diminution; depuis quelques années on peut supprimer la formation d'anticorps anti-Rh par la mère en lui administrant au moment de chaque accouchement une immunoglobuline humaine anti-Rh (RhoGAM). Ces anticorps, en se fixant sur les antigènes Rh des globules rouges fœtaux présents dans le sang maternel, les rendent

[1] Il est bien entendu qu'il ne se produit pas de « mélange » entre le sang maternel et le sang fœtal au niveau du placenta, mais seulement des échanges de petites molécules. Des globules rouges du fœtus ne peuvent passer dans la circulation maternelle qu'en fin de grossesse, lorsque des petites lésions vasculaires se produisent au niveau du placenta. En revanche, les anticorps anti-Rh peuvent franchir la barrière placentaire.

[2] On appelle ictère une jaunisse due à une hémolyse massive s'accompagnant de la présence dans le sang d'un pigment biliaire, la bilirubine.

incapables de déclencher la *formation* d'anticorps maternels. De fait, le nombre d'exsanguino-transfusions pratiquées annuellement dans les hôpitaux est de plus en plus réduit.

B / Pureté des gamètes

1 / *Groupes sanguins Monohybridisme Codominance*

Le meilleur cas expérimental pour mettre en évidence la ségrégation des caractères allélomorphes qui se manifeste à la F_2 se rencontre lorsqu'il y a codominance des deux allèles, lorsqu'ils participent tous deux à l'expression du caractère étudié en réalisant un phénotype intermédiaire.

Considérons une union entre un sujet (A) homozygote I^A/I^A et un sujet (B) homozygote I^B/I^B. On a :

(B)	(A)	
	I^A	I^A
I^B	I^A/I^B	I^A/I^B
I^B	I^A/I^B	I^A/I^B

Suivant la première loi de Mendel tous les descendants de première génération (F_1) sont semblables, receveurs universels du groupe (AB). Le phénotype est intermédiaire (AB), le génotype est hétérozygote I^A/I^B.

Si maintenant on considère l'union de deux sujets ayant le type F_1, chacun d'eux peut donner deux types différents de gamètes :

— possédant un chromosome porteur de l'allèle I^A;
— possédant le chromosome homologue porteur de l'allèle I^B.

On dresse le tableau suivant :

(AB)	(AB)	
	I^A	I^B
I^A	I^A/I^A	I^A/I^B
I^B	I^A/I^B	I^B/I^B

On constate que dans la descendance (F_2) d'un couple de type $F_1 \times F_1$ on trouve :

— 50 % de sujets qui présentent le phénotype intermédiaire (AB) observé en F_1, et qui sont hétérozygotes I^A/I^B;
— 25 % de sujets qui sont de phénotype (A) (phénotype « parental »), homozygotes I^A/I^A;
— 25 % de sujets qui sont de phénotype (B) (phénotype « parental »), homozygotes I^B/I^B.

Cette observation témoigne de façon nette de la *ségrégation des caractères allélomorphes* qui se manifeste à la F_2.

2 / Groupes sanguins
Monohybridisme
Un allèle dominant

Si l'un des allèles est dominant, l'étude des phénotypes ne permet pas à elle seule de démontrer la deuxième loi de Mendel, qui est cependant respectée au plan des génotypes :

On considère l'union d'un sujet du groupe (A) homozygote dominant I^A/I^A, avec un sujet du groupe (O) homozygote récessif i/i. Les gamètes sont dans un cas tous porteurs d'un allèle dominant I^A, dans l'autre cas tous porteurs d'un allèle récessif i :

(O)	(A)	
	I^A	I^A
i	I^A/i	I^A/i
i	I^A/i	I^A/i

Tous les descendants F_1 ont le même génotype I^A/i; l'allèle I^A est dominant, tous les F_1 ont le même phénotype (A).

Si deux sujets de type F_1, (A) I^A/i s'unissent, on a :

(A)	(A)	
	I^A	i
I^A	I^A/I^A (A)	I^A/i (A)
i	I^A/i (A)	i/i (O)

On constate que la descendance de type F_2 montre 75 % de sujets à phénotype (A) *dont 25 % d'homozygotes* I^A/I^A *et 50 % d'hétérozygotes* I^A/i. Dans ce cas il n'est pas possible de reconnaître les homozygotes et les hétérozygotes d'après leur phénotype. Enfin 25 % des descendants F_2 ont le phénotype (O), phénotype parental récessif, ils ne peuvent être que des homozygotes i/i.

Lorsqu'on a affaire à un croisement de ce genre et qu'on ne connaît que les phénotypes des F_1 et des F_2, on peut déterminer les génotypes *en réalisant des rétrocroisements* entre les hybrides F_1 et les individus du croisement parental initial (si on travaille au laboratoire sur des mouches par exemple). Dans l'espèce humaine bien entendu on devrait attendre le cas favorable d'une union entre des sujets du type voulu !

3 / Rétrocroisement
et test-cross

Cette méthode, nous venons de le voir, apporte une confirmation expérimentale des lois de Mendel dans les cas où l'on ne peut utiliser le seul examen des phénotypes. Elle consiste à effectuer un croisement entre un hétérozygote de type F_1 et un homozygote de type parental. Le croisement qui présente le plus grand intérêt expérimental est le croisement d'un hétérozygote F_1 avec un sujet présentant le type parental *homozygote récessif*; en effet ce dernier ne fournit que des gamètes portant l'allèle récessif, le phénotype des descendants de ce croisement sera donc déterminé uniquement par la nature de l'allèle fourni par le sujet hétérozygote. Ce type de croisement entre un sujet à phénotype dominant, dont on souhaite définir le génotype (homozygote ou hétérogygote), et un sujet homozygote récessif, constitue un test-cross*.

Exemple. — Soit une union entre un sujet de phénotype (A) et de génotype inconnu I^A/I^A ou I^A/i et un sujet de phénotype (O) qui est donc nécessairement i/i. Si les enfants de ce couple sont les uns de phénotype (A), les autres de phénotype (O) (1), on peut assurer que le sujet de phénotype (A) est un hétérozygote I^A/i. L'union de ces deux sujets réalise en fait un test-cross entre un hétérozygote de type F_1 et un homozygote récessif :

(A) I^A/i × (O) i/i

(A)	(O) i	(O) i	
I^A	I^A/i	I^A/i	⟶ 50 % (A)
i	i/i	i/i	⟶ 50 % (O)

La descendance d'un test-cross F_1 × parent homozygote récessif est constituée statistiquement par :

— 50 % d'hétérozygotes de type F_1, ici phénotype (A) et génotype I^A/i;
— 50 % d'homozygotes récessifs du type parental, ici phénotype (O) et génotype i/i.

C / Transmission des tares ou des caractères marqueurs (autosomiques)

L'examen du pedigree d'une famille permet, en suivant les modalités de la transmission d'une tare dominante ou récessive, de démontrer la validité des deux premières lois de Mendel.

Un pedigree est établi à partir d'un sujet (désigné par une flèche sur l'arbre généalogique) : le proposant*. On nomme germains* l'ensemble des sujets nés du même père et de la même mère, l'ensemble des germains constituant une fratrie*.

Les symboles utilisés sont les suivants :

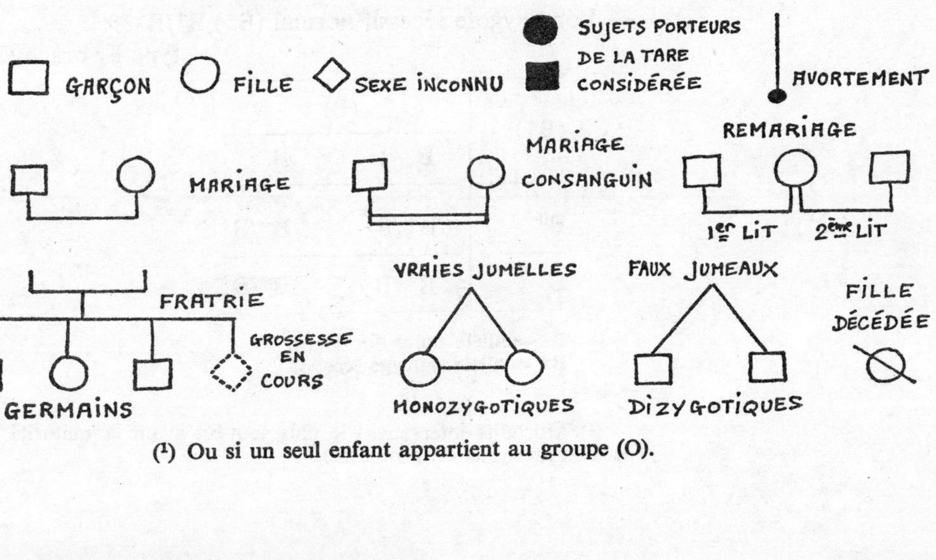

(1) Ou si un seul enfant appartient au groupe (O).

1 / Transmission d'une tare autosomique à caractère dominant

a) *Remarques générales*

Dans ce type d'affection les sujets atteints, quel que soit leur sexe, naissent toujours d'un parent porteur du même caractère : *une tare dominante est transmise de porteur à porteur, directement, sans sauter une génération.*

Dans les fratries des malades, en moyenne un individu sur deux est atteint, les germains sains n'ont eux-mêmes que des enfants sains.

b) *Exemple*

Dans la plupart des cas observés les sujets atteints naissent d'un mariage entre un homozygote récessif normal a/a et un hétérozygote de type F_1 : A/a qui manifeste la tare dominante. D'autres types d'union sont plus rarement observés; en particulier les homozygotes dominants A/A présentent souvent des troubles beaucoup plus importants que les hétérozygotes, entraînant parfois une léthalité* (1) précoce, ou excluant la possibilité d'une union.

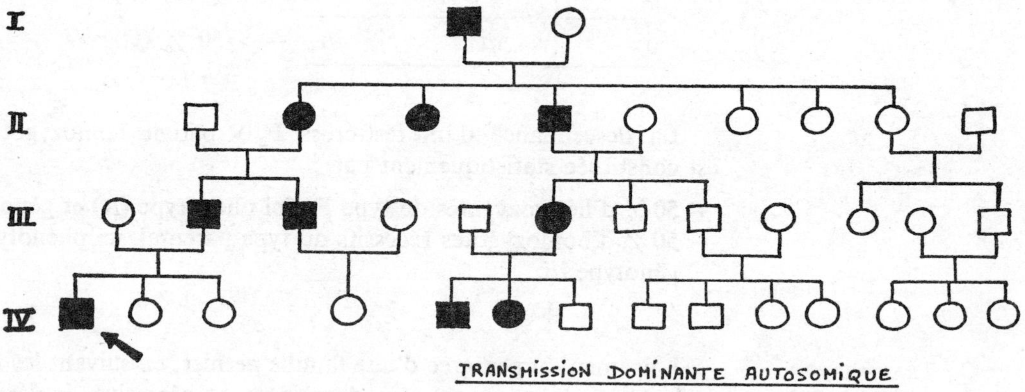

TRANSMISSION DOMINANTE AUTOSOMIQUE

Considérons la famille ci-dessus, où le proposant est atteint de brachydactylie* (raccourcissement des doigts).

L'examen du pedigree montre qu'en moyenne un enfant sur deux est atteint lorsque l'un des parents est lui-même malade; la malformation se transmet donc comme un caractère dominant et suivant les proportions observées dans un rétrocroisement mendélien :

— homozygote récessif normal (B^+) B^+/B^+ ×
type F_1 brachydactyle (B) B^+/B :

(B^+)	(B)	
	B	B^+
B^+	B^+/B	B^+/B^+
B^+	B^+/B	B^+/B^+

B = allèle muté dominant.
B^+ = allèle sauvage récessif.

(1) Mortalité intervenant le plus souvent avant la maturité du sujet, lors de la période prénatale ou postnatale.

— 50 % d'enfants atteints de brachydactylie, hétérozygotes type F_1 : (B) B^+/B;
— 50 % d'enfants normaux, homozygotes récessifs du type parental : (B^+) B^+/B^+.

Parmi d'autres caractères marqueurs dominants rencontrés dans l'espèce humaine, citons :

— l'achondroplasie* : arrêt de la croissance des os longs;
— la dysostose cleido-crânienne* : aplasie claviculaire et dystrophie du crâne anormalement large et incomplètement ossifié;
— la microsphérocytose* : ictère hémolytique;
— l'héméralopie* : cécité crépusculaire;
— la sclérose tubéreuse de Bourneville* : débilité mentale, adénomes sébacés;
— la symphalangie*, le prognathisme*, etc.

2 | Transmission d'une tare autosomique à caractère récessif

Une tare récessive ne s'exprime que lorsque le gène muté est présent à l'état homozygote. Il y a donc une alternance de générations entre les sujets sains et les sujets malades, mais les sujets sains peuvent être des hétérozygotes capables de *transmettre* la tare. On dit qu'ils sont porteurs d'un trait*.

Exemple. — Nous choisirons la surdi-mutité* héréditaire conditionnée par la présence d'une paire d'allèles récessifs : m/m.

— Soit un homme de phénotype normal (m^+) et de génotype hétérozygote m^+/m. Cet homme épouse une femme normale (m^+), de génotype homozygote m^+/m^+; il s'agit d'un croisement de type « rétrocroisement mendélien », entre un hétérozygote de type F_1 et un sujet de type parental homozygote dominant.

(m^+)	(m^+)	
	m^+	m
m^+	m^+/m^+	m^+/m
m^+	m^+/m^+	m^+/m

↓ 50 % des descendants sont normaux (m^+) mais porteurs du trait : m^+/m

↓ 50 % des descendants sont normaux et sains : (m^+) m^+/m^+

m = allèle muté récessif.
m^+ = allèle sauvage dominant.

On voit qu'il n'est pas possible à partir de ce type de croisement de déduire les génotypes des enfants de leurs phénotypes (contrairement au rétrocroisement $F_1 \times$ homozygote récessif).

— Si deux sujets porteurs du trait, de phénotype normal (m^+) et de génotype m^+/m s'unissent, on a :

(m^+)	(m^+)	
	m^+	m
m^+	m^+/m^+	m^+/m
m	m^+/m	m/m

— 25 % des descendants sont normaux (m^+) et sains m^+/m^+;
— 50 % des descendants sont normaux (m^+) mais porteurs du trait m^+/m;
— 25 % des descendants sont *sourds-muets* (m) m/m homozygotes pour le caractère récessif. Ces proportions mendéliennes sont caractéristiques d'un croisement entre hétérozygotes semblables de type F_1.

— Si un sujet de phénotype (m) et de génotype m/m s'unit avec un individu sain (m^+) de génotype m^+/m^+, les parents sont homozygotes et suivant la première loi de Mendel les enfants (F_1) sont semblables :

(m^+)	(m)	
	m	m
m^+	m^+/m	m^+/m
m^+	m^+/m	m^+/m

Les descendants (100 %) sont tous normaux mais *porteurs du trait* : (m^+) m^+/m.

— Si un sujet de phénotype (m), sourd-muet, de génotype m/m s'unit avec un sujet sain (m^+) mais porteur du trait, m^+/m, nous nous replaçons dans un cas de « test-cross » mendélien entre hétérozygote F_1 et type parental homozygote récessif, nous savons que 50 % des enfants seront sourds-muets (m) m/m et 50 % des enfants sains mais porteurs du trait (m^+) m^+/m.

— Enfin, il arrive assez souvent que des sourds-muets se marient entre eux (la tendance à l'union entre sujets porteurs d'un même caractère est appelée homogamie*). Ces sujets sont en principe homozygotes pour l'allèle récessif, tous leurs enfants doivent être sourds-muets :

(m)	(m)		
	m	m	
m	m/m	m/m	100 % (m) m/m
m	m/m	m/m	

En réalité on constate que dans un certain nombre de cas, de tels parents peuvent avoir des enfants normaux. Il s'agit là d'une forme particulière de surdi-mutité pouvant atteindre l'un des parents (ou les deux), pour laquelle la tare est sous le contrôle de *deux couples* d'allèles. Les résultats s'expliquent alors en fonction de la troisième loi de Mendel, il s'agit de dihybridisme.

Parmi d'autres caractères marqueurs récessifs rencontrés dans l'espèce humaine, citons :

— l'albinisme : absence de pigment mélanique, iris translucide avec légère transparence de la rétine (teinte rouge) et amblyopie* (affaiblissement de l'acuité visuelle) ;
— le rutilisme* : cheveux et poils roux ;
— le nanisme hypophysaire* : courte taille, proportions harmonieuses, aucun trouble mental.

D / Indépendance des caractères et exceptions

En reprenant l'exemple des groupes sanguins, abordons maintenant l'étude de la transmission de *plusieurs* caractères dans les générations successives.

1 / Groupes sanguins, dihybridisme

Considérons l'union d'un sujet de phénotype (A, Rh^+) avec un sujet de phénotype (O, Rh^-); ils sont doublement homozygotes, l'un est de constitution I^A/I^A, Rh^+/Rh^+, l'autre de constitution i/i, rh^-/rh^- (1).

On a le tableau :

(O, Rh^-)	(A, Rh^+)	
	I^A, Rh^+	I^A, Rh^+
i, rh^-	I^A/i, Rh^+/rh^-	I^A/i, Rh^+/rh^-
i, rh^-	I^A/i, Rh^+/rh^-	I^A/i, Rh^+/rh^-

La descendance F_1 de ce couple *est uniforme*, 100 % des descendants ont un génotype I^A/i, Rh^+/rh^-. I^A et Rh^+ sont dominants, donc tous les F_1 ont un phénotype (A, Rh^+).

Si maintenant nous étudions l'union de deux sujets de type F_1 entre eux : les deux phénotypes sont (A, Rh^+), les deux génotypes sont I^A/i, Rh^+/rh^-. Compte tenu de la ségrégation aléatoire* des chromosomes lors de la méiose, chacun des F_1 peut produire quatre types de gamètes, porteurs de :

I^A, Rh^+; I^A, rh^-; i, Rh^+; i, rh^-.

(1) Le locus I est porté par le chromosome 9, le locus Rh est porté par le chromosome 1. On considère donc *deux* couples distincts de chromosomes lorsqu'on représente les locus : I/I d'une part, et Rh/Rh d'autre part.

On a donc le tableau :

(A, Rh+)	(A, Rh)+			
	I^A, Rh^+	I^A, rh^-	i, Rh^+	i, rh^-
I^A, Rh^+	I^A/I^A, Rh^+/Rh^+ (A, Rh^+) 1	I^A/I^A, Rh^+/rh^- (A, Rh^+) 2	I^A/i, Rh^+/Rh^+ (A, Rh^+) 3	I^A/i, Rh^+/rh^- (A, Rh^+) 4
I^A, rh^-	I^A/I^A, Rh^+/rh^- (A, Rh^+) 5	I^A/I^A, rh^-/rh^- (A, Rh^-) 6	I^A/i, Rh^+/rh^- (A, Rh^+) 7	I^A/i, rh^-/rh^- (A, Rh^-) 8
i, Rh^+	I^A/i, Rh^+/Rh^+ (A, Rh^+) 9	I^A/i, Rh^+/rh^- (A, Rh^+) 10	i/i, Rh^+/Rh^+ (O, Rh^+) 11	i/i, Rh^+/rh^- (O, Rh^+) 12
i, rh^-	I^A/i Rh^+/rh^- (A, Rh^+) 13	I^A/i, rh^-/rh^- (A, Rh^-) 14	i/i, Rh^+/rh^- (O, Rh^+) 15	i/i, rh^-/rh^- (O, Rh^-) 16

Dans la descendance de type F_2 de ce couple, on observe quatre phénotypes différents :

(A, Rh^+)	9/16 des cas
(A, Rh^-)	3/16 des cas
(O, Rh^+)	3/16 des cas
(O, Rh^-)	1/16 des cas

— Dans les neuf cas où le phénotype est (A, Rh^+) (1, 2, 3, 4, 5, 7, 9, 10, 13), on trouve un seul (1) individu à génotype homozygote I^A/I^A, Rh^+/Rh^+. Celui-ci reproduit un type *parental* du croisement initial mendélien.

— Dans trois cas (6, 8, 14), le phénotype est (A, Rh^-), ce qui témoigne *de façon visible* d'une recombinaison. Un de ces sujets (A, Rh^-) est un *homozygote recombiné* de génotype I^A/I^A, rh^-/rh^- (6).

— Dans trois cas (11, 12, 15), le phénotype est (O, Rh^+), ce qui témoigne également de *façon visible* d'une recombinaison. Un de ces sujets (O, Rh^+) est un *homozygote recombiné*, de génotype i/i, Rh^+/Rh^+ (11).

— Enfin dans un seul cas (16), le phénotype est (O, Rh^-), il correspond à un génotype homozygote i/i, rh^-/rh^- et reproduit l'autre type *parental* du croisement initial mendélien.

Au moment de la formation des gamètes, les allèles portés par les chromosomes homologues se séparent, c'est une conséquence de la méiose. A la fécondation, ils se *recombinent de façon indépendante* l'un de l'autre avec des gènes correspondant à d'autres caractères. C'est ainsi que dans notre exemple il y a formation de quatre types différents de gamètes, porteurs de I^A, Rh^+; I^A, rh^-; i, Rh^+; i, rh^-; ces gamètes peuvent s'unir suivant toutes les combinaisons possibles, de sorte que l'on voit apparaître en F_2 soit les types parentaux, soit des *types nouveaux*, recombinants des types parentaux, *dont certains sont décelables phénotypiquement.*

2 / Test-cross

Considérons l'union d'un sujet (A, Rh^+) avec un sujet de type parental homozygote récessif, de phénotype (O, Rh^-) et de génotype i/i, rh^-/rh^-. On peut reconnaître que le sujet (A, Rh^+) est de type F_1, de génotype I^A/i, Rh^+/rh^-, si les descendants de ce couple présentent dans les mêmes proportions (25 %) les quatre phénotypes (A, Rh^+), (A, Rh^-), (O, Rh^+) et (O, Rh^-) :

(O, Rh^-)	(A, Rh^+)			
	I^A, Rh^+	I^A, rh^-	i, Rh^+	i, rh^-
i, rh^-	I^A/i, Rh^+/rh^- (A, Rh^+)	I^A/i, rh^-/rh^- (A, Rh^-)	i/i, Rh^+/rh^- (O, Rh^+)	i/i, rh^-/rh^- (O, Rh^-)

— 50 % des descendants sont des recombinants :

(A, Rh^-) I^A/i, rh^-/rh^-
(O, Rh^+) i/i, Rh^+/rh^-

— 50 % des descendants sont de type parental :

(A, Rh^+) I^A/i, Rh^+/rh^-
(O, Rh^-) i/i, rh^-/rh^-

3 / Exceptions à la loi de l'indépendance

La loi de l'indépendance des caractères implique que la transmission d'un couple d'allèles gouvernant un caractère donné se fait indépendamment de la transmission d'un *autre* couple d'allèles gouvernant un *autre* caractère.

En fait cette loi n'est pas générale. On constate parfois que certains caractères apparaissent *toujours ensemble* dans des croisements de type polyhybridisme : certains gènes paraissent *liés*; ce phénomène a reçu le nom de liaison* ou linkage*.

Pour étudier le linkage nous abandonnerons l'espèce humaine pour suivre une expérience de croisement réalisée par Morgan en 1910 sur la mouche Drosophile.

Morgan considère deux caractères modifiés par mutation, le caractère glass* (gl), qui concerne le phénotype de l'œil, et le caractère ebony* (e), qui concerne la couleur du corps. Les mouches homozygotes de phénotype (gl, e) ont un génotype que nous représenterons en l'absence d'autres précisions de la façon habituelle : gl/gl, e/e.

Chez d'autres mouches, les gènes occupant les locus de gl et e, mais qui n'ont pas subi de mutation, sont dits de type sauvage (1) *et se représentent par le signe* +. Ainsi une Drosophile non mutante pour les deux gènes considérés dans l'exemple est de phénotype sauvage pour les deux caractères : (+ +) et de génotype +/+, +/+.

a) *Etude de la F_1*

Si l'on réalise un croisement entre deux individus homozygotes, l'un mutant, l'autre sauvage :

(gl, e); gl/gl, e/e × (+ +) ; +/+, +/+.

(1) Parmi plusieurs phénotypes possibles exclusifs les uns des autres et se rapportant à un caractère donné, le phénotype le plus couramment observé constitue le « type sauvage », les autres constituant des « types mutants ».

En fonction de la première loi de Mendel on s'attend à obtenir une F_1 uniforme, et c'est en effet le cas. Tous les F_1 ont un phénotype sauvage (+ +), car *les caractères sauvages sont dominants*, et un génotype hétérozygote +/gl, +/e.

b) *Test-cross*

Si l'on fait maintenant un croisement en retour (test-cross) entre un sujet F_1 (+ +); +/gl, +/e et un sujet mutant du type homozygote récessif, on constate que *le résultat réel du croisement ne coïncide pas avec le résultat théorique que l'on peut attendre après avoir dressé le tableau classique.*

— *Résultat théorique* (lois de Mendel) :

(gl e)	(+ +)			
	+ +	+e	gl +	gl e
gl e				

On attend 50 % de types *parentaux* :

— 25 % de (+ +); +/gl, +/e;
— 25 % de (gl e); gl/gl, e/e,

et 50 % de types *recombinés* :

— 25 % de (+ e), c'est-à-dire présentant la seule mutation ebony, à génotype +/gl, e/e.
— 25 % de (gl +), c'est-à-dire présentant la seule mutation glass, à génotype gl/gl, +/e.

— *Résultat réel :* On observe en fait 92 % de types parentaux (+ +) ou (gl e) *et seulement 8 % de types recombinés.*

c) *Interprétation des résultats*

Morgan postule que les deux gènes glass et ebony *sont liés.* On ne doit donc pas représenter le génotype d'un sujet (gl e), homozygote pour les deux caractères mutés, par gl/gl, e/e, comme nous l'avions fait jusqu'à présent, mais plutôt de la façon suivante : gl e/gl e, en regroupant les gènes liés gl et e d'un *même côté* d'une barre de fraction unique.

Dans ces conditions le génotype des individus F_1 résultant du croisement : (gl e); gl e/gl e × (+ +); + +/+ +, et dont on a vu que le phénotype est sauvage dans tous les cas (+ +), s'écrira gl e/+ +, d'après le tableau :

(gl e)	(+ +)	
	+ +	+ +
gl e	gl e/+ +	gl e/+ +
gl e	gl e/+ +	gl e/+ +

Le rétrocroisement étudié entre un sujet F_1 et un sujet mutant homozygote s'écrira :

$$(+\ +);\ gl\ e/+\ +\ \times\ (gl\ e);\ gl\ e/gl\ e$$

On a le tableau :

(gl e)	(+ +)	
	gl e	+ +
gl e	gl e/gl e	gl e/+ +
gl e	gl e/gl e	gl e/+ +

D'après ce tableau, on constate que le rétrocroisement doit théoriquement donner 100 % de mouches des types parentaux :
— 50 % de mouches (+ +) gl e/+ +;
— 50 % de mouches (gl e) gl e/gl e.

Ce résultat théorique est *voisin* de celui que l'on observe *en réalité* (92 % de types parentaux). Si l'explication de Morgan, postulant que les gènes gl et e sont liés, est satisfaisante, il reste cependant à mettre en évidence la nature de cette liaison et à expliquer pourquoi dans la réalité on observe 8 % de recombinants. Il apparaît que l'existence de ces recombinants implique que dans un petit nombre de cas un mécanisme particulier *détruit* la liaison existant entre les gènes.

TEMPS FORT

1 / Interaction entre gènes non allèles. Epistasie

La présence de certains gènes dans le génotype est susceptible de masquer la manifestation d'autres gènes situés sur des locus différents. Ce phénomène d'interaction entre des gènes non allèles porte le nom d'épistasie*. Les gènes « modificateurs » sont dits épistasiques, ceux dont l'expression est dominée sont dits hypostasiques*. Un exemple classique d'épistasie se rencontre dans le système de groupes sanguins ABO (H).

Dans ce système deux locus distincts interviennent :

— le locus H, qui peut être occupé par deux formes alléliques : H, forme dominante, et h, forme récessive;
— le locus I, qui peut être occupé par les allèles dominants I^A et I^B, et l'allèle récessif i.

Sujets H/H ou H/h

Chez les sujets dont le génotype est H/H ou H/h, l'enzyme fucosyl-transférase* est synthétisée; elle permet l'addition de L-fucose au précurseur glycoprotéique P, qui est alors transformé en glycoprotéine H.

Si ces mêmes sujets sont par ailleurs :

— I^A/I^A ou I^A/i, la N-acétyl galactosaminosyl transférase est synthétisée et assure l'addition du N-acétyl galactosamine à la glycoprotéine H, qui devient un antigène A (groupe A);
— I^B/I^B ou I^B/i, la D-galactosyl transférase est synthétisée et assure l'addition du D-galactose à la glycoprotéine H, qui devient un antigène B (groupe B);
— I^A/I^B, les deux enzymes précédentes sont produites, les glycoprotéines H sont transformées en antigènes A et en antigènes B (groupe AB);
— i/i, la glycoprotéine H n'est pas modifiée et demeure seule présente à la surface des globules rouges (groupe O).

Sujets h/h. Phénotype « Bombay »

Chez les sujets dont le génotype est h/h, il n'y a pas synthèse de fucosyl-transférase. La glycoprotéine P *n'est jamais transformée en structure de type H.* Faute de substrat convenable l'action des allèles I^A ou I^B de la série I ne peut donc pas s'exercer, ces derniers sont en situation d'hypostasie par rapport à l'allèle h de la série H.

Les sujets h/h ont ainsi un phénotype bien particulier, décrit sous le nom de phénotype « Bombay »* (c'est dans cette ville qu'a été décrit le premier cas reconnu) : en première analyse il correspond au phénotype (O), les hématies de sujets « Bombay » ne portent ni l'antigène A ni l'antigène B et ne sont agglutinées ni par les anticorps anti-A ni par les anticorps anti-B. Toutefois elles ne sont pas non plus agglutinées par les anticorps anti-H (qui réagissent avec les hématies du groupe O). Les sujets « Bombay » se comportent donc comme des donneurs universels dans le système ABO (H), mais ils ne peuvent recevoir *que du sang de leur propre groupe* (s'ils reçoivent un sang d'un autre groupe ils réagissent en produisant des anticorps anti-H, anti-A ou anti-B).

On ne connaît que quelques dizaines d'individus à phénotype « Bombay ». On peut arriver par l'étude du pedigree à définir leur génotype relatif au locus I. Ainsi une femme « Bombay », mariée à un homme du groupe (A), a eu des enfants du groupe (AB) et du groupe (O), ce qui indique que son génotype est : h/h, I^B/i. Dans ce cas le phénotype de cette femme peut s'écrire (O_h^B); le phénotype d'un sujet h/h, I^A/I^A s'écrirait (O_h^A), celui d'un sujet h/h, I^A/I^B s'écrirait (O_h^{AB}).

2 / Etre ou ne pas être rejeté !

Une question pertinente peut être posée à propos de la maladie hémolytique du nouveau-né : pourquoi se produit-elle dans le cadre du système rhésus, et pas dans celui du système ABO (H) ?

Autrement dit, pourquoi une mère appartenant au groupe sanguin O, et dont le sang véhicule des anticorps anti-A et anti-B, ne « provoque »-t-elle pas une maladie hémolytique chez ses enfants s'ils appartiennent au groupe sanguin A (hétérozygotes I^A/i), ou au groupe sanguin B (hétérozygotes I^B/i) ?

En fait il existe une double réponse à cette question :

1 / La mère possède bien des anticorps anti-A et anti-B, mais il s'agit d'anticorps « naturels ». Ces derniers font partie d'un groupe d'anticorps (IgM) *qui ne peuvent traverser le placenta.* Les anticorps anti-A et anti-B de la mère ne peuvent donc pas passer dans la circulation du fœtus et détruire ses globules rouges. A l'inverse, les anticorps anti-rhésus qui appartiennent au groupe des IgG sont capables de franchir la barrière placentaire.

2 / D'autre part, les antigènes membranaires A et B n'existent qu'à un *très faible taux* chez les globules rouges du fœtus, ils se développent essentiellement après la naissance (entre 8 jours et 2 mois). Même si des anticorps anti-A ou anti-B d'origine maternelle pouvaient passer à travers la barrière placentaire dans la circulation fœtale, ils ne provoqueraient donc pas la destruction des globules rouges du fœtus...

EXERCICES

1 / Les notions de rétrocroisement et de test-cross sont-elles identiques ? Sinon définir leur sens exact.

- Les deux notions sont voisines mais ne sont pas identiques.

On appelle rétrocroisement, ou back-cross, un croisement entre un sujet de type F_1, hétérozygote de génotype connu, et un sujet de type parental homozygote. On appelle test-cross le croisement d'un sujet dont le génotype n'est pas connu avec un sujet *homozygote récessif* pour les caractères pris en considération, mais qui n'est pas forcément l'un de ses ascendants.

2 / Une paire d'allèles codominants L^M et L^N gouverne les caractères des groupes sanguins dans le système MN. Quel est le nombre de croisements différents possibles dans ce système ? Quels sont ces croisements ? Pour chaque cas quels seront les gamètes fournis par les parents, les génotypes et les phénotypes observés en F_1, et dans quelles proportions ?

• Six types de croisements sont possibles :

Génotypes	L^M/L^M	L^M/L^N	L^N/L^N
L^M/L^M	$L^M/L^M \times L^M/L^M$ 1	$L^M/L^M \times L^M/L^N$ 2	$L^M/L^M \times L^N/L^N$ 3
L^M/L^N	$L^M/L^N \times L^M/L^M$ 2	$L^M/L^N \times L^M/L^N$ 4	$L^M/L^N \times L^N/L^N$ 5
L^N/L^N	$L^N/L^N \times L^M/L^M$ 3	$L^N/L^N \times L^M/L^N$ 5	$L^N/L^N \times L^N/L^N$ 6

*N^os^*	*Type du croisement*	*Gamètes*	*Génotypes F_1*	*Phénotypes F_1*
1	$L^M/L^M \times L^M/L^M$	L^M L^M	Tous L^M/L^M	Tous (M)
2	$L^M/L^M \times L^M/L^N$	L^M L^M L^N	50 % L^M/L^M 50 % L^M/L^N	50 % (M) 50 % (MN)
3	$L^M/L^M \times L^N/L^N$	L^M L^N	Tous L^M/L^N	Tous (MN)
4	$L^M/L^N \times L^M/L^N$	L^M L^M L^N L^N	25 % L^M/L^M 50 % L^M/L^N 25 % L^N/L^N	25 % (M) 50 % (MN) 25 % (N)
5	$L^M/L^N \times L^N/L^N$	L^M L^N L^N	50 % L^M/L^N 50 % L^N/L^N	50 % (MN) 50 % (N)
6	$L^N/L^N \times L^N/L^N$	L^N L^N	Tous L^N/L^N	Tous (N)

3 / Soit le gène responsable chez la Drosophile de la longueur des soies. On considère l'allèle sauvage dominant + et l'allèle muté ss (spineless) qui conduit à la présence de soies très courtes. On effectue un test-cross entre un mâle de phénotype sauvage et une femelle (ss). En F_1, sur 850 sujets 418 ont le phénotype sauvage et 432 le phénotype (ss). Quel est le génotype du mâle parental (+) ? Quels seront les phénotypes de sujets F_2 résultant du croisement entre un mâle F_1 (ss) et une femelle F_1 (+) et en quelles proportions ?*

• *Etude des parents*

Le caractère sauvage est dominant, le mâle de phénotype sauvage peut donc être (+) +/+ ou bien (+) +/ss.

Le caractère ss est récessif, la femelle à petites soies est donc forcément un homozygote récessif (ss) ss/ss.

• *Etude de la F_1*

En F_1 on observe deux groupes numériquement très voisins : (+) et (ss), donc en proportions très voisines de celles d'un back-cross. Les sujets (+) sont forcément hétérozygotes, ils ont reçu un allèle + de leur père et un allèle ss de leur mère. Les sujets (ss) sont forcément homozygotes ss/ss, c'est donc qu'ils ont reçu un allèle ss de leur père. Le mâle (+) parental est donc hétérozygote (+) +/ss.

• *Etude de la F_2*

La femelle F_1 (+) est hétérozygote +/ss.
Le mâle F_1 (ss) est homozygote ss/ss.
En F_2 on observera donc les mêmes proportions qu'en F_1 : 50 % de Drosophiles (+) et 50 % de Drosophiles (ss).

4 / Un couple a quatre enfants dont les groupes sanguins dans le système ABO (H) sont respectivement : (O), (AB), (A) et (B). Quels sont les génotypes des parents et les génotypes des enfants ? Le père peut-il en conclure que l'un des enfants n'est pas de lui ?

• L'enfant du groupe (O) est forcément homozygote i/i puisque i est récessif. Chacun des parents est donc porteur de l'allèle i.

L'enfant du groupe (AB) est forcément hétérozygote I^A/I^B (I^A et I^B sont codominants). L'un des parents est donc porteur de l'allèle I^A, l'autre porteur de l'allèle I^B.

Le croisement parental est donc le suivant :

(A) I^A/i × (B) I^B/i.

Les enfants (F_1) résultant d'un tel croisement sont :

25 % (AB) I^A/I^B ; 25 % (A) I^A/i ; 25 % (B) I^B/i ; 25 % (O) i/i.

Par conséquent rien n'indique que l'homme n'est pas le père des enfants.

5 / Dans l'espèce humaine la coloration rousse des cheveux est gouvernée par un gène mutant récessif r ; l'allèle sauvage r^+ est dominant et conduit à un phénotype brun. Un couple a deux enfants : un garçon et une fille. Les parents et le garçon sont bruns, la fille est rousse. Le garçon épouse une femme brune, leurs trois enfants (2 garçons et une fille) sont roux. Quels sont les génotypes des membres de cette famille pour le caractère considéré ? Représenter le pedigree de la famille.

• *Parents*

Les parents sont bruns (r^+) ; ils possèdent donc tous deux au moins un allèle sauvage r^+. Leur fille est rousse (r) donc homozygote r/r. Les deux parents possèdent donc chacun un allèle muté r, ce sont des hétérozygotes du type : (r^+) r^+/r.

• *Enfants* (F_1)

La fille est (r) r/r.

Le garçon est brun, il possède donc au moins un allèle sauvage r^+. Il a des enfants roux, il possède donc aussi un allèle muté r. C'est un hétérozygote comme ses parents : (r^+) r^+/r.

• *Petits-enfants* (F_2)

Les trois petits-enfants sont roux, ils sont donc homozygotes (r) r/r. C'est donc que leur mère leur a transmis un allèle r ; cependant elle est brune (r^+), son génotype est donc r^+/r.

• *Pedigree*

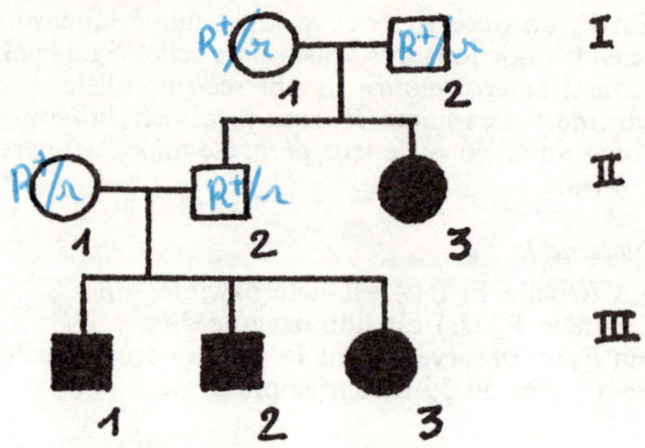

6 / Un éleveur dispose de lapins à poils courts et de lapins à poils longs.

— Il réalise trois types de croisements :

a) Lapins à poils courts × Lapins à poils courts.
b) Lapins à poils longs × Lapins à poils longs.
c) Lapins à poils courts × Lapins à poils longs.

La descendance du premier croisement est constituée par 45 lapins à poils courts et 13 lapins à poils longs. La descendance du deuxième croisement est constituée de 60 lapins à poils longs. La descendance du troisième croisement est constituée par 32 lapins à poils courts et 33 lapins à poils longs.

— Comment interprétez-vous ces résultats ?

• Le premier croisement donne très sensiblement une proportion : 75 % (courts) et 25 % (longs), qui caractérise en monohybridisme un croisement entre des sujets F_1, avec un allèle dominant. Dans cette hypothèse les lapins à poils courts utilisés dans les croisements seraient des hétérozygotes (C) C/1 et les résultats du croisement s'écrivent :

— 25 % (C) C/C ;
— 50 – (C) C/1 ;
— 25 – (l) 1/1.

Les résultats du deuxième croisement sont cohérents avec l'hypothèse précédente : les lapins à poils longs sont des homozygotes récessifs et le croisement s'écrit : (l) 1/1 × (l) 1/1.

Dans le troisième croisement les résultats obtenus :

— 50 % (C) et 50 % (l)

sont ceux qui correspondent à un test-cross (hétérozygote F_1 croisé avec un homozygote récessif de type parental), ce qui confirme les hypothèses précédentes.

7 / La couleur du pelage chez la souris est gouvernée par plusieurs groupes alléliques (épistasie). Dans un premier groupe, l'allèle dominant C permet la production de pigments colorés, l'allèle récessif c l'interdit. Une souris homozygote récessive c/c est donc non pigmentée, son pelage est blanc (c) ; une souris qui possède l'allèle C présente par contre un pelage pigmenté. La couleur du pigment est déterminée par un deuxième groupe d'allèles : l'allèle dominant N gouverne la couleur noire (N), l'allèle récessif n gouverne la couleur brune (n). Soit le croisement (c) c/c, N/N × (n) C/C, n/n.
Quelle est la couleur du pelage des F_1 ? si on croise ces F_1 entre eux, combien de phénotypes différents observe-t-on et dans quelles proportions ?

• *F_1*. — Tous les F_1 ont pour génotype C/c, N/n, ils peuvent fabriquer le pigment, ce pigment est noir ; les F_1 ont donc le pelage noir (N).

• F_2. — Le croisement réalisé entre les F_1 est le suivant :

(N) C/c, N/n × (N) C/c, N/n.

Si l'on dresse le tableau habituel en tenant compte des quatre types possibles de gamètes : CN, Cn, cN, cn, on constate que trois phénotypes différents doivent se manifester :

— 9 (N) ;
— 4 (c) ;
— 3 (n).

On a donc une relation 9 - 3 - 4 au lieu de la relation classique 9 - 3 - 3 - 1, ceci rend compte du phénomène d'épistasie, un même caractère étant contrôlé par deux systèmes alléliques distincts dont l'un affecte l'expression de l'autre.

8 / Pierre appartient au groupe sanguin (A) dans le système ABO (H) ; il est (Rh⁺). Le père de Pierre est homozygote pour le système rhésus. La mère de Pierre est donneuse universelle dans le système ABO (H). Pierre est le deuxième enfant de ses parents. Il a un frère aîné (O Rh⁺) et une sœur cadette (O Rh⁺) qui a dû subir à la naissance une exsanguino-transfusion à la suite d'un ictère hémolytique. En fonction de ces données, préciser le phénotype et le génotype de tous les membres de cette famille.

• *Mère.* — La mère de Pierre est donneuse universelle dans le système ABO (H), elle appartient donc au groupe (O), elle est donc homozygote i/i. Tous ses enfants sont (Rh^+), mais sa fille cadette a manifesté un ictère hémolytique à la naissance, ce qui semble indiquer une incompatibilité rhésus ; la mère de Pierre est donc (Rh^-) rh^-/rh^-.

Conclusion : (O Rh^-) i/i, rh^-/rh^-.

• *Père.* — Le père de Pierre est homozygote pour le système rhésus. Tous ses enfants sont (Rh^+), alors que sa femme ne possède pas d'allèle Rh^+ ; il est donc (Rh^+) Rh^+/Rh^+. Pierre est (A), sa mère est (O) ; son père est donc porteur d'un allèle I^A. Les deux autres enfants du couple sont (O), par conséquent le père est aussi porteur d'un allèle i.

Conclusion : (A Rh^+) I^A/i, Rh^+/Rh^+.

• *Enfants* (F_1). — Le croisement réalisé est du type :

(A Rh^+) I^A/i, Rh^+/Rh^+ × (O Rh^-) i/i, rh^-/rh^-.

Ce type de croisement donne :

— 50 % de sujets (A Rh^+) I^A/i, Rh^+/rh^- (Pierre) ;
— 50 - de sujets (O Rh^+) i/i, Rh^+/rh^- (autres enfants).

9 / On sélectionne au Mexique une souche de chiens à peau nue, les Xolos. En croisant un mâle et une femelle à peaux nues, un éleveur obtient au total de quatre portées dix-huit chiots, parmi lesquels onze ont la peau nue, les autres possédant un pelage. Par ailleurs six chiots mort-nés présentent de sévères dystrophies.*
Le gène gouvernant le caractère « peau-nue » est-il dominant : H, ou récessif : h ? Quels sont les génotypes des chiens à peau nue de la souche parentale, des chiens à peau nue de la F_1, des chiens poilus de la F_1 ? Que peut-on dire à propos des chiots mort-nés ?

• Si le gène gouvernant le caractère « peau nue » est récessif, les chiens du croisement parental sont forcément des homozygotes récessifs h/h, et suivant les lois de Mendel la F_1 devrait être homogène, h/h également, constituée uniquement de chiens à peau nue, ce qui n'est pas le cas.

Le gène étudié est donc dominant : H. Dans ce cas les chiens du croisement parental peuvent être de deux types : : (H) H/H ou (H) H/h, et on peut envisager trois croisements parentaux possibles :

P_1 (H) H/H × (H) H/H
P_2 (H) H/H × (H) H/h
P_3 (H) H/h × (H) H/h.

Suivant les lois de Mendel, les deux premiers croisements P_1 et P_2 doivent donner une F_1 uniforme, ce qui n'est pas le cas. Le croisement pratiqué par l'éleveur est donc du type P_3. La descendance F_1 doit comporter par conséquent :

— 50 % de chiots hétérozygotes (H) H/h à peau nue ;
— 25 - de chiots homozygotes récessifs (h) h/h, possédant un pelage,

proportions qui correspondent sensiblement aux chiots viables obtenus. Enfin le croisement doit aussi produire 25 % de chiots à génotype homozygote dominant H/H. Il est vraisemblable que la présence de deux allèles mutés dominants est léthale et qu'à ce génotype correspondent les chiots mort-nés.

Un autre système de notation qui pourrait être utilisé serait le suivant :

— H allèle muté dominant ;
— H^+ allèle sauvage récessif ;
— (H) phénotype « peau nue » ;
— (H^+) phénotype « pelage ».

10 / Un homme appartenant aux groupes sanguins (O, Rh^+, MN) épouse une femme appartenant aux groupes (AB, Rh^+, MN), ils ont un enfant (Rh^-). Quels types de gamètes peuvent produire chacun des deux parents ? Quels sont les phénotypes possibles de l'enfant ?

• Puisque l'enfant (F_1) est (Rh^-), c'est-à-dire homozygote récessif rh^-/rh^-, les parents sont tous deux hétérozygotes pour ce système de groupe : (Rh^+) Rh^+/rh^-.

Gamètes de l'homme : L'homme est homozygote récessif dans le système ABO (H). Il est hétérozygote dans les systèmes rhésus et MN. Il peut donc produire quatre types de gamètes :

i Rh^+ L^M, i Rh^+ L^N, i rh^- L^M, i rh^- L^N.

Gamètes de la femme : La femme est hétérozygote dans les trois systèmes étudiés, elle peut produire huit types de gamètes :

I^A Rh^+ L^M, I^A Rh^+ L^N, I^A rh^- L^M, I^A rh^- L^N,
I^B Rh^+ L^M, I^B Rh^+ L^N, I^B rh^- L^M, I^B rh^- L^N.

Phénotypes de l'enfant (F_1) : L'enfant est (Rh^-), ce qui exclut tous les gamètes parentaux porteurs d'un allèle Rh^+. On peut dresser le tableau suivant :

Père	*Mère*			
	I^A rh^- L^M	I^A rh^- L^N	I^B rh^- L^M	I^B rh^- L^N
i rh^- L^M	I^A/i rh^-/rh^- L^M/L^M	I^A/i rh^-/rh^- L^M/L^N	I^B/i rh^-/rh^- L^M/L^M	I^B/i rh^-/rh^- L^M/L^N
i rh^- L^N	I^A/i rh^-/rh^- L^M/L^N	I^A/i rh^-/rh^- L^N/L^N	I^B/i rh^-/rh^- L^M/L^N	I^B/i rh^-/rh^- L^N/L^N

On voit que six phénotypes sont possibles :

(I^A Rh^- M) ; (I^A, Rh^-, MN) ; (I^A Rh^-, N)
(I^B Rh^- M) ; (I^B Rh^-, MN) ; (I^B Rh^-, N).

2

LOCALISATION DES GÈNES

SOMMAIRE

I. Groupes de liaison

L'analyse de divers croisements expérimentaux effectués chez la Drosophile conduit Morgan et son équipe à émettre l'hypothèse que les gènes sont réunis au sein de groupes de liaison. Au sein d'un même groupe les gènes liés se disposent linéairement. La probabilité pour qu'une rupture de liaison se produise sur un long segment étant plus grande que si le segment de liaison est court, la fréquence de recombinaison* entre deux gènes liés doit permettre d'estimer l'écart qui les sépare : les gènes liés qui se recombinent rarement doivent être plus rapprochés que ceux qui se recombinent avec une fréquence élevée.

A partir de ces données théoriques, formulées en particulier par Sturtevant, un élève de Morgan, une carte factorielle du génome de la Drosophile a été établie, définissant les groupes de liaison et indiquant pour chaque groupe la *distance* qui sépare les différents gènes ainsi que leur *ordre de succession.* Sur ces cartes, l'unité de distance correspond à l'écart qui sépare deux gènes présentant une fréquence de recombinaison de 1 %, c'est l'unité de recombinaison* ou centimorgan*. Ainsi, dans l'exemple présenté page 36, la distance entre les gènes liés gl (œil glass) et e (ebony) est donc de 8 unités puisque le pourcentage de recombinaison observé est de 8 %.

Chez la Drosophile, Morgan et son équipe définissent quatre groupes de liaison. Ce nombre correspond au nombre haploïde de chromosomes de l'espèce, on en déduit que les groupes de liaison sur lesquels les gènes se disposent linéairement sont les chromosomes eux-mêmes. Cette observation confirme l'hypothèse émise par Sutton dès 1903 :

« *Les facteurs héréditaires ou gènes sont liés aux chromosomes, les lois de Mendel s'expliquent par la réduction chromatique qui se produit à la méiose.* »

II. Recombinaisons et cartes factorielles

Ainsi les gènes qui se disjoignent de façon indépendante appartiennent à des groupes de liaison différents, c'est-à-dire qu'ils sont portés par des chromosomes différents, qui se ségrègent de façon aléatoire lors de la méiose. Par contre les gènes liés sont portés *par un même chromosome* et normalement ne peuvent être séparés au moment de la méiose que s'il se produit une *rupture* du chromosome lui-même. On connaît un exemple où une rupture chromosomique est décelable cytologiquement, c'est le cas où des enjambements ou crossing-over, c'est-à-dire des échanges de chromatides se produisent entre deux chromosomes homologues pendant la première division de méiose.

Une étude cytologique précise montre [1] :

— que les quatre chromatides du bivalent peuvent être impliquées dans des crossing-over successifs (visualisés par la présence des

(1) Les chromosomes, la mitose et la méiose sont étudiés dans le tome 1, *Biologie cellulaire*, de cette collection.

chiasmas*), mais que dans la plupart des cas deux chromatides homologues (non sœurs) seulement sont concernées ;
— que le crossing-over est un phénomène constant lors de la méiose et qu'il affecte tous les bivalents;
— qu'un même bivalent peut être affecté par plusieurs crossing-over. Le nombre de crossing-over (révélé par le nombre des chiasmas visibles au stade diplotène) est proportionnel à la longueur du chromosome.

A / EXEMPLE EXPÉRIMENTAL

Reprenons l'exemple du croisement réalisé par Morgan (voir p. 35) : les deux gènes liés portés par un même chromosome sont les gènes gl et e (ou leurs allèles sauvages + et +). Si les parents sont un mâle homozygote récessif (gl e) gl e/gl e et une femelle de type F_1 hétérozygote (+ +) gl e/+ +, voyons ce qui peut se produire lors de la méiose, c'est-à-dire lors de la formation des gamètes chez les parents :

a) *Chez le mâle.* — Il est homozygote, par conséquent et quoi qu'il arrive ses gamètes seront *toujours* du type gl e. Par ailleurs, à part quelques cas exceptionnels, on n'observe *jamais* de crossing-over pendant la gamétogenèse des mâles chez la drosophile.

b) *Chez la femelle.* — La situation est différente. La cellule diploïde qui va subir la méiose et qui est à l'origine des gamètes haploïdes porte deux chromosomes homologues (nous ne considérons que les chromosomes porteurs des locus étudiés). L'un de ces chromosomes porte les gènes gl et e l'autre porte + et +. Au moment de la division réductionnelle chacun de ces chromosomes est constitué par deux chromatides.

— Si aucun crossing-over ne se produit pendant la prophase de première division de méiose *entre les locus gl et e*, on obtient deux types de gamètes haploïdes, 50 % d'entre eux possèdent un chromosome gl e, 50 % ont un chromosome + +. L'association d'un de ces gamètes femelle avec un gamète mâle gl e donne :
— soit des sujets gl e/gl e de type paternel;
— soit des sujets gl e/+ + de type maternel.

Il n'y a pas de recombinants.

— Si un crossing-over s'effectue entre gl et e (ce qui statistiquement *doit* s'effectuer lors de la formation d'un petit nombre de gamètes femelles), chacune des deux chromatides homologues impliquées dans le crossing-over donne une association *recombinée* d'allèles : gl + pour l'une et + e pour l'autre. Lors de la deuxième division de méiose l'écartement des chromatides sœurs de chacun des homologues conduira à la formation de quatre types possibles de gamètes :
— 25 % porteurs de gl e;
— 25 - porteurs de + +;
dont l'association avec un gamète mâle gl e donne des sujets de types parentaux comme dans le cas précédent,
— 25 % porteurs de gl +;
— 25 - porteurs de + e.

L'association de ces gamètes recombinants avec un gamète mâle gl e donne des sujets gl + /gl e ou + e/gl e, de phénotypes (gl +) ou (+ e). *Ce sont ces individus que l'on observe dans 8 % des cas.*

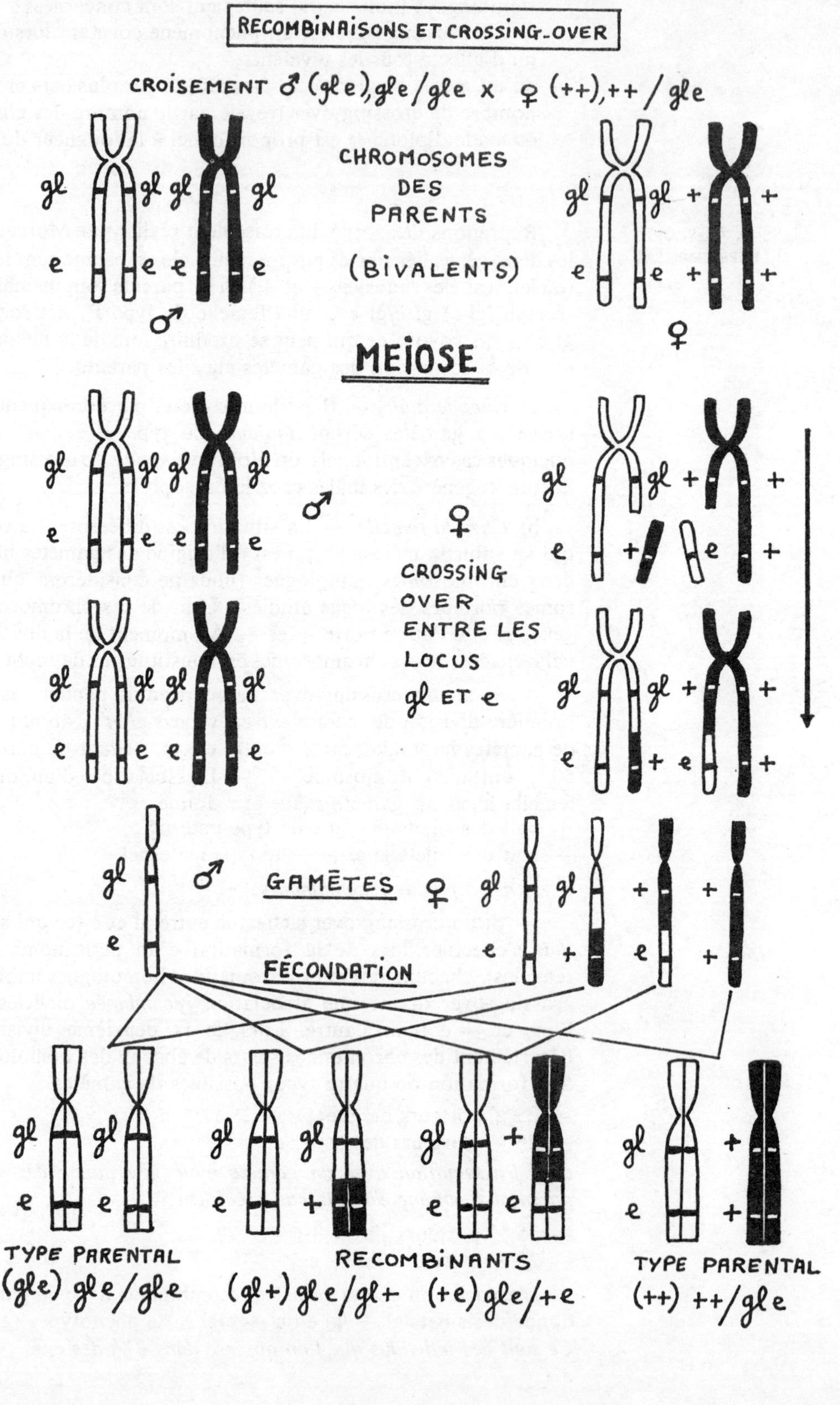
RECOMBINAISONS ET CROSSING-OVER
CROISEMENT ♂ (gle), gle/gle x ♀ (++), ++/gle
CHROMOSOMES DES PARENTS (BIVALENTS)
gl
e
+
♂
♀
MEIOSE
CROSSING OVER ENTRE LES LOCUS gl ET e
GAMÈTES
FÉCONDATION
TYPE PARENTAL
(gle) gle/gle
RECOMBINANTS
(gl+) gle/gl+
(+e) gle/+e
TYPE PARENTAL
(++) ++/gle

B / CARTES FACTORIELLES

Dès 1913, Sturtevant avait admis que plus deux gènes sont éloignés l'un de l'autre, plus le taux de recombinaison qu'ils présentent est élevé. Plus ils sont rapprochés, plus ce taux est faible. A la lumière de la théorie chromosomique de l'hérédité, il apparaît que ce postulat repose sur de simples bases mécaniques. Le pourcentage de recombinaison existant entre deux gènes liés reflète très exactement la distance qui sépare deux locus sur un même chromosome. L'étude du taux de recombinaison de différents caractères pris deux à deux permet donc l'établissement de cartes factorielles définissant la séquence des gènes et la distance qui les sépare.

1 / Distance

Soit deux gènes liés, A et B, dominants, et leurs allèles récessifs a et b. Etudions les possibilités de crossing-over chez un sujet hétérozygote AB/ab. La cellule initiale diploïde qui va subir la méiose et donner naissance aux gamètes porte un chromosome du type AB et un chromosome du type ab.

a) Si les deux gènes occupent des locus très éloignés l'un de l'autre, situés par exemple chacun à l'extrémité opposée du chromosome, quel que soit le niveau où se produit le crossing-over, les gènes A et B seront séparés. Dans ce cas le taux de recombinaison est très élevé.

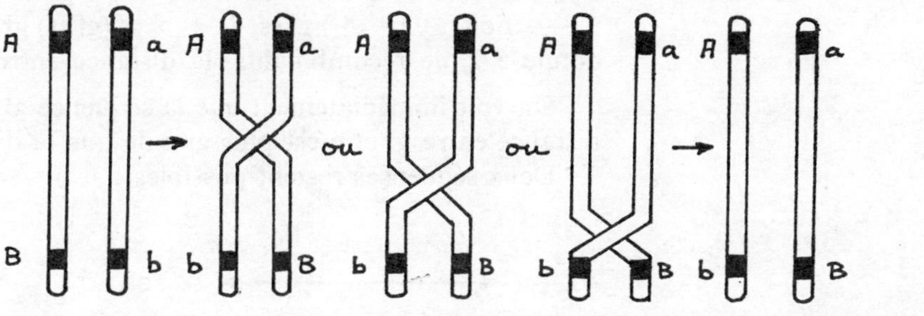

CROSSING-OVER GÈNES ÉLOIGNÉS TAUX DE RECOMBINAISON ÉLEVÉ

b) Si les gènes sont situés sur des locus très voisins, il y a très peu de chances pour qu'un crossing-over les sépare. Le taux de recombinaison est très faible.

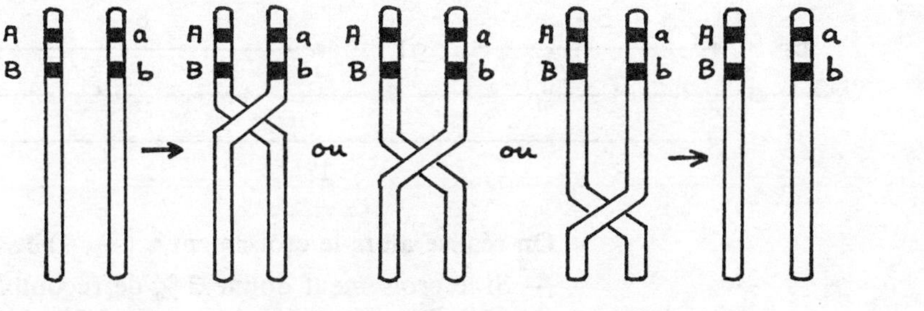

CROSSING-OVER GÈNES VOISINS TAUX DE RECOMBINAISON FAIBLE

c) Il peut arriver enfin que des locus très proches ne soient pratiquement jamais séparés par un crossing-over.

2 / Additivité des distances Séquence

Le postulat de Sturtevant permet non seulement de déterminer l'écart qui sépare deux locus, mais aussi de définir la position relative des différents gènes portés par un même chromosome.

a) *Exemple*

Considérons chez la Drosophile trois gènes liés : gl, e et ss, gouvernant les caractères œil glass (gl), corps ebony (e) et spineless ou petites soies (ss). On cherche à déterminer leurs positions relatives sur le chromosome. Trois séquences sont possibles :

gl e ss
e gl ss
e ss gl

Pour déterminer quelle est la séquence réelle, on effectue les trois croisements dihybrides possibles du type homozygote récessif × hétérozygote F_1, impliquant respectivement les caractères gl et e, e et ss, gl et ss. On obtient ainsi les taux de recombinaison, c'est-à-dire les distances en unités (centimorgans) entre les gènes pris deux à deux.

Ces distances doivent être additives : la fréquence des remaniements de l'intervalle total doit être égale à la somme des remaniements sur les deux intervalles adjacents définis par les locus des trois gènes.

— Soit ♀ (+ +) gl e/+ + × ♂ (gl e) gl e/gl e ; ce croisement donne 8 % de recombinants, la distance entre gl et e est de 8 unités.

— Soit ♀ (+ +) gl ss/+ + × ♂ (gl ss) gl ss/gl ss ; ce croisement donne 5 % de recombinants, la distance entre gl et ss est de 5 unités.

On voit immédiatement que la séquence gl-e-ss est exclue puisque la distance entre gl et e est plus grande que la distance entre gl et ss.

Deux séquences restent possibles :

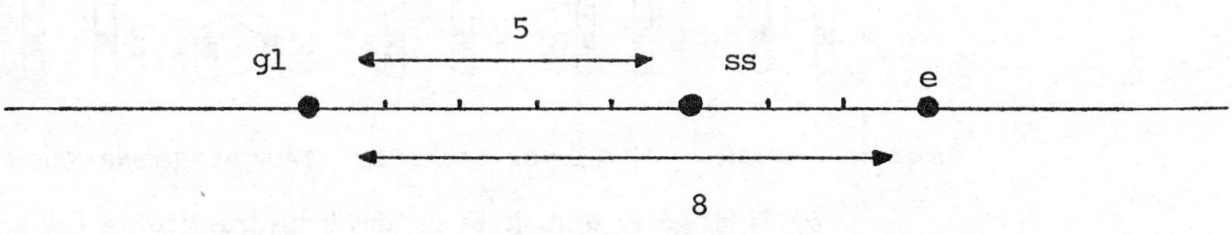

ou encore :

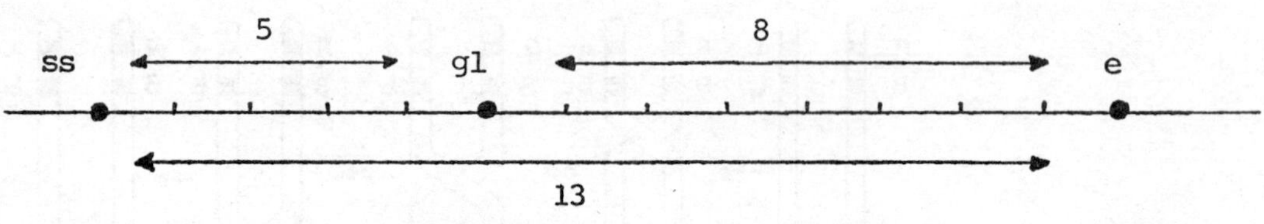

On réalise alors le croisement ♀ (+ +) e ss/+ + × ♂ (e ss) e ss/e ss.

— Si le croisement donne 3 % de recombinants, la distance entre e et ss est de 3 unités et la séquence est forcément e-ss-gl.

— Si le croisement donne 13 % de recombinants, la distance entre e et ss est de 13 unités et la séquence est forcément e-gl-ss.

Dans la réalité on constate que c'est ce dernier cas qui est le bon, on a bien la séquence e-gl-ss.

b) *Limites de l'additivité des distances*

Le mode de raisonnement que nous venons d'indiquer donne des informations qui se vérifient très régulièrement sur des chromosomes courts. Par contre, lorsqu'on étudie sur des chromosomes plus longs deux gènes, A et F, dont les locus sont séparés par un intervalle important, et entre lesquels se trouvent d'autres gènes connus B, C, D, E, situés sur des locus intermédiaires, on constate que la distance calculée section par section est plus grande que la distance indiquée directement par le taux de recombinaison entre ces deux gènes.

On a :

$$AB + BC + CD + DE + EF > AF.$$

Cette discordance entre les résultats du calcul direct et du calcul par segment s'explique de la façon suivante : la fréquence de recombinaison n'est égale à la fréquence de crossing-over que si un seul crossing-over se produit entre les deux locus considérés. Or, en réalité, si les deux locus sont suffisamment éloignés, il peut très bien se produire simultanément *deux* crossing-over intéressant la même portion de chromatide située entre les deux locus (1).

Dans ce cas, bien que la chromatide ait subi deux remaniements, *les gènes conservent la combinaison parentale*. La fréquence de recombinaison observée est donc inférieure à la fréquence réelle de crossing-over, et la distance séparant les deux locus est *sous-estimée*.

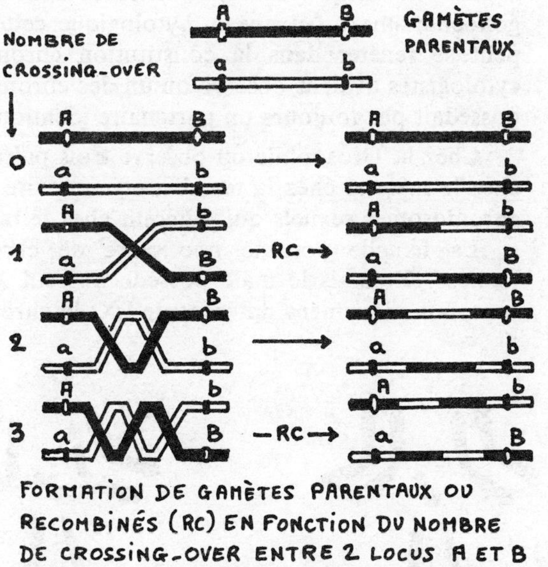

FORMATION DE GAMÈTES PARENTAUX OU RECOMBINÉS (RC) EN FONCTION DU NOMBRE DE CROSSING-OVER ENTRE 2 LOCUS A ET B

Pour constituer une carte factorielle aussi exacte que possible, on a donc intérêt à utiliser comme marqueurs des gènes qui pris deux à deux sont suffisamment proches. La somme des distances AB + BC + CD + DE + EF correspond davantage à la réalité que la distance calculée directement AF.

(1) Un nombre pair de crossing-over reconstitue un type parental, un nombre impair produit un type recombiné.

Pour mettre en évidence les doubles crossing-over, on utilise le test « 3 points »*, qui consiste à considérer dans le même croisement trois différences alléliques, correspondant à trois gènes liés. Le marqueur médian, en cas de double crossing-over, présentera une association nouvelle avec les deux marqueurs terminaux, qui restent en association parentale.

III. Preuves de la localisation chromosomique des gènes

A / Hérédité liée au sexe

Le fait que le nombre des groupes de liaison défini de façon théorique soit identique au nombre haploïde de chromosomes de l'espèce constitue un argument fondamental en faveur de la localisation chromosomique des gènes. D'autre part, les phénomènes cytologiques affectant les chromosomes observés lors de la méiose permettent d'expliquer de façon satisfaisante le résultat de différents croisements expérimentaux. Les phénomènes d'hérédité liée au sexe constituent une autre preuve de la localisation chromosomique des gènes.

1 / Détermination génétique du sexe

Dans la plupart des espèces animales, chaque individu ne peut fournir qu'un seul type de gamètes : gamètes mâles (spermatozoïdes) ou gamètes femelles (ovules). Les sexes sont séparés, on dit qu'il y a gonochorisme*. Au niveau cytologique cette différence entre les sexes peut se refléter dans la constitution chromosomique. Dès 1890, les cytologistes avaient observé qu'un des chromosomes du lot haploïde ne possédait pas toujours un partenaire identique :

Chez la Drosophile on observe trois paires d'autosomes, semblables chez le mâle et chez la femelle, et une paire d'hétérochromosomes* ou chromosomes sexuels qui diffèrent chez le mâle et la femelle.

La femelle possède une paire de chromosomes sexuels homologues XX, mais le mâle possède un seul X et un autre chromosome morphologiquement différent de l'X, le chromosome Y.

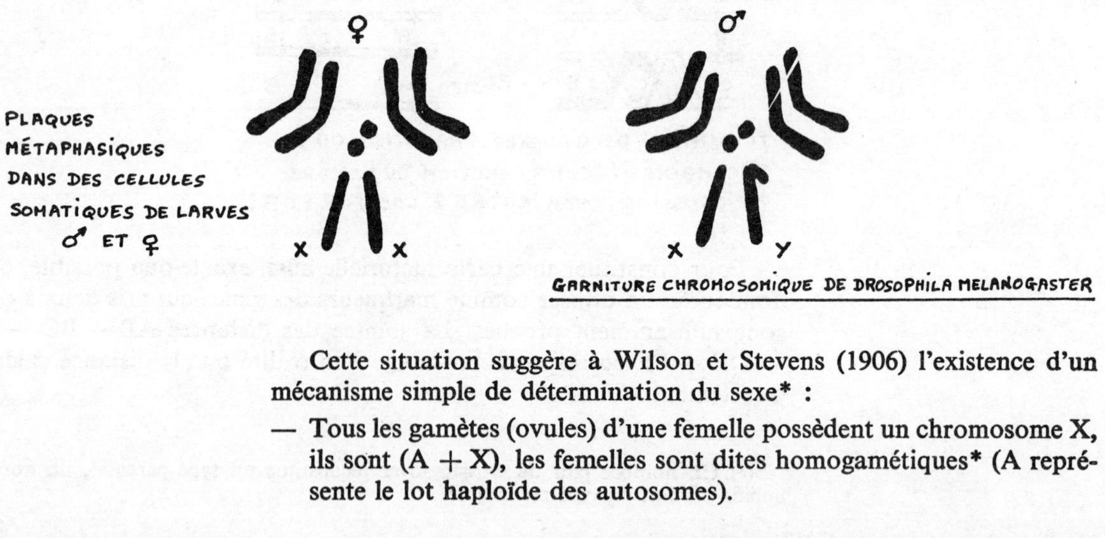

Cette situation suggère à Wilson et Stevens (1906) l'existence d'un mécanisme simple de détermination du sexe* :

— Tous les gamètes (ovules) d'une femelle possèdent un chromosome X, ils sont (A + X), les femelles sont dites homogamétiques* (A représente le lot haploïde des autosomes).

— Pour les gamètes mâles la situation est différente; 50 % des spermatozoïdes possèdent un chromosome X, ils sont (A + X), et 50 % possèdent un chromosome Y, ils sont (A + Y). Les mâles sont hétérogamétiques*.

La fécondation d'un ovule (A + X) par un spermatozoïde (A + X) conduit à un zygote (AA + XX) qui donnera une femelle.

La fécondation d'un ovule (A + X) par un spermatozoïde (A + Y) conduit à un zygote (AA + XY) qui donnera un mâle.

Pour la première fois la preuve de l'existence d'une relation entre un chromosome cytologiquement défini et une propriété héréditaire était mise en évidence. Par ailleurs ces observations permettaient d'expliquer le maintien de l'égalité numérique des sexes à travers les générations successives (sex-ratio).*

2 / Résultats expérimentaux

Nous avons jusqu'à présent étudié le passage d'un couple d'allèles à travers les générations successives en considérant que tous les gènes existaient en double exemplaire, chacun porté par un des chromosomes homologues du lot diploïde. Or nous venons de voir que les chromosomes sexuels X et Y ne sont justement pas homologues. On peut donc penser que certains gènes présents sur l'un des chromosomes sexuels *n'ont pas d'allèle* sur l'autre chromosome morphologiquement différent. Les modalités de la transmission de ces gènes à travers la reproduction sexuée doivent être différentes de celles de gènes portés par les autosomes.

a) *Le gène white de la Drosophile*

C'est en effet le cas observé initialement par Morgan en 1910 chez la Drosophile. Le premier « mutant » isolé chez la Drosophile fut un mâle à yeux blancs — la couleur naturelle (sauvage) des yeux chez ces mouches est le rouge brique. A partir de ce mutant Morgan put constituer une souche pure de Drosophiles à yeux blancs (souche white*) et réaliser les deux croisements réciproques entre des individus mutants (w) et des individus de type sauvage (+). *Il constate que les deux croisements réciproques ne donnent pas les mêmes résultats :*

Génération F_1. — Le premier croisement ♂ (w) × ♀ (+) donne en F_1 100 % de sujets du type sauvage (+) maternel.

Le second croisement ♂ (+) × ♀ (w) donne en F_1 50 % de sujets du type sauvage (+), *tous femelles*, et 50 % de sujets du type mutant (w), *tous mâles*.

Génération F_2. — Les résultats obtenus en F_2 sont eux aussi différents des résultats mendéliens classiques.

La F_2 résultant du premier croisement donne bien 75 % de sujets du type sauvage (+) et 25 % de sujets mutants (w), mais *tous les mutants sont exclusivement du sexe mâle.*

La F_2 résultant du second croisement donne 50 % de sujets de type sauvage (+), mâles et femelles, et 50 % de sujets mutants (w), mâles et femelles.

b) *Interprétation des résultats*

— Dans le premier croisement tous les F_1 sont du type (+) sauvage, mais en F_2 on retrouve des sujets du type (w) mutant. *Cela signifie que le caractère white est récessif par rapport au type sauvage.*

— Dans ces conditions, le fait que tous les mâles de la F_1 résultant du second croisement soient des mutants à œil blanc implique que ces mâles *ne possèdent pas le gène* (+) qui gouverne le caractère sauvage. Ils ne reçoivent donc qu'un seul des allèles, toujours fourni par le parent femelle de type (w). Au contraire dans cette F_1 les femelles reçoivent les deux allèles w et +. Ceci ne peut se comprendre que si l'on admet que le mâle (+) qui a servi de père dans le croisement initial : ♂ (+) × ♀ (w) *ne portait lui-même qu'un seul des allèles.*

Le fait que les mâles possèdent un seul des allèles et que les femelles possèdent les deux allèles s'explique parfaitement à la lumière de la théorie chromosomique de l'hérédité, si l'on considère que le locus w est porté par une fraction du chromosome X qui n'existe pas sur le chromosome Y. Le gène w est dit « lié au sexe ». En fonction de cette interprétation on comprend clairement les résultats obtenus en F_1 et en F_2 dans les deux types de croisements réalisés par Morgan :

— *Croisement 1 :* ♂ (w) X^w/Y. × ♀ (+) X^+/X^+.

— F_1 :

(+) ♀	(w) ♂ X^w	(w) ♂ Y.
X^+	♀ X^+/X^w	♂ X^+/Y.
X^+	♀ X^+/X^w	♂ X^+/Y.

→ 50 % ♂ (+), X^+/Y.
→ 50 % ♀ (+), X^+/X^w

} 100 % (+)

— F_2 ♂ (+), X^+/Y. × ♀ (+), X^+/X^w.

(+) ♀	(+) ♂ X^+	(+) ♂ Y.	
X^+	♀ X^+/X^+	♂ X^+/Y.	→ 25 % ♂ (+)
X^w	♀ X^+/X^w	♂ X^w/Y.	→ 25 % ♂ (w)

→ 50 % ♀ (+)

— *Croisement 2 :* ♂ (+), X^+/Y. × ♀ (w), X^w/X^w.

— F_1 :

(w) ♀ \ (+) ♂	X^+	Y.
X^w	♀ X^w/X^+	♂ X^w/Y.
X^w	♀ X^w/X^+	♂ X^w/Y.

↓ 50 % ♂ (w), X^w/Y.

→ 50 % ♀ (+), X^+/X^w

— F_2 : ♂ (w), X^w/Y. × ♀ (+), X^+/X^w.

(+) ♀ \ (w) ♂	X^w	Y.	
X^+	♀ X^w/X^+	♂ X^+/Y.	⟶ 50 % de (+) ♂ et ♀
X^w	♀ X^w/X^w	♂ X^w/Y.	⟶ 50 % de (w) ♂ et ♀

B / Preuves cytologiques

La carte factorielle de la Drosophile a été établie avec une très grande précision à partir de données essentiellement théoriques confirmées indirectement par les résultats des croisements expérimentaux. L'existence dans les cellules des glandes salivaires de la Drosophile de chromosomes géants* a permis d'obtenir des preuves *cytologiques* de la nature et de la localisation chromosomique du matériel génétique.

1 / Les chromosomes polyténiques (1)

Chez les Diptères le développement de certains territoires larvaires ne se fait pas par multiplication cellulaire, mais par accroissement de la taille des cellules dont le nombre demeure fixe. Cet accroissement de la taille des cellules peut être accompagné par un phénomène de polyténie* qui affecte les chromosomes.

On assiste à une série de duplications chromosomiques, non suivies de la séparation des chromatides : les chromosomes polyténiques*

(1) Du grec *poly* = nombreux et *tainia* = bande.

longs et épais représentent un grand nombre de chromatides sœurs accolées sur toute leur longueur; on estime qu'un chromosome polyténique peut comporter plus de 1 000 chromatides. Le nombre de chromosomes géants observables dans les noyaux des cellules correspond au nombre haploïde de l'espèce. En effet, ces chromosomes résultent initialement de l'appariement point par point des chromosomes homologues d'origine paternelle et maternelle (toutefois cet appariement est sans rapport avec les phénomènes que l'on observe à la méiose).

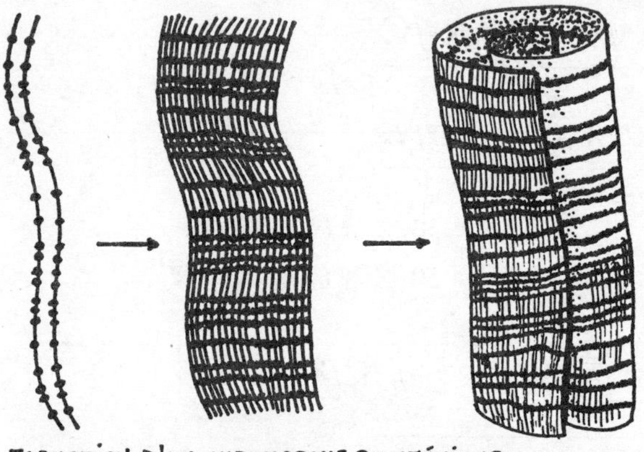
FORMATION D'UN CHROMOSOME POLYTÉNIQUE

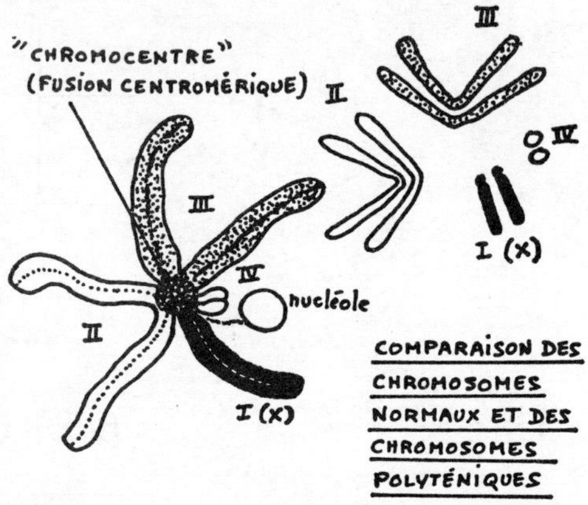

COMPARAISON DES CHROMOSOMES NORMAUX ET DES CHROMOSOMES POLYTÉNIQUES

Chez ces chromosomes épais et allongés on peut s'attendre à observer de nombreux détails de structure, invisibles sur un chromosome normal, et l'on sait que leur organisation amplifie et reflète valablement la structure d'une seule chromatide. On constate que les chromosomes polyténiques présentent une alternance de bandes fortement colorables (feulgen positives) riches en ADN, et de bandes claires (interbandes). A la suite des travaux de Painter et Bridges (1933) on a pu montrer que les bandes sombres correspondent aux unités génétiques, qu'elles représentent l'*image cytologique des gènes*. Chez la Drosophile, plus de 4 000 bandes sont répertoriées.

2 / Localisation des unités génétiques

Nous allons localiser cytologiquement la position sur le chromosome du gène « zeste »* : « z » qui gouverne la coloration jaune citron de l'œil de la Drosophile (rouge brique à l'état sauvage). Ce gène est récessif, lié au sexe et porté par le chromosome X, suivant les données théoriques.

On irradie (rayons X ou U.V.) des Drosophiles mâles de type sauvage, afin de provoquer expérimentalement une déficience*, c'est-à-dire la destruction d'une petite région chromosomique. Statistiquement on peut espérer que l'une de ces déficiences se traduira au niveau de quelques-uns des gamètes élaborés par l'animal irradié, par une perte de matériel chromosomique dans la région du chromosome X où est localisé le locus « zeste ». Normalement lorsqu'on croise des mâles irradiés de type sauvage *(+), X^+/Y. avec des femelles de phénotype « zeste » (z), donc forcément homozygotes X^z/X^z, on doit obtenir des femelles de type sauvage (+), hétérozygotes X^+/X^z puisque l'allèle « zeste » est récessif.

(z) ♀	* (+) ♂	
	X^+	Y.
X^z	♀ X^z/X^+	♂ X^z/Y.
X^z	♀ X^z/X^+	♂ X^z/Y.

On a :

— 50 % de ♀ toutes (+),
— 50 - de ♂ tous (z).

Si à la suite de l'irradiation une perte de matériel génétique (déficience) s'est produite dans la zone chromosomique où se situe l'allèle sauvage du facteur « zeste », ce gène sauvage porté par le chromosome X aura été éliminé pour certains des gamètes mâles. Le croisement devra donc être représenté de la façon suivante :

(z) ♀	* (+) ♂		
	X^+	X.	Y.
X^z	♀ X^z/X^+	♀ X^z/X.	♂ X^z/Y.

On a :

— 50 % de mâles X^z/Y. tous (z),
— 50 % de femelles, dont les unes sont (+) X^z/X^+ et les autres (z) X^z/X.

Quelques femelles de la F_1 auront des yeux jaune citron puisque le gène récessif z n'est plus dominé par son allèle sauvage disparu avec la déficience. *On sait donc à coup sûr que le matériel génétique de ces femelles a subi une altération, on va maintenant essayer de déceler cette altération cytologiquement sur les chromosomes polyténiques.*

L'examen des chromosomes (1) de ces femelles F_1 à yeux jaune citron montre effectivement qu'en un point précis, correspondant à un petit nombre de bandes sombres, *l'appariement des chromatides multiples est modifié* : les chromatides intactes fournies par la mère forment *une boucle* à un niveau où les locus correspondants des chromatides d'origine paternelle ont disparu. On a donc bien une preuve cytologique que les bandes sombres des chromosomes polyténiques correspondent à des gènes, et que la perte d'un gène correspond à la perte d'une portion de chromosome.

Par cette méthode, en sélectionnant diverses mutations ou déficiences, on peut opérer une localisation précise de la plupart des gènes sur les chro-

(1) L'examen se pratique au stade larvaire, ce qui implique que l'on étudie en réalité, soit une autre F_1 issue du même couple initial, soit la descendance de ces femelles (z).

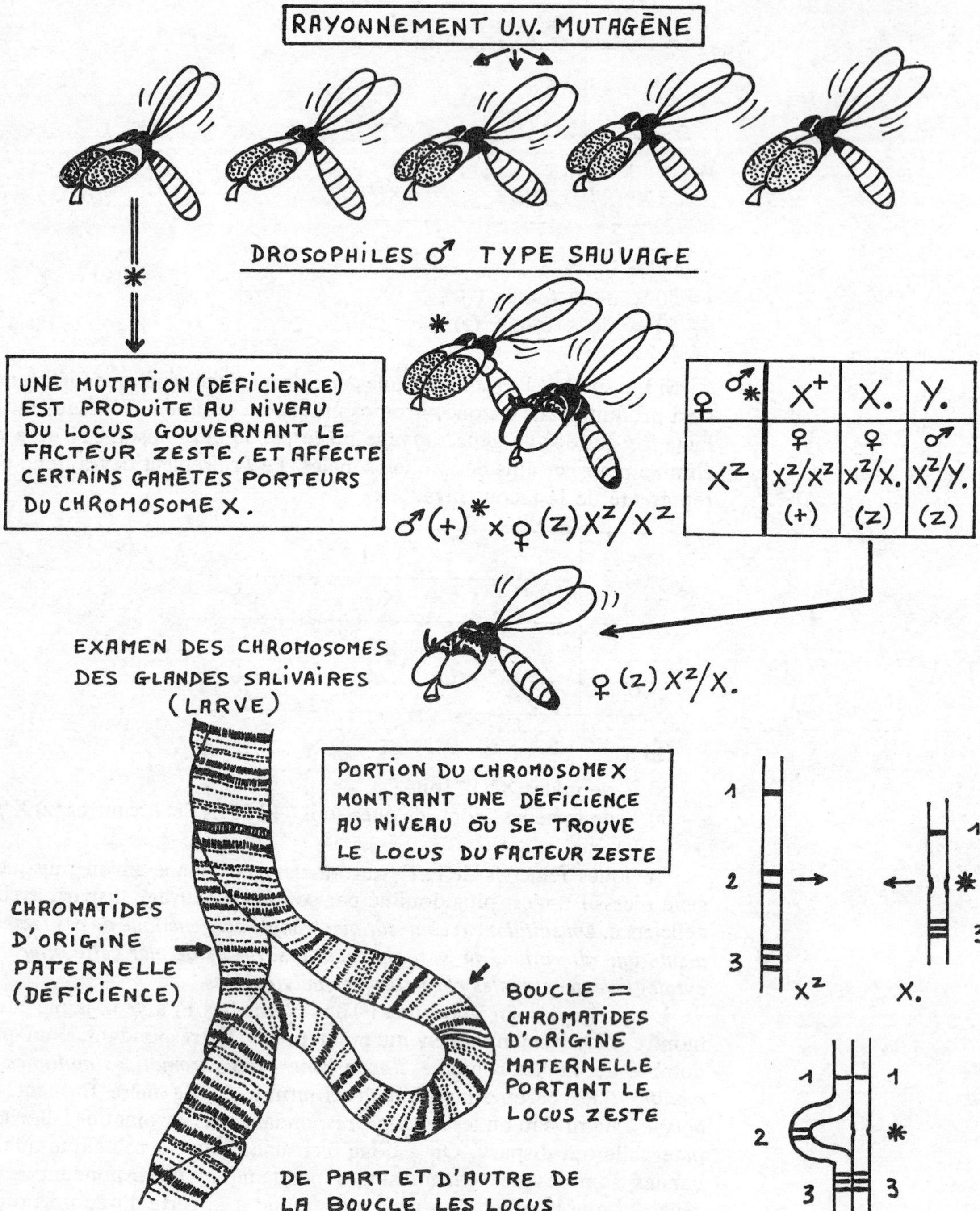
RAYONNEMENT U.V. MUTAGÈNE
DROSOPHILES ♂ TYPE SAUVAGE
*
UNE MUTATION (DÉFICIENCE) EST PRODUITE AU NIVEAU DU LOCUS GOUVERNANT LE FACTEUR ZESTE, ET AFFECTE CERTAINS GAMÈTES PORTEURS DU CHROMOSOME X.
*
♂ (+)* x ♀ (z) X^z/X^z
♀ ♂*
X+
X.
Y.
X^z
♀ X^z/X^z (+)
♀ X^z/X. (z)
♂ X^z/Y. (z)
♀ (z) X^z/X.
EXAMEN DES CHROMOSOMES DES GLANDES SALIVAIRES (LARVE)
PORTION DU CHROMOSOME X MONTRANT UNE DÉFICIENCE AU NIVEAU OÙ SE TROUVE LE LOCUS DU FACTEUR ZESTE
CHROMATIDES D'ORIGINE PATERNELLE (DÉFICIENCE)
BOUCLE = CHROMATIDES D'ORIGINE MATERNELLE PORTANT LE LOCUS ZESTE
DE PART ET D'AUTRE DE LA BOUCLE LES LOCUS HOMOLOGUES RESTENT ASSOCIÉS POINT PAR POINT
1
2
3
X^z
1
*
3
X.
1
2
3
1
*
3
X^z
X.

mosomes polyténiques. On dresse ainsi une carte cytologique des chromosomes de la Drosophile, que l'on compare à la carte factorielle. Pour l'essentiel on constate que la séquence des gènes est identique dans les deux cartes, ce qui démontre la validité de la théorie chromosomique de l'hérédité [1].

IV. Cas de l'espèce humaine

L'étude des recombinaisons, de l'hérédité liée au sexe, des chromosomes géants réalisée sur un matériel particulièrement favorable aux études génétiques comme l'est la Drosophile, a montré que le chromosome est bien le vecteur des caractères héréditaires. Une carte précise de la disposition des gènes sur les différents chromosomes a été établie pour la Drosophile; l'espèce humaine se prête de toute évidence moins bien à l'établissement d'une carte chromosomique et les méthodes mises en œuvre sont différentes.

Une méthode classique consiste à suivre le mode de transmission de certains caractères marqueurs (tares, groupes sanguins) à travers plusieurs générations d'une même famille afin de déceler ceux qui peuvent être liés, puis éventuellement d'établir une corrélation entre ces caractères et tel ou tel chromosome du caryotype. La méthode ne s'applique en définitive qu'à un petit nombre de gènes susceptibles d'être mis en évidence, par ailleurs il est exceptionnel que les données provenant d'une seule famille permettent d'aboutir à une conclusion ; les résultats obtenus de cette façon nécessitent des traitements statistiques particuliers et restent limités. Cependant, depuis une vingtaine d'années la localisation des gènes sur les chromosomes humains a progressé de façon spectaculaire avec la mise en œuvre de techniques nouvelles : hybridation cellulaire, hybridation *in situ* sur caryotype, hybridation somatique* interspécifique, clonage par les méthodes de la génétique moléculaire.

A / Transmission de caractères liés au sexe

Les chromosomes sexuels présentent sur les autosomes de grands avantages pour l'étude de la localisation des gènes par les méthodes classiques de la génétique formelle, en effet le mode de transmission des caractères liés au sexe est particulièrement facile à reconnaître.

1 / Les chromosomes sexuels

Dans l'espèce humaine (comme chez la Drosophile) le sexe génétique femelle se caractérise par un caryotype de constitution AA + XX, et le sexe génétique mâle par un caryotype de constitution AA + XY.

Dans cette notation AA représente les 22 paires d'autosomes du

(1) Par contre les rapports de distance entre les gènes ne sont pas semblables en théorie (carte factorielle) et dans la réalité (carte cytologique). Cette différence s'explique par l'existence sur le chromosome de segments plus favorables aux crossing-over. Par ailleurs plusieurs facteurs peuvent influer sur le taux des crossing-over : facteurs internes tels que le sexe du sujet, la proximité de zones hétérochromatiques*, la proximité du centromère* ; ou encore des facteurs externes tels que la température.

caryotype humain, les chromosomes X et Y sont les hétérochromosomes, ou chromosomes sexuels. Le chromosome X métaphasique* est un submétacentrique* de 5μm de long. Le chromosome Y métaphasique est un petit acrocentrique* de 1,5 μm de long.

Il existe entre les deux chromosomes une région totalement homologue, qui correspond à l'extrémité du petit bras de X et à la partie distale du petit bras de Y. Cette région est dite *pseudo-autosomale*. Les gènes dont les locus sont situés sur ce segment pseudo-autosomal se transmettent exactement comme les gènes portés par les autosomes.

Les autres gènes dont les locus sont situés, soit sur une région de Y qui n'a pas d'homologue sur X, soit sur une région de X qui n'a pas d'homologue sur Y, sont dits *liés au sexe*. Ils se transmettent suivant un mode particulier.

2 / Présence de gènes « masculinisants » sur le chromosome Y

L'étude de cas cliniques où des anomalies portant sur le nombre des chromosomes sexuels sont observées dans le caryotype d'un sujet montre que c'est la présence du chromosome Y qui est responsable de la différenciation dans le sens mâle des caractères sexuels phénotypiques. En l'absence de chromosome Y les caractères sexuels évoluent dans le sens féminin. C'est ainsi que :

— Les sujets AA + XX sont des femmes normales.

— Les sujets AA + XO, dont le caryotype présente un seul chromosome X (monosomie X), présentent un ensemble de caractères féminins; ces femmes manifestent cependant des aspects pathologiques marqués (stérilité en particulier) constituant le syndrome de Turner*.

— Les sujets AA + XXX (trisomie X*), AA + XXXX (tétra X), ou AA + XXXXX (penta X), sont des femmes phénotypiques, mais qui présentent des caractères pathologiques de plus en plus importants suivant l'augmentation du nombre de chromosomes X.

— Les sujets AA + XY sont des hommes normaux.

— Les sujets AA + XXY, dont le caryotype présente deux chromosomes X, comme celui d'une femelle génétique, et un chromosome Y, comme celui d'un mâle génétique, ont des caractères phénotypiques masculins; ces hommes manifestent cependant des aspects pathologiques (stérilité en particulier) constituant le syndrome de Klinefelter*.

— Les sujets AA + XYY (double Y) ont un phénotype masculin, et ne présentent pas de caractères pathologiques très marqués.

On a donc recherché la présence de gènes « masculinisants » sur le chromosome Y. En fait ce chromosome ne porte qu'un très petit nombre de gènes.

a) *Gènes portés par le chromosome Y*

Parmi les locus qui ont été identifiés on peut retenir :

— Les locus MIC2 et YgR, qui sont localisés sur la région pseudo-autosomale, et existent donc à la fois sur X et sur Y. MIC2 code pour un antigène de groupe sanguin, YgR (ou XgR, son homologue porté par le chromosome X) est un gène régulateur* de l'expression de MIC2. Ces gènes n'interviennent pas dans la détermination du sexe.

— Les locus ZFY et TSPY sont situés sur le petit bras du chromosome Y en dehors de la région pseudo-autosomale. ZFY porte un gène de régulation, qui code pour une protéine digitée, ZFY *(Zinc Finger Y)*, capable de s'associer à l'ADN et donc de contrôler l'expression d'autres gènes. ZFY et TSPY interviendraient lors de la formation des gamètes chez le mâle, mais ne jouent pas de rôle dans la différenciation *initiale* du sexe mâle.

— Deux autres gènes, dont le locus est situé cette fois sur le grand bras de Y, ont été reconnus : AZF, qui est aussi impliqué dans la formation des gamètes mâles, et HY qui est un gène de régulation contrôlant l'expression d'une protéine présente à la surface de toutes les cellules des mâles génétiques, l'antigène d'histocompatibilité spécifique du mâle. Ces gènes ne sont pas non plus directement à l'origine de l'orientation dans le sens mâle des caractères phénotypiques de l'individu.

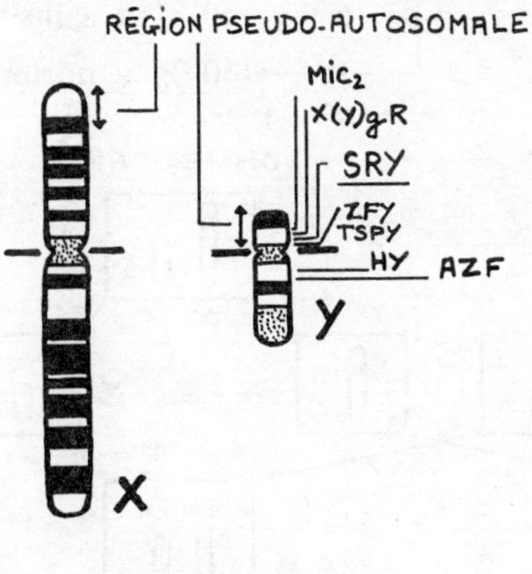

b) *Le gène masculinisant*

En 1990, on a mis en évidence le gène SRY* *(Sex determining region of the Y)*, qui occupe un locus localisé sur le petit bras de Y, juste en dessous de la région pseudo-autosomale. Ce gène code pour une petite protéine de régulation et on a montré en 1991 qu'il est effectivement le responsable initial de la masculinisation de l'organisme; il agirait en déclenchant l'activité d'autres gènes cibles (autosomiques ou portés par les chromosomes sexuels) responsables dans un premier temps de la différenciation mâle de la gonade.

3 / Transmission d'une tare due à un gène récessif porté par le chromosome X

Deux exemples sont bien connus : le daltonisme* et l'hémophilie*.

a) *Daltonisme*

C'est une affection relativement fréquente (4 % des sujets dans l'espèce humaine) qui se manifeste par le fait que les sujets atteints ne parviennent pas à distinguer certaines couleurs, en particulier le rouge ou le vert.

— Si un sujet daltonien de sexe mâle (d) X^d/Y. épouse une femme normale $(d^+)X^{d^+}/X^{d^+}$, on a :

$$♂ (d), X^d/Y. \times ♀ (d^+)X^{d^+}/X^{d^+}.$$

(d⁺) ♀	(d) ♂	
	X^d	Y.
X^{d^+}	♀ X^{d^+}/X^d	♂ $X^{d^+}/Y.$
X^{d^+}	♀ X^{d^+}/X^d	♂ $X^{d^+}/Y.$

→ 50 % ♂ sains
→ 50 % ♀ porteuses du trait

} 100 % (d^+)

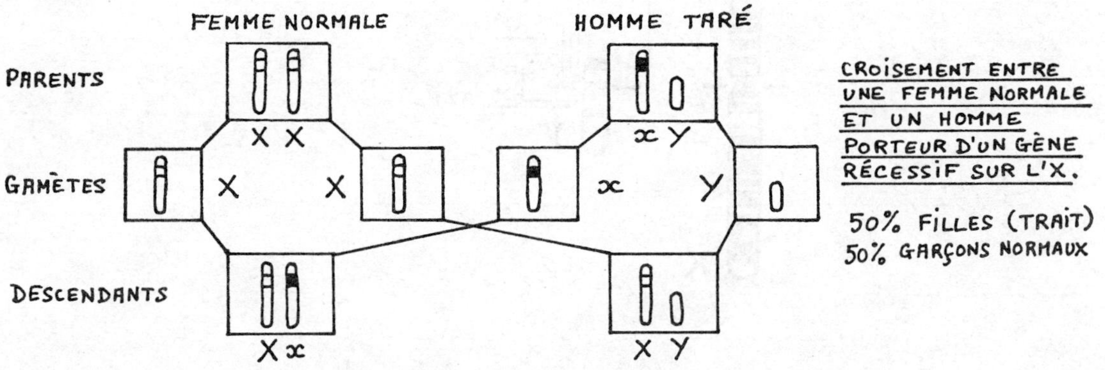

— Si un sujet daltonien de sexe mâle (d), X^d/Y., épouse une femme porteuse du trait, on a :

$$♂ (d), X^d/Y. \times ♀ (d^+)X^{d^+}/X^d.$$

(d⁺) ♀	(d) ♂	
	X^d	Y.
X^{d^+}	♀ X^{d^+}/X^d	♂ $X^{d^+}/Y.$
X^d	♀ X^d/X^d	♂ $X^d/Y.$

♀ { 25 % porteuses du trait
25 – malades (daltoniennes)

♂ { 25 % sains
25 – malades (daltoniens)

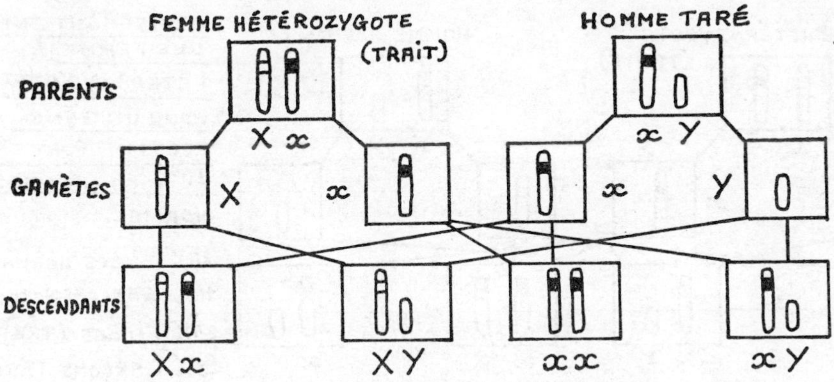

CROISEMENT ENTRE UNE FEMME HÉTÉROZYGOTE POUR UN GÈNE RÉCESSIF PORTÉ PAR L'X ET UN HOMME TARÉ.

25 % FILLES (TRAIT)
25 % GARÇONS NORMAUX
25 % FILLES TARÉES
25 % GARÇONS TARÉS

— Si on prend le cas d'une femme malade qui épouse un homme sain, on a :

♂ $(d^+)X^{d^+}/Y$. × ♀ $(d)X^d/X^d$.

(d) ♀	(d⁺) ♂ X^{d^+}	Y.
X^d	♀ X^{d^+}/X^d	♂ X^d/Y.
X^d	♀ X^{d^+}/X^d	♂ X^d/Y.

50 % ♂ tous malades (daltoniens)
50 % ♀ toutes porteuses du trait

— Si enfin une femme porteuse du trait épouse un homme sain, on a :

♂ $(d^+)X^{d^+}/Y$. × ♀ $(d^+)X^{d^+}/X^d$.

(d^+) ♀	(d^+) ♂ X^{d^+}	Y.
X^{d^+}	♀ X^{d^+}/X^{d^+}	♂ X^{d^+}/Y.
X^d	♀ X^{d^+}/X^d	♂ X^d/Y.

50 % ♀ dont { 25 % saines ; 25 – porteuses du trait }

50 % ♂ dont { 25 % sains ; 25 – malades (daltoniens) }

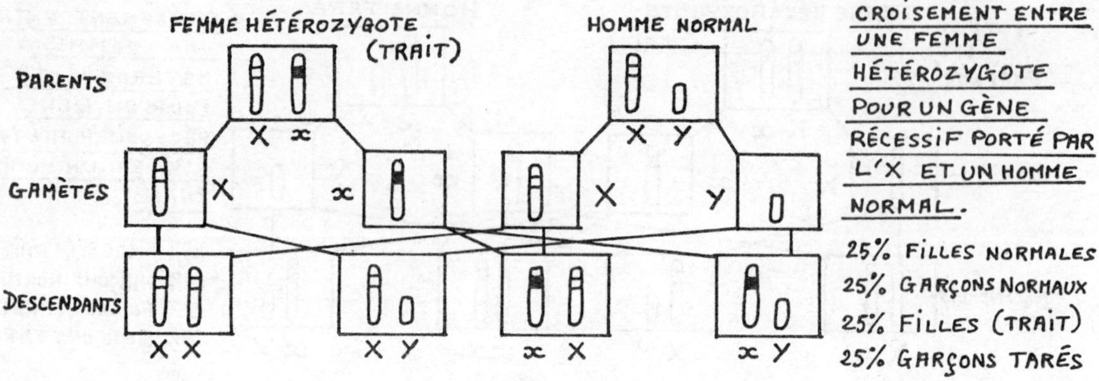

On constate que tous les individus de sexe mâle qui possèdent un facteur muté sur le chromosome X expriment l'anomalie. En effet ce facteur bien que récessif n'est pas contrebalancé dans son expression par un allèle dominant normal (sauvage). Les sujets sont dits hémizygotes* pour le facteur considéré.

b) *Hémophilie*

L'hémophilie consiste fondamentalement en une anomalie de la coagulation du sang, très lente chez les sujets atteints. Elle est provoquée par l'activité très abaissée d'un facteur de coagulation (F VIII C). Sa transmission s'explique par la présence d'un gène récessif porté par le chromosome X (1) ; elle a été très étudiée sur de nombreuses familles et suivie en particulier de façon spectaculaire chez les descendants de la reine Victoria.

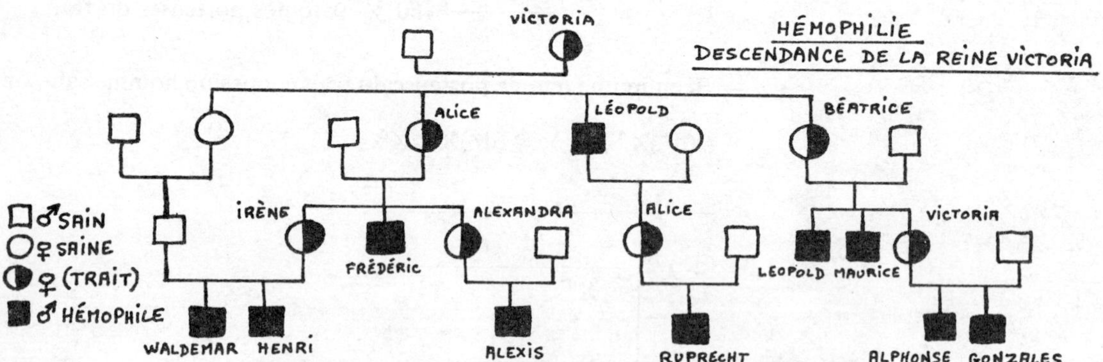

TRANSMISSION D'UNE TARE RÉCESSIVE PORTÉE PAR L'X

Dans ces exemples on constate clairement que la tare affecte essentiellement les hommes hémizygotes et se transmet par l'intermédiaire des femmes, apparemment saines, mais porteuses du trait. Les femmes

(1) Il existe deux types d'hémophilies (A et B) liées au sexe. Une autre forme, très rare, est autosomique.

homozygotes pour l'allèle muté, et par conséquent manifestant la tare, sont rarement observées :

— Pour qu'une femme homozygote pour le gène muté apparaisse il faut envisager un croisement parental entre un homme hémizygote manifestant la tare et une femme hétérozygote, ce qui n'est pas fréquent, encore faut-il ajouter que dans ce type de croisement une fille sur deux seulement sera homozygote (1).

— Dans la plupart des cas chez les femmes homozygotes possédant deux allèles mutés, la manifestation de la tare revêt un caractère plus grave que chez l'homme hémizygote, et peut être incompatible avec la survie du sujet.

4 / Transmission d'une tare due à un gène dominant porté par le chromosome X

On ne connaît qu'un petit nombre d'affections qui se transmettent de cette manière. Un cas classique est le rachitisme vitamino-résistant* (HYP). Cette maladie se traduit par des déformations osseuses qui affectent surtout les membres inférieurs et peut aboutir à un nanisme dysharmonieux ; la prescription de vitamine D aux doses habituelles en cas de rachitisme n'est suivie d'aucun effet.

L'analyse de pedigrees (Lamy *et al.*, 1968) portant sur 69 familles montre que 45 femmes malades (on admet qu'elles sont hétérozygotes) ont engendré 24 filles normales, 24 filles malades, 22 garçons normaux et 26 garçons rachitiques. En revanche 24 hommes rachitiques ont eu 29 filles toutes malades (2) et 25 garçons tous sains. Ces observations permettent d'affirmer que la tare est gouvernée par un gène dominant porté par le chromosome X.

On a :

$$♂\ (R^+)X^{R^+}/Y. \times ♀\ (R)X^R/X^{R^+}.$$

(R) ♀	(R⁺) ♂ X^{R^+}	(R⁺) ♂ Y.
X^R	♀ X^{R^+}/X^R	♂ $X^R/Y.$
X^{R^+}	♀ X^{R^+}/X^{R^+}	♂ $X^{R^+}/Y.$

50 % ♀ { 25 % rachitiques ; 25 – saines

50 % ♂ { 25 % rachitiques ; 25 – sains

(1) Un autre cas possible est bien entendu le croisement de deux sujets manifestant la tare, qui n'est pas à exclure en raison d'une certaine tendance à l'homogamie.

(2) Parmi les filles, certaines tout en étant hypophosphatémiques peuvent ne présenter que des altérations osseuses discrètes.

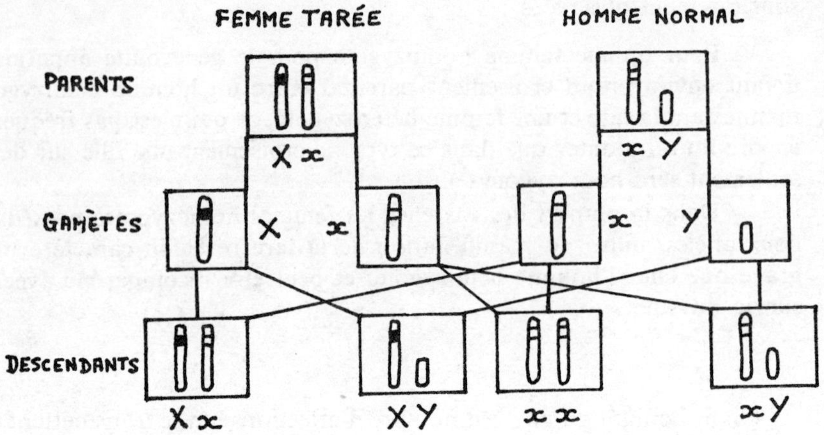

CROISEMENT ENTRE UNE FEMME HÉTÉROZYGOTE POUR UN GÈNE DOMINANT PORTÉ PAR L'X ET UN HOMME NORMAL.

25% FILLES TARÉES

25% GARÇONS TARÉS

25% FILLES NORMALES

25% GARÇONS NORMAUX

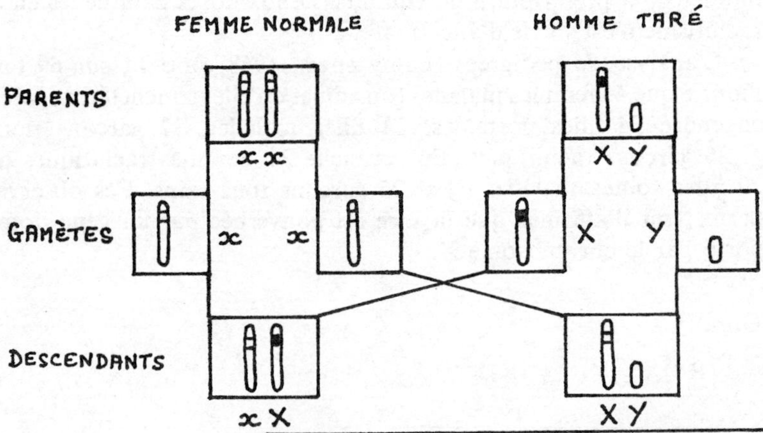

CROISEMENT ENTRE UNE FEMME NORMALE ET UN HOMME POSSÉDANT UN GÈNE DOMINANT PORTÉ PAR L'X.

50% FILLES TARÉES

50% GARÇONS NORMAUX

TRANSMISSION D'UNE TARE DOMINANTE PORTÉE PAR L'X

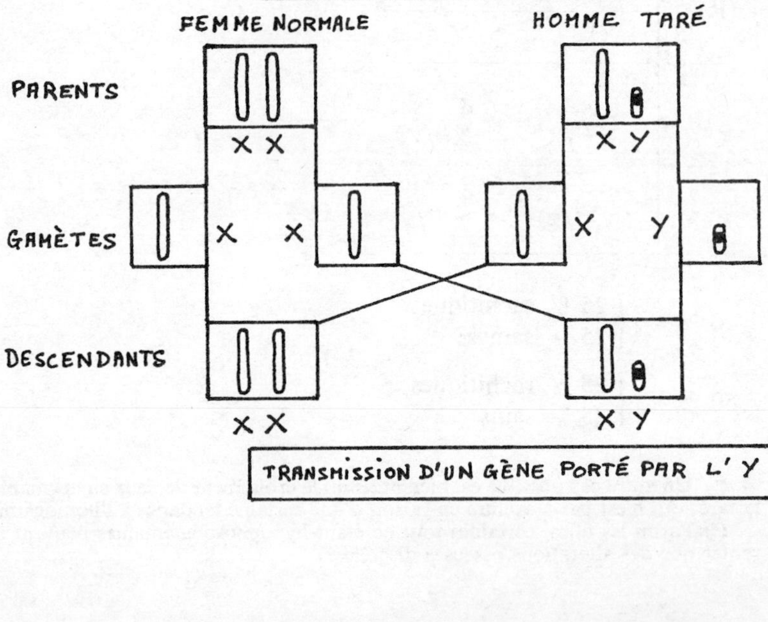

CROISEMENT ENTRE UNE FEMME NORMALE ET UN HOMME POSSÉDANT UN GÈNE TARÉ PORTÉ PAR L'Y.

50% FILLES NORMALES

50% GARÇONS TARÉS

TRANSMISSION D'UN GÈNE PORTÉ PAR L'Y

ou bien :

$$♂\ (R)X^R/Y. \times ♀\ (R^+)X^{R^+}/X^{R^+}.$$

(R⁺)♀	♂ (R) X^R	$Y.$
X^{R^+}	♀ X^{R^+}/X^R	♂ $X^{R^+}/Y.$
X^{R^+}	♀ X^{R^+}/X^R	♂ $X^{R^+}/Y.$

→ 50 % ♂ sains

→ 50 % ♀ rachitiques

5 / Transmission d'une tare due à un gène porté par le chromosome Y

Théoriquement des gènes portés par le seul chromosome Y doivent aussi présenter un mode particulier de transmission. Cependant aucun gène « marqueur » correspondant à ce mode de transmission n'est connu avec certitude; nous indiquerons pour mémoire le seul cas pouvant éventuellement servir d'exemple : l'hypertrichose* des oreilles (Roberts).

L'étude de pedigrees portant sur 13 familles montre qu'en première génération tous les descendants mâles sont atteints (poils longs et épais sur l'hélix de l'oreille) : (H) alors que toutes les filles sont normales (H^+). Ces filles mariées à des hommes ne présentant pas d'hypertrichose donnent des descendants tous normaux ; on a :

$$♂\ (H),\ X./Y^H \times ♀\ (H^+),\ X./X..$$

(H⁺)♀	♂ (H) $X.$	Y^H
$X.$	♀ $X./X.$	♂ $X./Y^H$
$X.$	♀ $X./X.$	♂ $X./Y^H$

Ce type de transmission constitue ce que l'on nomme l'hérédité holandrique*.

B / Hybridation somatique et carte chromosomique

La réalisation de cellules hybrides somatiques entre une lignée animale et des souches humaines normales ou porteuses d'anomalies chromosomiques a permis de localiser de nombreux locus sur les chromosomes humains.

1 | Technique de l'hybridation somatique

Des cellules humaines (fibroblastes, par exemple) et des cellules de Souris (lignée hétéroploïde) sont mises en contact sur un même milieu de culture, en présence d'un agent favorisant la fusion cellulaire (virus Sendaï inactivé). Après incubation à 37 °C pendant quelques heures, des cellules d'origines différentes fusionnent et forment des hétérocaryons* binucléés. Après la première mitose qui est synchrone pour les deux noyaux de chaque hétérocaryon, un noyau unique se reconstitue dans les deux cellules filles. Des clones* de cellules hybrides somatiques à noyaux « Homme-Souris » peuvent ainsi être isolés et mis en culture. Le point important est que dans le noyau unique des hybrides somatiques tous les chromosomes « Souris » (petits chromosomes télocentriques*) sont en général conservés, alors que *la plupart des chromosomes humains sont éliminés* progressivement au cours des mitoses successives avant que la lignée hybride se stabilise. La perte des chromosomes humains est un phénomène tout à fait aléatoire et chaque clone hybride possède un assortiment de chromosomes humains qui lui est propre.

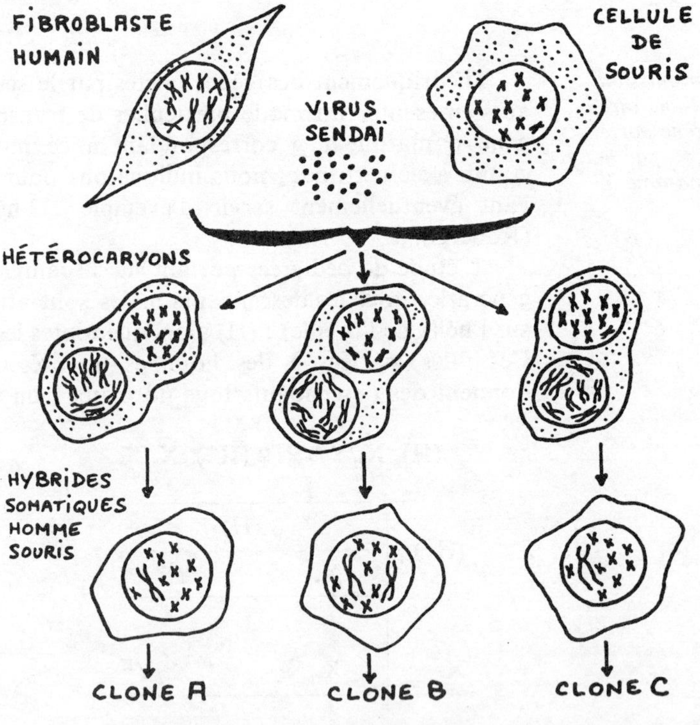

Les chromosomes sont étudiés lorsqu'ils sont en métaphase* de mitose. Les chromosomes métaphasiques, formés de deux chromatides sœurs accolées sur toute leur longueur, sont courts et épais. Ils peuvent être identifiés individuellement et classés en fonction de leur taille, de la position du centromère, des constrictions secondaires* qu'ils présentent ; on forme ainsi le caryotype de la cellule étudiée. Par ailleurs, la coloration séquentielle de bandes permet d'établir avec une grande précision une véritable topographie de chacun des chromosomes du caryotype. Quatre systèmes de bande majeurs sont mis en évidence, permettant de révéler jusqu'à 3 000 bandes caractéristiques pour l'ensemble des chromosomes humains :

— *Bandes Q*, révélées par un traitement des préparations par la quinacrine, agent alkylant et fluorescent qui permet de distinguer les zones chromosomiques riches en guanine.

— *Bandes G*, révélées par une coloration au Giemsa après traitement de la préparation par des enzymes protéolytiques. Les bandes G se superposent aux bandes Q, et caractérisent un ADN dont la réplication intervient tardivement, à la fin de la phase S.

— *Bandes R*, révélées par une coloration à l'acridine orange, après dénaturation par chauffage de la préparation (87 °C à pH 6,5). La répartition de ces bandes, qui correspondent à un ADN à réplication précoce, est inversée par rapport aux systèmes Q et G.

— *Bandes C*, révélées par dénaturation/renaturation. Elles correspondent aux segments hétérochromatiques des chromosomes, riches en ADN satellite (centromères, régions péricentromériques et télomères*).

Grâce à la finesse de ces méthodes on peut aisément distinguer dans le caryotype d'une cellule hybride les chromosomes humains, les identifier avec précision et définir leur classement dans le caryotype humain (voir p. 205).

3 / *Caractères marqueurs*

Au niveau cellulaire que nous étudions, les caractères utilisés comme marqueurs (phénotypes) et susceptibles de s'exprimer *in vitro* sont de deux ordres :

a) *caractères sélectifs :* par rapport à la constitution du milieu de culture, résistance à différents agents chimiques, à des infections virales;
b) *caractères non sélectifs :* recherche de différentes protéines synthétisées par les cellules hybrides, et en particulier des enzymes ; on peut admettre en effet, dans un premier temps, que la synthèse de chaque enzyme est contrôlée par un gène. La présence d'une enzyme particulière dans un extrait cellulaire est mise en évidence par la méthode de l'électrophorèse*.

Le principe de la méthode repose sur le fait que des molécules chargées électriquement, dissoutes dans un milieu conducteur et placées dans un champ électrique, se déplacent dans ce champ avec une vitesse déterminée par leur masse, leur forme et leur charge.

Les molécules dont la charge est positive se déplacent vers l'électrode négative, les molécules dont la charge est négative se déplacent vers l'électrode positive.

Si l'on considère deux molécules de même masse et de même forme, la molécule la plus chargée est celle qui se déplace le plus rapidement.

Les molécules protéiques (polypeptides*) peuvent être séparées efficacement par électrophorèse sur gel de polyacrylamide en présence de Sodium Dodécyl Sulfate (SDS-PAGE).

Le mélange de protéines dont on veut faire l'analyse est placé dans une solution contenant du Sodium Dodécyl Sulfate (SDS) et du mercaptoéthanol. Le SDS est un détergent fort. Il se lie aux régions hydrophobes des protéines, ce qui a pour effet de les dénaturer. Chaque polypeptide tend à se déployer et à se séparer des molécules auxquelles il était éventuellement associé. Le mercaptoéthanol est un agent réducteur qui provoque la rupture des ponts disulfure (liaisons S-S) susceptibles de lier plus fortement certains polypeptides les uns aux autres. Au total, sous l'effet de ce traitement, tous les polypeptides se déploient et s'individualisent.

Les molécules de SDS sont chargées négativement; elles s'associent aux polypeptides et les recouvrent d'un « manchon » à peu près uniforme de charges négatives qui masquent la charge propre des molécules protéiques. Ainsi tous les polypeptides déposés sur le gel migreront vers l'anode (+). La séparation des polypeptides va s'effectuer en fonction de leur taille (de leur longueur), c'est-à-dire en fonction de leur masse moléculaire. Plus un polypeptide est court, et plus il se déplacera rapidement vers le pôle positif. Les polypeptides de *même taille*, qui sont complètement déployés, ont la *même forme* allongée, et sont liés à un même nombre de molécules de SDS qui leur confèrent une *même charge*. Ils migreront donc à la *même vitesse* à travers le gel. Les polypeptides les plus longs auront plus de difficultés à se déplacer dans le réseau poreux de polyacrylamide que les molécules plus courtes, et leur migration sera ralentie. A la fin de la migration les différentes protéines de l'extrait sont ainsi séparées les unes des autres, des colorations ou des réactions spécifiques permettent de mettre en évidence les différentes enzymes que l'on étudie.

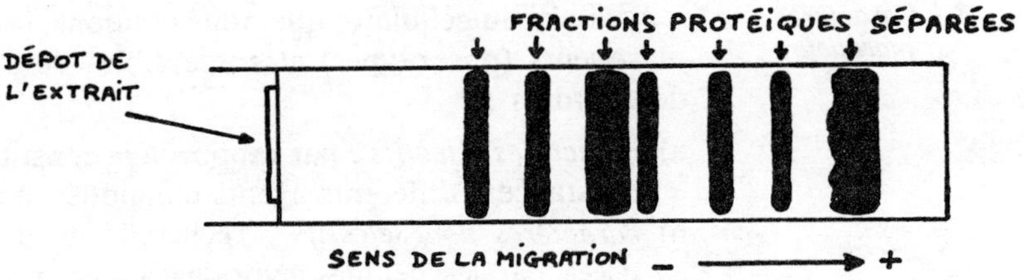

4 / Carte chromosomique

La recherche entreprise vise à découvrir :

— sur quel chromosome se situe un gène particulier et quels sont les gènes qui lui sont liés;
— éventuellement quels sont la position relative des gènes liés sur un même chromosome, leur ordre de succession, la distance qui les sépare.

a) *Exemple*

On cherche à savoir sur quels chromosomes sont situés les gènes gouvernant la synthèse des enzymes I, II, III et IV. Pour cela on dispose de cinq clones de cellules hybrides Homme-Souris, A, B, C, D et E. Dans ces cinq clones on ne trouve que quatre types de chromosomes humains : 1, 2, 3 et 4. On note quelles sont les enzymes mises en évidence pour chaque clone, et quels chromosomes sont présents en même temps que l'enzyme :

La lecture du tableau montre que les enzymes I et III sont spécifiées par des gènes liés au même chromosome, qui est le chromosome n° 2. L'enzyme II est codée par un gène porté par le chromosome n° 1. Tout ce que l'on peut dire de l'enzyme IV, c'est que le gène qui gouverne sa synthèse n'est vraisemblablement situé sur aucun des quatre chromosomes présents dans les clones étudiés.

		Clones hybrides				
		A	B	C	D	E
Enzymes humaines	I	+	—	—	+	—
	II	—	+	—	+	—
	III	+	—	—	+	—
	IV	—	—	—	—	—
Chromosomes humains	1	—	+	—	+	—
	2	+	—	—	+	—
	3	—	—	—	+	+
	4	—	—	+	—	—

Dans la pratique il est exceptionnel d'obtenir des clones hybrides comportant *un seul type* de chromosome humain et l'exemple hypothétique qui est donné ici serait lui-même particulièrement favorable !

b) *Localisation précise. Exemple*

La méthode décrite ci-dessus permet de situer un ou plusieurs gènes sur un chromosome donné, elle ne permet pas de définir leur position exacte sur ce chromosome. Une localisation plus précise peut souvent être obtenue en utilisant, pour l'hybridation somatique, des cellules humaines porteuses d'aberrations chromosomiques telles que des translocations* ou des délétions*. Reprenons l'exemple précédent ; on dispose d'un clone F, dans lequel le chromosome humain nº 2 a perdu la plus grande partie de son petit bras (délétion).

On constate que seule l'enzyme III est dosée dans les extraits du clone F, cela signifie que le gène spécifiant la synthèse de l'enzyme I est situé sur le fragment perdu par le chromosome et que le gène gouvernant la synthèse de l'enzyme III a son locus sur le fragment restant.

CLONE	Chromosome N° 2		enzyme I	enzyme III
A		normal	+	+
F		délétion	-	+

En 1975, lorsque fut rédigé le manuscrit de la première édition de cet ouvrage, les études classiques portant sur la transmission des caractères (analyse de pedigrees) et sur les résultats de l'hybridation somatique, avaient permis de définir le locus d'une centaine de gènes sur les chromosomes humains. Les chromosomes les mieux connus sur le plan topographique étaient alors le chromosome 1 et le chromosome X. En 1994, grâce à la mise en œuvre de nouvelles méthodes (clonage), on a localisé avec précision plusieurs milliers de locus.

TEMPS FORT

I) Caractères influencés par le sexe

Il s'agit de caractères qui se manifestent dans un sexe seulement, bien que les gènes responsables de leur expression occupent des locus autosomiques.

Ainsi la calvitie est un caractère qui, dans l'espèce humaine, se manifeste essentiellement chez les sujets de sexe masculin; toutefois, dans la mesure où elle s'observe aussi parfois chez des femmes, on doit admettre que le gène responsable de l'expression de ce caractère n'est pas lié au chromosome Y. Comme par ailleurs on remarque que le trait est transmis héréditairement par les pères à leurs fils, le gène ne peut pas non plus être porté par le chromosome X, il occupe donc un locus autosomique.

Les faits s'expliquent de la façon suivante :

— L'expression du caractère serait fortement dépendante du taux d'hormones mâles (androgènes*) chez le sujet.

— Un taux élevé d'androgènes favoriserait l'expression du gène responsable de la calvitie chez les hommes homozygotes ou hétérozygotes pour ce gène.

— Chez les femmes, en revanche, le faible taux d'androgènes s'opposerait à l'expression du trait, quel que soit le génotype. Cependant une élévation du taux des hormones mâles suffirait à provoquer la calvitie chez les porteuses du gène.

II) Le test de complémentarité, ou test cis-trans

A / Le gène lozenge de la Drosophile

Chez la Drosophile le gène lozenge*, L_z, est un gène récessif, lié au sexe, porté par le chromosome X. Les mutants (L_z) présentent un phénotype particulier au niveau de l'œil qui est plus petit, d'aspect plus rugueux, et moins pigmenté que celui des mouches sauvages pour ce caractère (+). Plusieurs types distincts de mutants (L_z) ont été identifiés. Nous considérerons deux lignées mutantes (L_z^{BS}) et (L_z^{46}) dont les phénotypes sont légèrement différents.

1 / Croisement parental ♀ (L_z^{BS}) × ♂ (L_z^{46})

Le croisement ♀ (L_z^{BS}) $X^{L_z BS}/X^{L_z BS}$ × ♂ (L_z^{46}) $X^{L_z 46}/Y$. produit 50 % de mâles (L_z^{BS}), 50 % de femelles ($L_z^{BS\,46}$) à phénotype (L_z) accentué.

2 / Descendance mâle des femelles F_1

Si l'on étudie la descendance mâle des femelles F_1 (le type des mâles utilisés dans le croisement est indifférent puisqu'ils fournissent le chromosome Y dépourvu du locus L_z), on observe :

— près de 50 % de ♂ (L_z^{BS});
— près de 50 – de ♂ (L_z^{46}),

mais aussi un très petit nombre (10^{-3}) de ♂ dont le phénotype est sauvage (+), et un nombre voisin (10^{-3}) de ♂ dont le phénotype mutant *accentué* indique qu'ils sont porteurs *des deux types* d'altération : ($L_z^{BS\,46}$).

3 / Interprétation des résultats

L'existence des ♂ (+) et des ♂ ($L_z^{BS\,46}$) indique qu'il s'est produit au moment de la méiose chez les femelles F_1 une *recombinaison intragénique*, conduisant d'une part à des gamètes porteurs de X^+, d'autre part à des gamètes porteurs de $X^{lz\,BS\,46}$.

Cela signifie que le locus lz est constitué par au moins *deux sublocus distincts*, qui peuvent muter indépendamment et être dissociés par recombinaison. Les deux sous-unités génétiques lz^{BS} et lz^{46} occupant les deux sublocus voisins sont appelés pseudoallèles* ou hétéroallèles*; les différentes sous-unités mutantes susceptibles d'occuper un même sublocus sont des homoallèles* (1).

4 / Le cistron

Si l'on croise les mâles recombinés ($lz^{BS\,46}$) avec des femelles sauvages (+) de souche pure :

$$♂ (L_z^{BS\,46})\ X^{lz\,BS\,46}/Y. \times ♀ (+)\ X^+/X^+$$

on obtient des femelles à phénotype sauvage (+) qui possèdent un allèle sauvage intact pour ses deux sublocus, et un allèle porteur des deux altérations : ♀ (+) $X^{lz\,BS\,46}/X^+$.

Ces femelles sont *quantitativement* équivalentes à des femelles ($L_z^{BS\,46}$) $X^{lz\,BS}/X^{lz\,46}$. Dans les deux cas *les deux* altérations sont présentes, on constate qu'une différence *qualitative* se manifeste cependant :

Les femelles (+) portent les deux altérations sur le même chromosome : en position cis*.

Les femelles ($L_z^{BS\,46}$) portent chaque altération sur un chromosome différent de la paire d'homologues : en position trans*.

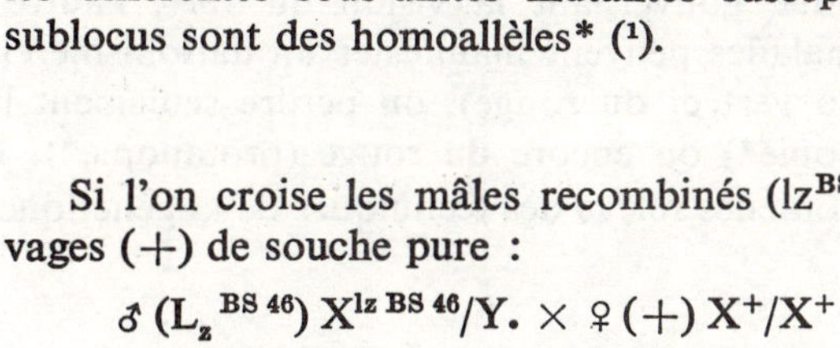

(1) Au total, pour le caractère lozenge, on reconnaît 3 sub-locus et 18 formes mutantes (M. et K. Green, 1969).

Cette analyse constitue un test fonctionnel d'allélisme, le test cis-trans*, qui permet de définir une *unité de fonction* : le cistron*, lui-même divisé en sous-unités mutationnelles.

Deux sous-unités génétiques susceptibles de muter de façon indépendante font partie du même cistron si les sujets cis et trans ont des phénotypes différents.

B / Cas de l'espèce humaine

Des exemples comparables au cas du gène « lozenge » de la Drosophile existent très certainement dans l'espèce humaine, mais les conditions particulières de l'analyse génétique classique ne permettent pas en règle générale de les explorer. Ainsi nous avons admis que le facteur Rhésus dépend d'un gène ; en fait, suivant la notation de Fisher-Race, ce caractère est gouverné par un ensemble de sous-unités mutationnelles étroitement liées (locus DCE) formant un complexe génétique fonctionnel. Mais une étude intensive n'a jamais permis d'observer de cas certains de recombinaison entre les trois sous-unités adjacentes. De même « le » gène conditionnant la manifestation du daltonisme est constitué par un complexe de deux sous-unités voisines, distantes de 1 centimorgan, l'une gouvernant la vision du vert, l'autre la vision du rouge. Les malades peuvent manifester un daltonisme classique (perte de la vision du vert et du rouge), ou perdre seulement la vision du vert (deutéranopie*) ou encore du rouge (protanopie*). L'analyse précise des phénomènes relève des techniques de la génétique moléculaire.

EXERCICES

1 / La glucose-6-phosphate déshydrogénase (G_6 PD) est une protéine enzymatique dont on connaît deux variants électrophorétiques G_6 PDA et G_6 PDB. La synthèse de ces deux variants dépend d'allèles codominants G^A et G^B. Le locus G est situé sur le chromosome X dans l'espèce humaine.*
On étudie la descendance masculine de femmes dont le père est daltonien (d) de phénotype (B) pour la G_6 PD. Toutes ces femmes ont une vision normale (d^+) et sont hétérozygotes pour la G_6 PD, de phénotype (AB). On dénombre :

- *— 71 garçons daltoniens (d) et (B) pour la G_6 PD ;*
- *— 75 garçons à vision normale (d^+) et (A) pour la G_6 PD ;*
- *— 4 garçons daltoniens (d) et (A) pour la G_6 PD ;*
- *— 4 garçons à vision normale (d^+) et (B) pour la G_6 PD.*

Sachant que le gène gouvernant le daltonisme est lié au chromosome X et qu'il est récessif, indiquer le génotype des mères, les génotypes de leurs fils, la distance qui sépare sur le chromosome X les locus de la G_6 PD et du daltonisme.

• Les femmes dont on étudie la descendance sont issues de pères hémizygotes pour les allèles d et G^B : (B, d) $X^{G^B, d}/Y$.

Elles reçoivent donc toutes de leur père un chromosome $X^{G^B, d}$. Puisque leur vision est normale et qu'elles sont hétérozygotes pour la G_6 PD ces femmes sont donc de constitution :

$$(AB, d^+)\ X^{G^B, d}/X^{G^A, d^+}.$$

On n'étudie que leur descendance masculine, le génotype des pères qui fournissent un gamète porteur de Y n'intervient donc pas. On peut donc s'attendre à obtenir :
— 50 % de garçons (B, d) $X^{GB.\,d}/Y.$;
— 50 - de garçons (A, d^+) $X^{GA.\,d^+}/Y.$.

En réalité on observe :
— 71 garçons (B, d) $X^{GB.\,d}/Y.$;
— 75 garçons (A, d^+) $X^{GA.\,d^+}/Y.$,

mais aussi :
— 4 garçons (A, d) dont le génotype ne peut être que $X^{GA.\,d}/Y.$;
— 4 garçons (B, d^+) dont le génotype ne peut être que $X^{GB.\,d^+}/Y.$.

L'existence de ces 8 recombinants rend compte de l'intervention de crossing-over entre les chromosomes X homologues au moment de la méiose (gamétogenèse) chez les mères. On sait que le pourcentage de recombinaison observé permet d'estimer l'écart séparant deux gènes liés (plus les locus sont éloignés, plus les crossing-over entre ces locus sont nombreux). Dans le cas étudié le pourcentage de recombinaison est de $\frac{100 \times 8}{154} = 5,2\ \%$. La distance qui sépare sur le chromosome X les locus G et d est donc voisine de 5 unités (centimorgans).

2 | Un homme daltonien épouse une femme à vision normale. Le couple a trois enfants : Pierre, qui est daltonien, Lison qui est daltonienne, Sylvie dont la vision est normale. Lison a 4 enfants : 2 garçons daltoniens et 2 filles à vision normale. Pierre qui épouse une femme à vision normale a 3 enfants, 1 garçon et 2 filles tous normaux. L'une de ces filles épouse un garçon daltonien, elle donne naissance à 5 enfants, 3 garçons et 2 filles, dont aucun n'est daltonien. Le daltonisme étant gouverné par un gène récessif lié au chromosome X, on demande :
— de représenter le pedigree de la famille ;
— de définir le génotype de la mère du croisement parental ;
— de définir le génotype du père des enfants de Lison ;
— de définir le génotype de la femme de Pierre et celui de ses filles ;
— d'expliquer pourquoi les petits-enfants de Pierre ont une vision normale.

• *Pedigree*

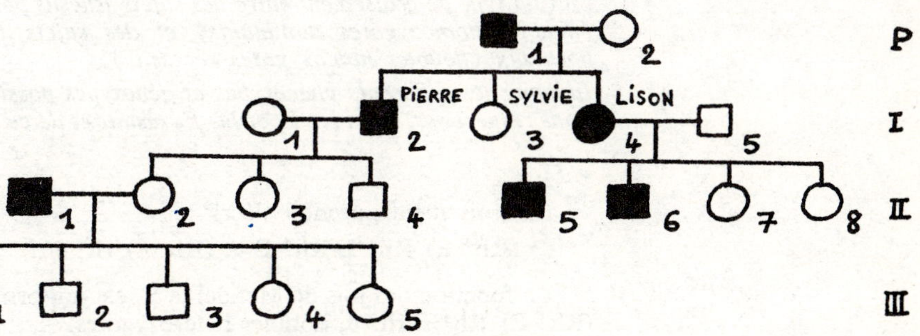

• *Génotype de la mère (P_2)*

Par rapport à la tare considérée, le génotype de la mère P_2 dont la vision est normale (d^+) peut être X^{d^+}/X^{d^+} ou X^{d^+}/X^d.

Le père P_1 est daltonien (d), donc $X^d/Y.$.

Si la mère P_2 est X^{d^+}/X^{d^+}, ses enfants seront :
— des filles X^{d^+}/X^d à vision normale (d^+) ;
— des garçons $X^{d^+}/Y.$ à vision normale (d^+).

Puisque deux des enfants sont daltoniens cette hypothèse ne peut être retenue, la mère est nécessairement porteuse du trait : $P_2 = (d^+)\ X^{d^+}/X^d$.

• *Génotype de I_5*

Lison (I_4 sur le pedigree) est daltonienne (d), donc nécessairement X^d/X^d. Son mari I_5 peut être daltonien (d) X^d/Y. (ce qui n'est pas signalé), ou avoir une vision normale (d^+) X^{d^+}/Y..

Si I_5 est daltonien tous les enfants du couple sont nécessairement daltoniens, ce qui n'est pas le cas. I_5 est donc (d^+) X^{d^+}/Y., ce qui explique que tous les garçons du couple soient daltoniens et les filles normales. Notons cependant que les deux filles II_7 et II_8 sont porteuses du trait.

• *Génotype de I_1, II_2 et II_3*

Pierre (I_2 sur le pedigree) est daltonien, donc nécessairement (d) X^d/Y.. Le phénotype de sa femme I_1 est normal, elle peut être soit (d^+) X^{d^+}/X^{d^+}, soit (d^+) X^{d^+}/X^d.

Dans le premier cas : les garçons du couple sont (d^+) X^{d^+}/Y., toutes les filles du couple sont (d^+) X^{d^+}/X^d.

Dans le second cas : les garçons du couple sont soit (d^+) X^{d^+}/Y., soit (d) X^d/Y., les filles du couple sont, soit (d^+) X^{d^+}/X^d, soit (d) X^d/X^d.

Les filles II_2 et II_3 ont une vision normale et sont nécessairement (d^+) X^{d^+}/X^d, porteuses du trait ; mais il apparaît que pour I_1 les deux hypothèses sont possibles. Seule la naissance d'un garçon daltonien ou d'une fille daltonienne pourrait permettre de définir avec plus de précision le génotype de la femme de Pierre. Elle est donc (d^+) X^{d^+}/X^{d^+} (hypothèse la plus vraisemblable compte tenu de la fréquence du gène taré dans la population), ou bien (d^+) X^{d^+}/X^d.

• *Phénotype de $III_{1\,2\,3\,4\,5}$*

La fille de Pierre (II_2) est nécessairement (d^+) X^{d^+}/X^d, son mari est daltonien (d) X^d/Y.. La naissance de garçons (d^+) X^{d^+}/Y. et de filles (d^+) X^{d^+}/X^d dans cette famille est donc une éventualité tout à fait possible, réalisée dans les faits. Cependant, si le couple a d'autres enfants, des garçons (d) X^d/Y. et des filles (d) X^d/X^d peuvent très bien apparaître.

3 / Dans l'espèce humaine les sujets atteints d'elliptocytose I présentent des globules rouges dont la forme ovale est particulière. Cette tare est gouvernée par un gène dominant autosomique E. Le locus E est situé sur le chromosome 1 du caryotype, à 3 unités (centimorgans) du locus gouvernant le système Rhésus.*
Soit un type de croisement entre des sujets Rhésus positifs atteints d'elliptocytose (doubles homozygotes dominants) et des sujets Rhésus négatifs à globules normaux (doubles homozygotes récessifs).
Indiquer les différents phénotypes et génotypes possibles ainsi que leurs proportions respectives, dans les F_1 et les F_2 résultant de ce type de croisement.

• *F_1*

Le croisement parental s'écrit :

$(Rh^+ E)\ Rh^+ E/Rh^+ E \times (Rh^- e)\ rh^- e/rh^- e.$

En fonction des lois de Mendel la F_1 est uniforme, on aura 100 % de sujets (Rh^+ E) Rh^+ E/rh^- e, doubles hétérozygotes.

• *F_2*

Pour obtenir les différents phénotypes et génotypes possibles de la F_2, il est nécessaire de dresser un tableau des gamètes sans omettre les possibilités de recombinaisons qui interviennent lors de la gamétogenèse chez les F_1, et en indiquant leur probabilité d'apparition.

97 % des gamètes de la F_1 sont de types parentaux

48,5 % Rh^+ E et 48,5 % rh^-e.

3 % des gamètes de la F_1 sont recombinés :

1,5 % Rh^+ e et 1,5 % rh^- E.

On aura donc pour la F_2 :

Gamètes		*Parentaux* 0,485 Rh⁺ E	*Parentaux* 0,485 rh⁻ e	*Recombinés* 0,015 Rh⁺ e	*Recombinés* 0,015 rh⁻ E
Parentaux	0,485 Rh^+ E	0,2352 Rh^+ E/Rh^+ E	0,2352 Rh^+ E/rh^- e	0,0072 Rh^+ E/Rh^+ e	0,0072 Rh^+ E/rh^- E
	0,485 rh^- e	0,2352 rh^- e/Rh^+ E	0,2352 rh^- e/rh^- e	0,0072 rh^- e/Rh^+ e	0,0072 rh^- e/rh^- E
Recombinés	0,015 Rh^+ e	0,0072 Rh^+ e/Rh^+ E	0,0072 Rh^+ e/rh^- e	0,0002 Rh^+ e/Rh^+ e	0,0002 Rh^+ e/rh^- E
	0,015 rh^- E	0,0072 rh^- E/Rh^+ E	0,0072 rh^- E/rh^- e	0,0002 rh^- E/Rh^+ e	0,0002 rh^- E/rh^- E

La probabilité d'apparition d'un sujet de génotype donné est égale au produit des probabilités d'apparition des gamètes dont il est issu.

Pour les phénotypes on aura :

(Rh^+ E)	9 génotypes distincts	0,7348 ou	73,5 %
(Rh^- e)	1 seul génotype	0,2352 ou	23,5 –
(Rh^+ e)	3 génotypes distincts	0,0146 ou	1,5 –
(Rh^- E)	3 génotypes distincts	0,0146 ou	1,5 –

4 / Un homme (I_1) aux cheveux roux épouse une femme brune (I_2). Alors que ses parents ne manifestent pas cette maladie, le premier enfant du couple, un garçon roux (II_1), est hémophile. Sa sœur (II_2) est brune, elle n'est pas hémophile.

Cette fille (II_2) épouse un homme brun (II_3), non hémophile, et dont la mère (I_3) est rousse. Le couple ($II_2 \times II_3$) a un fils (III_1) hémophile et brun et une fille (III_2) qui est polydactyle alors qu'aucun autre membre de la famille ne présente cette tare.

Sachant que l'hémophilie est gouvernée par un gène récessif h lié au sexe, que le rutilisme est gouverné par un gène récessif autosomique r, que la polydactylie est gouvernée par un gène dominant autosomique P, définir les génotypes possibles des divers membres de cette famille pour les trois caractères étudiés.

• I_1 est roux donc homozygote pour le gène autosomique récessif r : r/r.
Il n'est pas hémophile, c'est donc un hémizygote X^{h^+}/Y..
Il n'est pas polydactyle, il est donc homozygote P^+/P^+.

• I_2 est brune, mais elle a un enfant roux, elle est donc hétérozygote r^+/r.
Elle n'est pas hémophile mais son fils est atteint par cette maladie, elle est donc hétérozygote X^{h^+}/X^h.
Elle n'est pas polydactyle, elle est donc homozygote P^+/P^+.

• I_3 est rousse donc r/r.
Elle n'est pas hémophile elle peut donc être X^{h^+}/X^{h^+} ou bien X^{h^+}/X^h.
Elle n'est pas polydactyle, elle est donc P^+/P^+.

• II_1 est roux, donc homozygote r/r.
Il est hémophile, donc hémizygote X^h/Y..
Il n'est pas polydactyle, il est donc P^+/P^+.

• II_2 est brune, mais son père est roux, elle est donc hétérozygote r^+/r.

Elle n'est pas hémophile, elle peut donc être X^{h^+}/X^{h^+} ou bien X^{h^+}/X^h. Elle a un fils (III_1) hémophile, donc elle est nécessairement porteuse du trait, hétérozygote X^{h^+}/X^h.

Elle n'est pas polydactyle, donc elle est P^+/P^+.

• II_3 est brun, mais sa mère est rousse, il est donc hétérozygote r^+/r.

Il n'est pas hémophile, il est donc de constitution X^{h^+}/Y..
Il n'est pas polydactyle, il est donc P^+/P^+.

• III_1 est brun. Ses parents II_2 et II_3 sont tous deux des hétérozygotes r^+/r.

Il est donc r^+/r^+ ou bien r^+/r.
Il est hémophile donc hemizygote X^h/Y..
Il n'est pas polydactyle, il est donc P^+/P^+.

• III_2 est rousse, donc r/r.

Elle n'est pas hémophile ; son père est sain mais sa mère (II_2) est porteuse du trait. III_2 est donc X^{h^+}/X^{h^+} ou bien X^{h^+}/X^h.

Elle est seule de la famille à être polydactyle, donc P^+/P.

L'apparition de cette tare résulte vraisemblablement d'une mutation récente qui a affecté un gamète paternel ou maternel.

La polydactylie est gouvernée par un gène autosomique dominant, toutefois on sait que ce gène *ne s'exprime pas toujours au niveau du phénotype*, on dit que sa pénétrance* est inférieure à 100 %, il n'est donc pas impossible que l'un des parents II_2 ou II_3 soit porteur d'un gène P non exprimé.

5 | Chez le poisson Lebistes maculatus*, *les individus de sexe mâle se caractérisent par la présence d'une tache pigmentaire noire sur la nageoire dorsale. Les femelles ne montrent pas ce caractère. Quel est le mode de transmission probable du caractère « tache noire » ?*

• La présence d'une tache noire sur la nageoire des seuls *Lebistes* de sexe mâle est déterminée génétiquement par un gène porté par le chromosome Y. La transmission de ce caractère s'effectue suivant un mode holandrique.

6 | On appelle favisme une maladie héréditaire correspondant à un déficit en glucose-6-phosphate déshydrogénase, et qui se démasque après l'ingestion de fèves ou de certains antipaludéens de synthèse. Le gène responsable de cette affection est un gène récessif lié au sexe : f. On étudie systématiquement la descendance de femmes hétérozygotes à la fois pour le favisme et pour l'hémophilie. L'hémophilie est gouvernée par un gène récessif h dont le locus est situé sur le chromosome X, à 5 centimorgans du locus du gène f, responsable du favisme.*
Quels sont les génotypes possibles des enfants mâles de ces femmes, dans quelles proportions peut-on s'attendre à rencontrer chacun de ces génotypes, quels sont les phénotypes correspondants ? (on ne tiendra pas compte des recombinants possibles).

• Cet exercice est à rapprocher du problème n° I, page 71.

Les femmes étudiées sont hétérozygotes pour les deux caractères, le favisme et l'hémophilie ; elles peuvent être de constitution :

$X^{f.\,h}/X^{f^+.\,h^+}$.

ou bien

$X^{f.\,h^+}/X^{f^+.\,h}$.

Statistiquement l'ensemble de ces femmes peut fournir quatre types différents de gamètes : $X^{f^+.\,h^+}$, $X^{f.\,h}$, $X^{f.\,h^+}$, $X^{f^+.\,h}$.

Les garçons issus de ces femmes sont donc :

— 25 % $X^{f^+ . h^+}/Y$. totalement sains ;
— 25 - $X^{f . h}/Y$. hémophiles, atteints de favisme ;
— 25 - $X^{f . h^+}/Y$. atteints seulement de favisme ;
— 25 - $X^{f^+ . h}/Y$. hémophiles seulement.

7 | Pour deux locus liés, quel peut être le taux de recombinaison le plus élevé ? Justifiez votre réponse.

• En théorie on ne peut pas atteindre un taux de 50 % de recombinaison ; en effet, un tel taux correspond à l'apparition de 25 % de chacun des quatre types possibles, c'est-à-dire à un cas de ségrégation indépendante (gènes non liés). En fait, ce cas peut être observé lorsque les deux locus considérés sont très éloignés l'un de l'autre.

8 | On croise une chatte au pelage jaune et noir avec un chat noir. On obtient des chatons noirs (mâles et femelles), des chatons jaunes (tous mâles) et des chatons bicolores (tous femelles). Que peut-on dire des gènes gouvernant la couleur jaune ou noire du pelage, sachant qu'ils appartiennent à une même série allélique susceptible d'occuper un locus C.

• La chatte du croisement initial est bicolore, par conséquent elle est hétérozygote et les deux allèles C^J et C^N sont codominants. Le chat noir ne possède donc pas le gène C^J.

Si le locus C est autosomique, le croisement s'écrit :

♀ (JN) C^J/C^N × ♂ (N) C^N/C^N.

Suivant les lois de Mendel, les descendants d'un tel croisement devraient être :

— 50 % de chatons bicolores ♂ et ♀ ;
— 50 - de chatons noirs ♂ et ♀.

Or, parmi les descendants du croisement étudié, on observe des chatons jaunes. Le locus C n'est donc pas situé sur un autosome, il se trouve sur un chromosome sexuel. Le locus C ne peut être situé sur le chromosome Y puisque la chatte du croisement parental est hétérozygote, il est donc nécessairement situé sur le chromosome X. Le chat noir est donc hémizygote et le croisement étudié s'écrit :

♀ (JN) X^{C^J}/X^{C^N} × ♂ (N) X^{C^N}/Y..

9 | Les hexosaminidases, protéines enzymatiques, sont des dimères constitués à partir de deux types possibles de polypeptides α et β. L'analyse électrophorétique permet de mettre en évidence dans l'espèce humaine trois hexosaminidases, A, B et C, qui diffèrent par leur vitesse de migration. Une préparation réalisée à partir d'un sujet normal présente l'aspect suivant :*

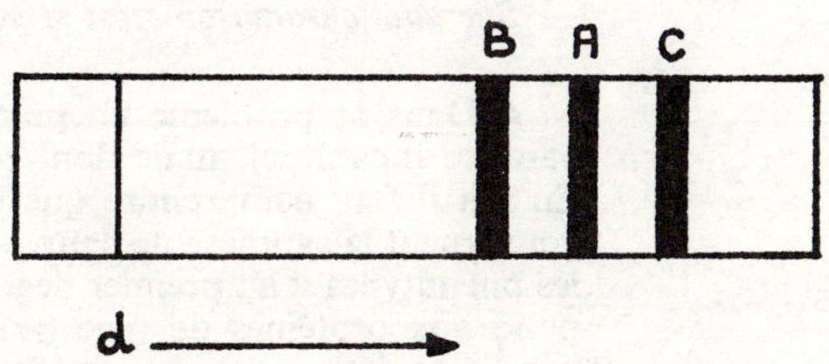

On connaît deux affections (maladies héréditaires du métabolisme) qui se manifestent par un défaut enzymatique au niveau des hexosaminidases : la maladie de Tay-Sachs et la maladie de Sandhoff* qui se transmettent toutes deux suivant*

un mode récessif autosomique. Des préparations électrophorétiques réalisées à partir de malades présentent l'aspect suivant :

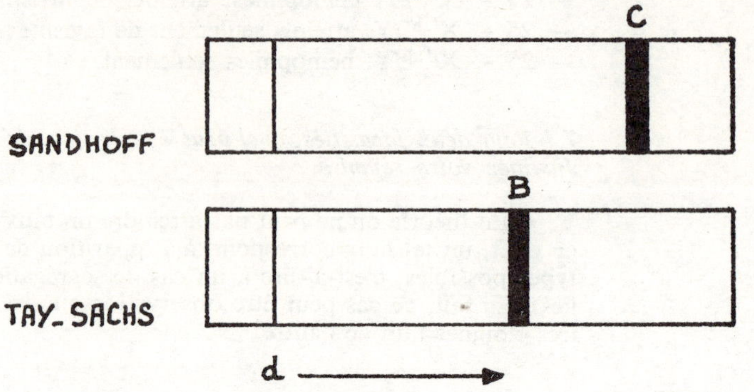

Une étude immunologique montre que les hexosaminidases C et B sont des homomères constitués par l'association de deux polypeptides semblables, respectivement C (αα) et B (ββ).

On se propose de localiser sur les chromosomes humains les gènes gouvernant la synthèse des hexosaminidases A, B et C ; la technique utilisée est celle de l'hybridation somatique interspécifique. Les résultats obtenus sont regroupés sur le tableau I.

TABLEAU I

Hybrides Homme (normal)/hamster

		Clones hybrides											
		1	2	3	4	5	6	7	8	9	10	11	12
Hexosaminidases humaines	A	—	—	+	—	—	+	—	—	+	+	—	+
	B	+	—	+	—	—	+	—	—	+	+	+	+
	C	—	+	+	+	+	+	—	—	+	+	—	+
Chromosomes humains (numéro dans le caryotype)	5	+	—	+	—	—	+	—	—	+	+	+	+
	8	—	—	—	+	—	—	+	+	+	—	—	—
	15	—	+	+	+	+	+	—	—	+	+	—	+
	X	—	—	—	+	+	—	+	—	+	—	+	+

— *D'après la lecture des différentes électrophorèses et les résultats du tableau I, que pouvez-vous conclure en ce qui concerne la structure de l'hexosaminidase A ?*

— *Sur quel chromosome est situé le gène α ?*

— *Sur quel chromosome est situé le gène β ?*

• Dans ce problème un premier point concerne le vocabulaire, qui peut paraître inhabituel, mais dont tous les termes sont expliqués dans l'énoncé. En fait il faut comprendre que l'on a affaire à deux gènes α et β. Ces gènes gouvernent la synthèse de deux polypeptides distincts : (α) et (β) qui constituent les phénotypes « au premier degré». Le phénotype « au second degré » correspond aux protéines de type (A), (B) ou (C). Ces protéines sont constituées par l'association des deux polypeptides. Ainsi les protéines C et B sont des homomères, c'est-à-dire qu'elles résultent de l'association de deux polypeptides semblables (αα) pour (C) et (ββ) pour (B). La première question vous amène à définir la constitution de (A). On voit que (A) présente en électrophorèse une vitesse de migration intermédiaire, on peut donc penser que (A)

est de constitution (αβ). Ceci est confirmé par les électrophorèses des sujets malades. Chez les Tay-Sachs le gène α muté ne s'exprime pas, les fractions (C) *et (A)* n'existent pas. Chez les Sandhoff, le gène β muté ne s'exprime pas, les fractions (B) *et (A)* n'existent pas. Par conséquent, on peut conclure que la protéine (A) résulte de l'association *des deux* types de polypeptides :

(A) = (αβ).

α et β peuvent être ou bien des allèles codominants, ou bien des gènes non allèles. Puisque tous les sujets normaux de l'espèce humaine possèdent *à la fois* les trois hexosaminidases (A), (B) et (C), cela signifie que les gènes α et β ne sont pas des allèles (sinon tous les sujets normaux seraient des hétérozygotes, ce qui n'est pas possible compte tenu des lois de Mendel).

Les gènes α et β n'appartiennent donc pas à une même série allélique. Cependant ils peuvent être portés par un même chromosome (locus liés) ou par deux chromosomes distincts.

• On sait que ce (ou ces) chromosomes sont des autosomes, dans la lecture du tableau on peut donc éliminer les résultats concernant le chromosome X.

Il n'existe pas de corrélation entre la présence d'une hexosaminidase donnée et la présence du chromosome 8.

On voit que le chromosome 5 est toujours présent lorsque l'hexosaminidase (B) (ββ) est présente, de même le chromosome 5 est toujours présent lorsque l'hexosaminidase (A) (αβ) est présente. Ceci semble indiquer que le locus du gène β est situé sur ce chromosome.

Par ailleurs le chromosome 15 est toujours présent lorsque l'hexosaminidase (C) (αα) est présente. Ce même chromosome est toujours présent lorsque l'hexosaminidase (A) (αβ) est présente. Ceci semble indiquer que le locus du gène α est situé sur le chromosome 15.

Ces conclusions sont confirmées par le fait que l'hexosaminidase (A) (αβ) n'est présente que lorsque *les deux* chromosomes 5 et 15 sont présents.

On peut donc *théoriquement* représenter la situation de la façon suivante, en représentant par mα et mβ les allèles mutés récessifs des gènes α et β :

Sujets normaux :	(ABC) α/α,	β/β
et peut-être	(ABC) α/mα,	β/β
	(ABC) α/mα,	β/mβ
	(ABC) α/α,	β/mβ
Tay-Sachs :	(B) mα/mα,	β/β
et peut-être	(B) mα/mα,	β/mβ
Sandhoff :	(C) α/α,	mβ/mβ
et peut-être	(C) α/mα,	mβ/mβ

Le locus α étant situé sur le chromosome 15.

Le locus β étant situé sur le chromosome 5.

10 / Chez la Drosophile on considère les caractères : « black » (b) qui concerne la couleur noire du corps, « plexus* » (px) qui se rapporte à la nervation particulière de l'aile, et « morula* » (mr) qui a trait à un aspect particulier (muriforme) de l'œil. Les locus px, b et mr sont liés. Trois croisements permettent de définir les taux de recombinaisons suivants :*

entre px et b : 44 %
entre px et mr : 8 –
entre b et mr : 47 –

Quels sont les types de croisements mis en œuvre ?
Quel est l'ordre de succession des trois locus ?
Que peut-on conclure de l'analyse de ces résultats ?

• On a effectué les trois croisements dihybrides possibles du type homozygote récessif X hétérozygote F_1 :

(++) px b/++ × (px b) px b/px b
(++) px mr/++ × (px mr) px mr/px mr
(++) b mr/++ × (b mr) b mr/b mr.

Trois séquences sont possibles :

b	mr	px
mr	b	px
mr	px	b

La séquence b mr px est exclue puisque la distance entre b et mr est plus grande que la distance entre b et px.

La séquence mr b px est exclue puisque la distance entre mr et b est plus grande que la distance entre mr et px.

La séquence est donc : mr px b.

La distance théorique b mr (47 centimorgans) est inférieure à la distance b px + px mr ; par conséquent des doubles crossing-over se produisent entre les locus b et mr qui sont très éloignés et la distance b mr est sous-estimée (on peut d'ailleurs penser que la distance b px est aussi vraisemblablement sous-estimée).

3

FONCTIONNEMENT DU MATÉRIEL GÉNÉTIQUE

SOMMAIRE

I. Le matériel génétique

Le gène, au sens large que nous avons donné jusqu'à présent à ce terme en étudiant la transmission du matériel génétique, correspond à un fragment défini du chromosome gouvernant une *fonction* précise, identifiable au niveau du phénotype. Les différentes formes d'un même gène, les allèles, dérivent les unes des autres par *mutation* et conditionnent les différents caractères susceptibles de se manifester dans le cadre de cette fonction. Des allèles correspondant à deux génomes distincts peuvent être échangés à la suite de *recombinaisons*. La notion classique du gène recouvre donc en fait trois aspects distincts ; le gène est tout à la fois l'unité de *fonction*, l'unité de *mutation* et l'unité de *recombinaison*.

Les acquisitions de la génétique moléculaire qui ont mis en lumière les mécanismes biochimiques du fonctionnement du matériel génétique nous amènent à reconsidérer l'ensemble du concept [1].

A / Les supports de l'information

Les travaux de Feulgen (1918), Griffith (1928), ceux d'Avery McLeod et McCarty (1944), puis de Hershey et Chase (1952), ont permis d'établir que la substance qui, au niveau des chromosomes, est porteuse de l'information génétique est un acide nucléique* : l'acide désoxyribonucléique* ou ADN.

1 / Nature des acides nucléiques

Il s'agit de constituants organiques qui ont reçu cette dénomination parce qu'ils se combinent aux colorants basiques en histologie, et qu'ils sont particulièrement abondants dans le noyau des cellules eucaryotes.

a) *Nucléosides*

L' « unité » d'acide nucléique, c'est un nucléoside*. Un nucléoside est constitué par :

— une molécule d'un sucre ;
— une molécule d'une base organique (accepteur d'ions H^+ en solution).

Le sucre est un pentose (sucre à 5 carbones). Il s'agit soit d'un ribose* (β-D-ribose), sucre de l'ARN, soit d'un désoxyribose* (β-D-2 désoxyribose), sucre de l'ADN, moins réactif chimiquement. A noter que les carbones des pentoses sont, par convention, numérotés de 1′ à 5′ à partir de l'extrémité la plus proche de la fonction aldéhyde* $_{H}{>}C = O$, ou cétone* $>C = O$.

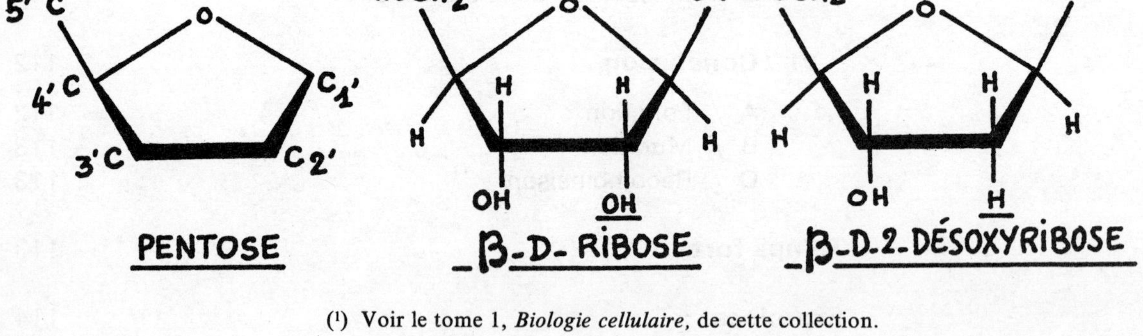

PENTOSE — β-D- RIBOSE — β-D-2-DÉSOXYRIBOSE

(1) Voir le tome 1, *Biologie cellulaire*, de cette collection.

Les bases sont des composants hétérocycliques azotés. Elles peuvent être soit des pyrimidines* (monocycliques) :

— Thymine (ADN),
— Uracile* (ARN),
— Cytosine ;

soit des purines* (bicycliques) :

— Adénine,
— Guanine.

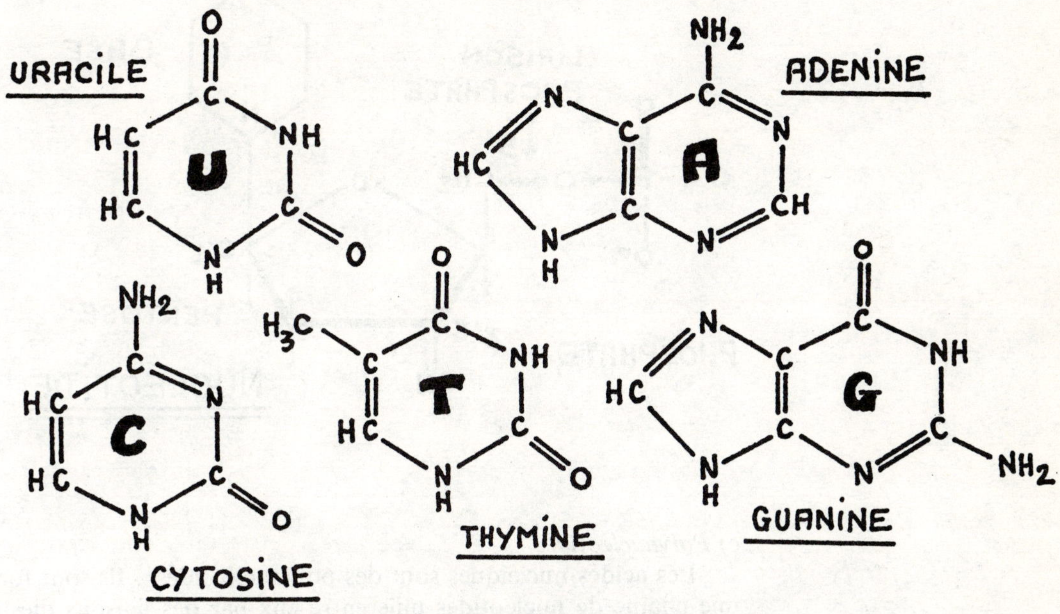

Pour former un nucléoside, les deux molécules sont unies par une liaison N-glycosidique, qui se forme par l'élimination d'une molécule d'eau entre une fonction alcool du sucre (R — OH) située en 1′ et un groupement amine (— NH) de la base.

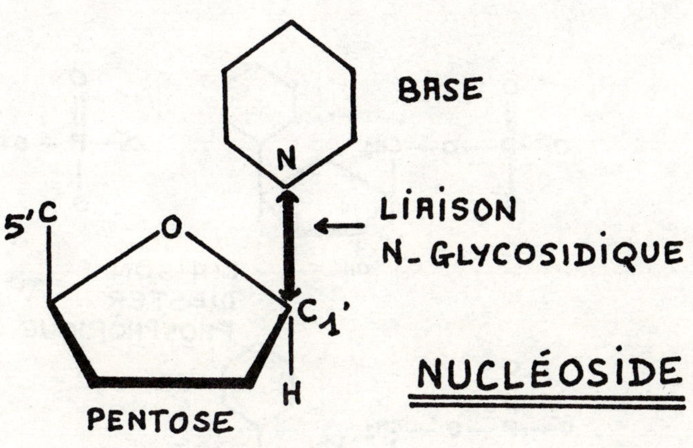

Les nucléosides sont soit des désoxyribonucléosides (désoxythymidine, désoxycytidine, désoxyadénosine, désoxyguanosine), soit des ribonucléosides (uridine, cytidine, adénosine, guanosine).

b) *Nucléotides*

Un nucléoside peut se lier à une (ou plusieurs) molécules d'acide phosphorique, il se forme alors un nucléotide* (nucléoside — mono-, di- ou tri-phosphate).

La liaison s'effectue par estérification (liaison phosphate-ester), c'est-à-dire par l'action d'une fonction acide de l'acide phosphorique sur une fonction alcool en 5′ (ou en 3′) du sucre.

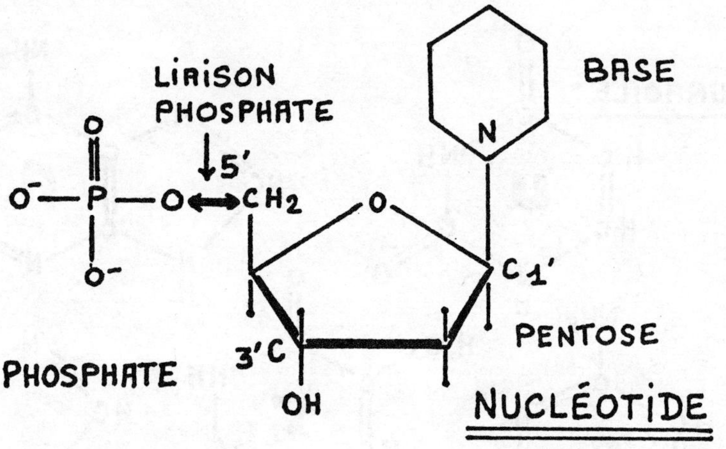

c) *Polynucléotides*

Les acides nucléiques sont des polynucléotides*. Ils sont formés par une chaîne de nucléotides unis entre eux par des liaisons diester-phosphoriques. La fonction alcool portée en 3′ par le sucre d'un des nucléotides est estérifiée par une fonction acide de l'acide phosphorique du nucléotide suivant.

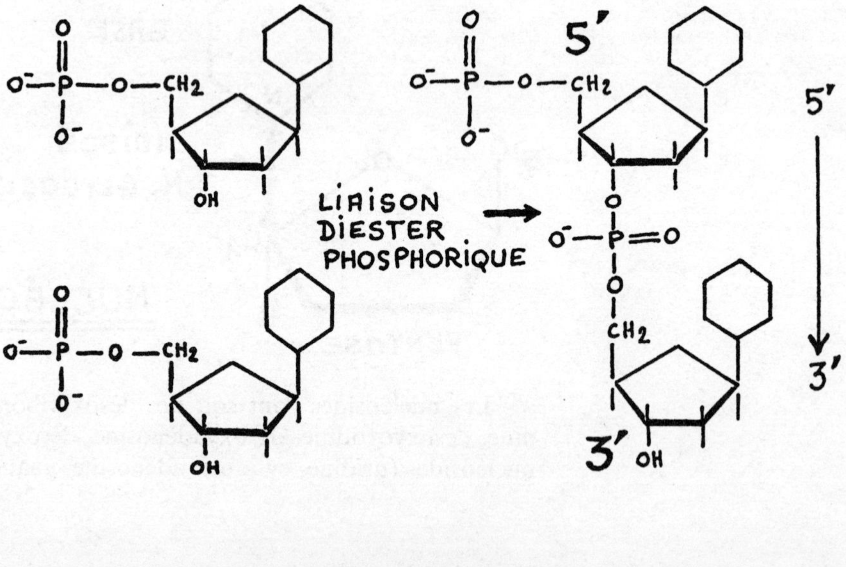

2 / L'acide désoxyribonucléique (ADN)

Pour étudier sa structure, nous allons construire pas à pas, en théorie, un fragment de molécule d'ADN.

a) *Structure primaire*

On se donne un nucléoside (sucre + base), qui est un désoxyribonucléoside (le sucre est un désoxyribose).

On le transforme en nucléotide en ajoutant un phosphate en 5'.

On a ainsi un désoxyribonucléoside-5'-monophosphate.

Puis on se donne un second nucléoside. Pour le lier au premier, on réalise une liaison diesterphosphorique : liaison associant un acide phosphorique au carbone 3' du premier nucléotide, et au carbone 5' d'un second désoxyribonucléoside.

On a alors un dinucléotide.

En continuant d'allonger la chaîne, on constate que la polymérisation est *orientée* ; on dit qu'elle progresse de 5' vers 3' : en effet chaque nouveau nucléotide offre une extrémité 3'-OH libre pour poursuivre l'élongation du polynucléotide (1).

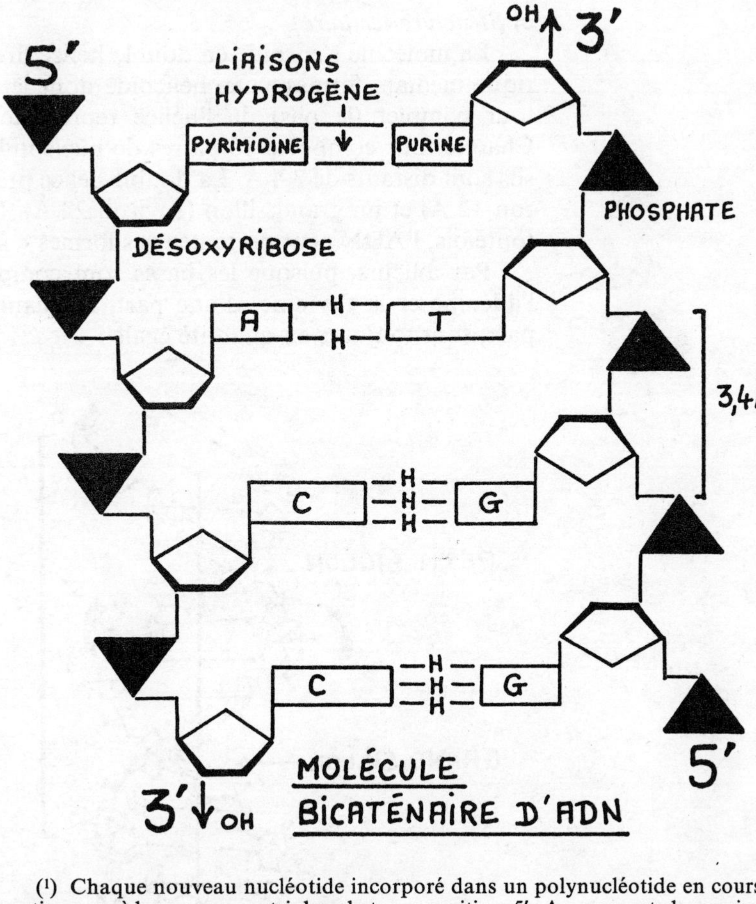

(1) Chaque nouveau nucléotide incorporé dans un polynucléotide en cours de formation possède un groupe triphosphate en position 5'. Au moment de son incorporation dans la chaîne, cette extrémité 5' élimine un pyrophosphate (groupe de 2 phosphates) et se lie à l'extrémité hydroxyle du nucléotide précédent. Le premier nucléotide d'une chaîne conserve pour sa part son extrémité 5'-triphosphate libre, alors que le dernier nucléotide de la série possède une extrémité 3'-OH libre. La croissance du polynucléotide se fait donc selon une direction 5' → 3', et chaque polynucléotide a une « polarité ».

b) *Structure secondaire*

Un autre caractère de la molécule d'ADN, c'est qu'elle est formée de *deux* chaînes polynucléotidiques qui sont reliées entre elles par des liaisons faibles (liaisons hydrogène) entre les bases.

La liaison s'effectue toujours entre une purine d'un des polynucléotides et une pyrimidine de l'autre nucléotide :

L'adénine est toujours liée à la thymine, la liaison se fait par l'intermédiaire de 2 ponts hydrogène : A = T.

La guanine est toujours liée à la cytosine, la liaison se fait par l'intermédiaire de 3 ponts hydrogène : G ≡ C.

Le second polynucléotide s'édifie lui aussi de 5′ vers 3′, mais pour que l'association soit possible les 2 polynucléotides (ou les 2 brins) de la molécule s'orientent en sens inverse l'un de l'autre.

On dit que la molécule d'ADN est *bicaténaire,* ou double brin, et que les deux brins sont *antiparallèles*. Pour l'anecdote, on appelle parfois un brin « Watson », et l'autre « Crick », en l'honneur des chercheurs qui ont mis en évidence la structure de la molécule d'ADN.

c) *Structure tertiaire*

La molécule s'enroule en double hélice droite autour d'un axe théorique médian, formant une hélicoïde dont le diamètre est de 20 Å. Un tour complet (le pas) de l'hélice représente une longueur de 34 Å. Chaque tour comporte 10 paires de nucléotides, les nucléotides successifs sont distants de 3,4 Å. La double hélice présente un petit sillon (environ 12 Å) et un grand sillon (environ 22 Å). Dans certaines conditions, toutefois, l'ADN peut présenter des formes « surenroulées ».

Par ailleurs, puisque les bases sont complémentaires deux à deux, l'adénine et la thymine, d'une part, la guanine et la cytosine, d'autre part, sont toujours en quantité égale :

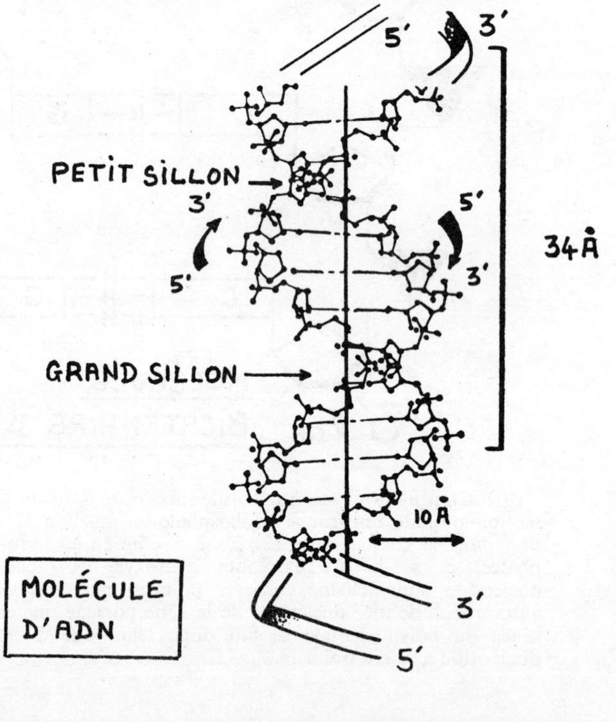

On a : $\frac{A}{T} = 1$ et $\frac{G}{C} = 1$. En revanche, $\frac{A+T}{G+C}$ est variable, la composition d'une molécule d'ADN peut donc être décrite par la proportion de ses bases. Conventionnellement celle-ci est représentée par le pourcentage de G + C.

d) *Caractères des molécules d'ADN*

La masse moléculaire des molécules d'ADN est toujours très élevée, de quelques millions à quelques milliards de dalton.

Ces molécules peuvent être circulaires (fermées) ou linéaires (2 extrémités libres). La longueur de la molécule se mesure en μm (virus, bactéries), ou en mm, voire en cm (cellules eucaryotes). Cependant, il est plus précis de l'exprimer en indiquant le nombre de paires de nucléotides ou le nombre de paires de bases de la molécule bicaténaire. On utilise la notation : pb = paires de bases [1].

D'une façon générale on peut considérer que 1 million de paires de bases (1.10^6 pb) représente une longueur de $3{,}4.10^6$ Å, soit 340 μm.

3 / Les acides ribonucléides (les ARN)*

Ils ont la même structure fondamentale que l'ADN, mais :

— le sucre des ARN est un ribose (plus réactif chimiquement que le désoxyribose) ;
— parmi les bases on ne trouve jamais de thymine (sauf cas très particuliers), mais de l'uracile ;
— l'ARN est formé par *une seule* chaîne polynucléotidique linéaire, qui peut éventuellement se reployer sur elle-même par appariement de bases complémentaires liées par des ponts hydrogène, définissant ainsi des régions en double hélice ;
— la masse moléculaire des molécules d'ARN est très inférieure à celle des molécules d'ADN. Le nombre de nucléotides est relativement peu élevé.

On distingue 3 types principaux d'ARN :

Les ARN messagers*, ou ARNm, qui présentent une grande variété de molécules comportant de 150 à 12 000 nucléotides.

Les ARN de transfert*, ou ARNt, dont on connaît une soixantaine de types différents. Ce sont de courtes molécules de 73 à 93 nucléotides.

Les ARN ribosomaux*, ou ARNr, où l'on distingue 3 classes de molécules : des grosses molécules (13,7 kb), des molécules de taille moyenne (2 à 5 kb) et des petites molécules (quelques dizaines de nucléotides).

II. Notion de gène et transcription

A / Organisation du génome

Le programme fonctionnel porté par les molécules d'ADN est constitué par un nombre plus ou moins élevé d'informations, ou d'instructions distinctes.

[1] 1 000 pb = 1 kilobase (1 kb) ; 1 000 kb = 1 mégabase (1 Mb).

Chaque information constitue une *région fonctionnelle ou codante* de la molécule d'ADN, qui correspond à une séquence donnée de paires de nucléotides successifs.

Certaines régions fonctionnelles ont pour propriété de reconnaître spécifiquement une protéine donnée, et de se lier à cette protéine, ce qui se traduit par la mise en œuvre — ou l'interruption — d'une fonction du programme porté par l'ADN.

D'autres régions codantes sont plus spécialement destinées à subir une transcription*, c'est-à-dire à servir de modèle (d'instruction) pour la synthèse d'une molécule d'ARN. Dans ce cas également des phénomènes de reconnaissance spécifique et d'interactions entre la région codante de l'ADN et des facteurs protéiques jouent un rôle majeur. On utilisera le terme de *gène* pour qualifier les séquences d'une molécule d'ADN *pouvant être transcrites en l'un des types d'ARN impliqués dans la synthèse d'une protéine.*

1 / L'ADN égoïste

Chez les procaryotes*, l'essentiel de l'ADN (plus de 90 %) est constitué par des séquences codantes. Ainsi, le génome de la bactérie *Escherichia coli,* qui est formé par une seule molécule d'ADN circulaire de 4,6 millions de paires de bases, porte environ 4 000 gènes différents, codant pour autant d'espèces protéiques.

En revanche, l'ADN chromosomique des cellules eucaryotes (cellules des organismes supérieurs, possédant un véritable noyau) est en grande partie non codant : les différents types de gènes ne représentent que 10 à 20 % du génome. Le programme génétique humain (haploïde) est porté par 23 molécules linéaires d'ADN — 3 milliards de paires de bases au total —, mais ne code cependant que pour un répertoire de 30 000 à 50 000 protéines différentes. On voit donc que le génome humain, bien qu'il soit capable théoriquement de stocker 650 fois plus d'informations que celui de *E. coli,* ne spécifie guère que 10 à 20 fois plus d'espèces protéiques.

Les séquences codantes de l'ADN des eucaryotes sont donc diluées dans une grande quantité d'ADN en apparence non signifiant (on parle d'ADN « égoïste »). Ce dernier présente cependant un certain niveau d'organisation, et joue vraisemblablement un rôle — qui reste à déterminer — dans le fonctionnement général du matériel génétique.

a) *ADN hautement répétitif*

Une part relativement importante de l'ADN chromosomique des eucaryotes correspond à de l'ADN dit hautement répétitif*, qui représente environ 10 % à 15 % du génome.

Il existe deux types majeurs d'ADN hautement répétitif :

— l'ADN satellite* est majoritairement représenté par diverses familles de très courtes (5 à 10 pb) ou de courtes (100 à 300 pb) séquences disposées en tandem, qui se répètent des centaines ou des milliers de fois consécutivement, formant ainsi d'immenses blocs (300 kb à 5 000 kb) au sein de la molécule d'ADN. Ces blocs de séquences répétées sont très *localisés* et correspondent à des régions particulières sur les chromosomes : centromères (séquences CEN) et télomères (séquences TEL). Ils ne sont pas transcrits et se caractérisent par une réplication tardive en fin de phase S ;

— l'ADN répété dispersé est formé par de très courtes séquences de paires de bases (5 à 10 pb) répétées de façon à former des motifs de quelques kilobases (microsatellites* ou minisatellites*) *dispersés* dans tout le génome.

b) *ADN moyennement répétitif*

L'ADN moyennement répétitif* représente 30 à 40 % du génome humain. Il correspond à des blocs très largement dispersés sur toutes les molécules d'ADN, et qui sont formés par la répétition (souvent approximative) de séquences relativement importantes (de quelques centaines de paires de bases à quelques kilobases). Il peut faire l'objet d'une transcription.

Deux familles de motifs sont actuellement bien identifiées, mais on ignore leurs éventuelles fonctions :

— les séquences SINE* ou Alu* comportent environ 300 pb ; il en existe approximativement 900 000 copies dispersées dans tout le génome humain ;

— les séquences LINE* sont très longues (environ 6 kb) ; il en existe quelques dizaines de milliers de copies complètes ou partielles disséminées dans le génome humain.

c) *Pseudogènes*

On met en évidence de très nombreuses séquences d'ADN présentant une grande homologie avec des gènes actifs (dont elles dérivent vraisemblablement), mais qui restent non exprimées. Ces pseudogènes*, qui parasitent les molécules d'ADN, contribuent à augmenter la proportion des séquences non codantes dans le génome.

2 / Les séquences signifiantes

Les séquences actives du génome, impliquées dans le mécanisme de la protéosynthèse, présentent différents types d'organisation.

a) *Gènes redondants*

De nombreux gènes sont redondants*, c'est-à-dire qu'il en existe de multiples copies dans le génome.

C'est le cas en particulier des gènes à ARN ribosomaux (ARNr) 45 S et 5 S (1).

Dans le génome humain, les gènes à ARNr 45 S ont une longueur de 13,7 kb. Ils sont rassemblés en 5 batteries (situées respectivement sur les chromosomes 13, 14, 15, 21 et 22) comportant chacune une cinquantaine de copies du gène. Au sein de chaque batterie les gènes successifs ne sont pas contigus, ils sont séparés par des segments d'ADN d'une vingtaine de kilobases, non transcrits, appelés espaceurs*. L'ARNr 45 S transcrit à partir de ces gènes est un précurseur, qui, après maturation*, donnera trois des types d'ARNr rencontrés dans les ribosomes* (ARNr 28 S, ARNr 18 S, ARNr 5,8 S).

Les gènes à ARNr 5 S ont une longueur de 121 pb. Il en existe environ 2 000 copies réparties en plusieurs batteries.

Les gènes à ARN de transfert (ARNt) représentent une centaine de paires de bases. Ce sont aussi des gènes redondants ; il en existe une soixantaine de groupes comportant de 10 à 100 copies chacun.

(1) Ces types d'ARNr sont ici qualifiés par le coefficient de sédimentation* de la molécule, exprimé en unités Svedberg*.

b) *Gènes morcelés*

Les gènes codant pour les ARN messagers (ARNm) sont appelés gènes de structure*. Certains d'entre eux peuvent être redondants (gènes codant pour les histones*) ; en général ils n'existent cependant qu'en un seul ou en un très petit nombre d'exemplaires.

Chez les eucaryotes, l'information portée par les gènes de structure est *morcelée* : entre des séquences transcrites et retrouvées dans les ARNm du cytoplasme cellulaire, s'intercalent des séquences qui sont également transcrites, mais qui font l'objet d'une élimination ultérieure lors du processus de maturation de l'ARNm qui se produit dans le noyau.

B / Les acteurs de la transcription

Au cours de la transcription, un segment défini de la molécule d'ADN sert de matrice pour la synthèse d'une molécule d'ARN. Ce segment constitue donc, suivant le type d'ARN qui doit être synthétisé, un gène à ARNr, un gène à ARNt, ou encore un gène à ARNm (gène de structure).

L'ARN est synthétisé dans le sens 5′ → 3′, sur un seul des deux brins de l'ADN qui lui sert de matrice. Ce brin, dit informatif*, est antiparallèle à l'ARN néo-synthétisé. Par convention, et pour faire référence à l'ARN qui en résulte, le site où débute la transcription est décrit comme l'extrémité 5′ du gène, le site où se termine la synthèse constituant l'extrémité 3′ du gène. Les séquences situées en amont du gène sont décrites en nommant les bases correspondant au brin d'ADN complémentaire du brin informatif, numérotées et affectées d'un signe négatif à partir de l'extrémité 5′ du gène. Les séquences correspondant au gène lui-même sont aussi décrites en nommant les bases correspondant au brin complémentaire du brin informatif, elles sont numérotées et affectées d'un signe positif de 5′ vers 3′.

Dans tous les cas, un gène destiné à être transcrit ne peut fonctionner qu'en liaison avec une région adjacente située en amont, le promoteur*. L'ensemble fonctionnel forme une unité de transcription.

A titre d'exemple nous décrirons une unité de transcription correspondant à un gène de structure, sur une molécule d'ADN chromosomique d'une cellule eucaryote.

1 / Promoteur

Sur une molécule d'ADN, l'unité de transcription codant pour un ARNm débute par une séquence d'une centaine de paires de bases, le promoteur. Cette séquence est riche en paires A-T, elle forme donc une zone où la structure secondaire de l'ADN est relativement instable (2 liaisons hydrogène seulement entre les bases), et où les 2 brins sont susceptibles de se dissocier assez facilement.

On y reconnaît des séquences relativement constantes d'un promoteur à l'autre (séquences ou « boîtes » consensus), et qui paraissent donc jouer un rôle particulièrement important : une « boîte » CAAT vers — 80 avant le début du gène, et une « boîte » TATA entre — 30 et — 20. Le promoteur est un site de reconnaissance et de liaison vis-à-vis d'un complexe protéique enzymatique appelé transcriptase* ([1]).

([1]) Chez les procaryotes, le promoteur représente une séquence de 40 pb environ, et comporte aussi 2 séquences relativement constantes, la « boîte » Pribnow (TATAAT) en — 10 et une « boîte » TGTTGACA en — 35. Le promoteur est associé à un opérateur* qui contrôle l'expression de plusieurs unités de transcriptions adjacentes (opéron*).

Les gènes codant pour les ARNt et pour l'ARNr 5 S présentent un cas particulier; leur séquence promotrice se trouve à l'intérieur du gène.

2 | Gène

La zone destinée à être effectivement transcrite, le gène proprement dit, fait suite au promoteur. Il s'agit d'une séquence de paires de bases plus ou moins longue selon le type d'ARN qui doit être transcrit. Elle s'achève par un site de terminaison, au niveau duquel s'arrêtera la synthèse de l'ARN. Ce site peut comporter de 500 à 2 000 paires de bases, il débute par une séquence relativement constante, d'un gène à l'autre : AATAAA.

Le site de terminaison est aussi un site de libération, c'est à son niveau que l'ARN nouvellement transcrit se détache de la matrice d'ADN sur laquelle il est formé.

3 | Séquences régulatrices

L'unité de transcription peut être associée sur le plan fonctionnel à de courtes séquences régulatrices dont la présence ou la position sur la molécule d'ADN varient suivant les cas de figure.

Les séquences régulatrices se lient à des facteurs protéiques de régulation, qui rendent possible (activateurs), qui accélèrent (stimulateurs), ou qui au contraire répriment (répresseurs) le processus d'association du promoteur avec les complexes protéiques dont l'activité enzymatique permet la transcription : les transcriptases.

4 | Les transcriptases

La transcription est catalysée par des enzymes appelées transcriptases, ou ARN polymérases*, dont le rôle est d'associer (polymérisation) des ribonucléotides pour former la chaîne polynucléotidique constituant la molécule d'ARN. Très précisément on dit que ce sont des ARN polymérases — ADN dépendantes, pour exprimer le fait qu'elles utilisent, pour assembler les ribonucléotides, un modèle, ou une matrice formée par l'ADN.

Les transcriptases sont des complexes protéiques associant une dizaine de polypeptides ; elles forment des structures supramoléculaires de masse moléculaire élevée : 500 000 Da.

Chez les eucaryotes (1) il existe 3 types distincts de transcriptases majeures :

- l'ARN polymérase I responsable des synthèses de l'ARNr 45 S (environ 40 000 molécules par cellule) ;
- l'ARN polymérase II responsable des synthèses d'ARNm (environ 40 000 molécules par cellule), très sensible à l'action d'un inhibiteur, l'α amanitine ;
- l'ARN polymérase III responsable de la synthèse des petits ARN, en particulier des ARNt et des ARNr 5 S (20 000 molécules par cellule).

Ces transcriptases fonctionnent en association avec de nombreux facteurs protéiques de transcription.

(1) Chez les procaryotes il n'y a qu'un seul type de transcriptase.

C / Mécanisme de la transcription

1 / Initiation

Une ARN polymérase s'associe à des facteurs protéiques d'initiation pour former un complexe de prédémarrage, qui permet sa fixation au site promoteur, en amont du gène. Elle provoque la rupture des liaisons hydrogène entre les 2 brins de l'ADN sur l'équivalent d'un tour de spire (10 à 12 pb), et l'écartement localisé des 2 brins.

Un seul brin de l'ADN sert de modèle lors de la transcription d'un gène donné. Le choix de ce brin informatif est déterminé par le type de relation qui s'établit entre le complexe de prédémarrage et les sites actifs du promoteur. Pour une molécule d'ADN, il n'y a pas cependant un brin informatif et l'autre qui ne l'est pas. Cette notion ne vaut que pour le court segment qui correspond à l'unité de transcription étudiée.

Dans la région où les 2 brins de l'ADN sont écartés l'un de l'autre, un premier ribonucléoside-5′-triphosphate vient se fixer (liaisons hydrogène) en face d'un désoxyribonucléotide correspondant du brin informatif ; en général il s'agit d'un ATP ou d'un GTP qui se place en face d'une désoxythymidine ou d'une désoxycytidine du brin d'ADN matrice. Un second ribonucléoside-5′-triphosphate vient se placer à côté du premier, en face du désoxyribonucléotide qui lui est complémentaire ; une guanine G se plaçant en face d'une cytosine C, une cytosine C en face d'une guanine G, une adénine A en face d'une thymine T, et un *uracile* U en face d'une adénine A.

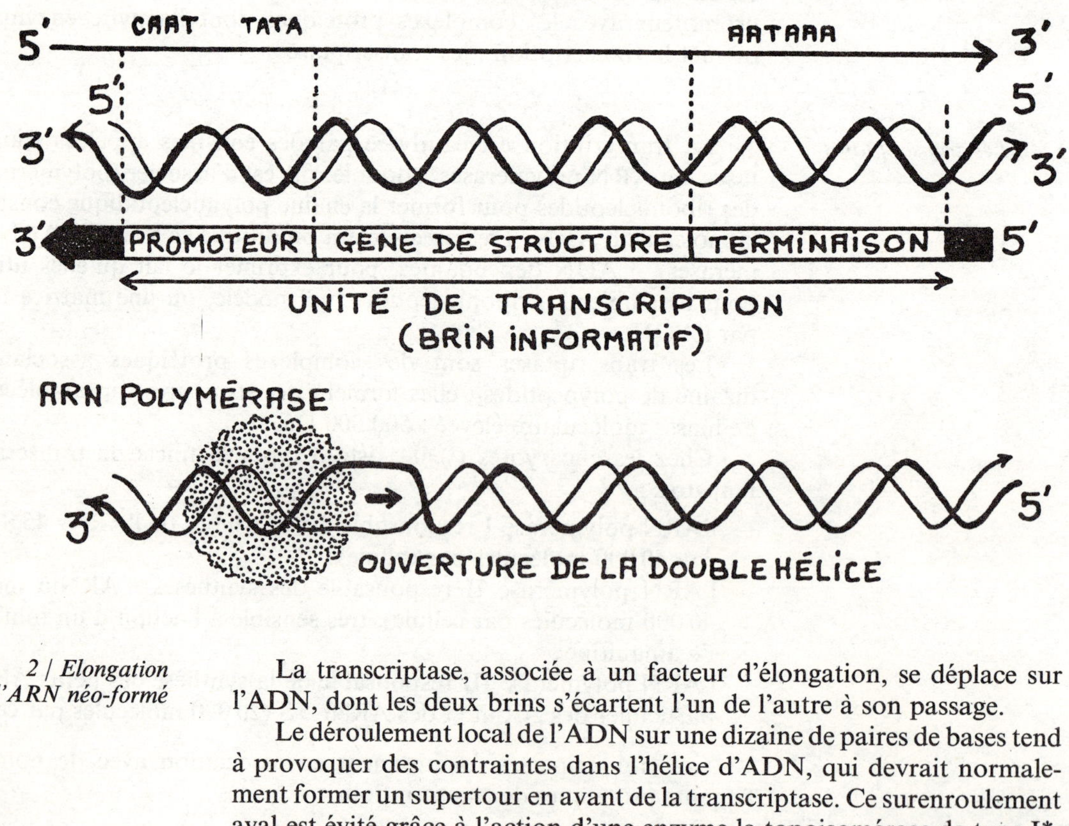

2 / Elongation de l'ARN néo-formé

La transcriptase, associée à un facteur d'élongation, se déplace sur l'ADN, dont les deux brins s'écartent l'un de l'autre à son passage.

Le déroulement local de l'ADN sur une dizaine de paires de bases tend à provoquer des contraintes dans l'hélice d'ADN, qui devrait normalement former un supertour en avant de la transcriptase. Ce surenroulement aval est évité grâce à l'action d'une enzyme la topoisomérase de type I*, qui agit comme une endonucléase* réversible. La topoisomérase provoque à intervalles réguliers la rupture d'un des brins de l'ADN, ce qui permet la relaxation de la molécule, qui peut ainsi pivoter sur elle-même. La même enzyme ressoude rapidement le brin momentanément rompu.

En arrière de la transcriptase les deux brins de l'ADN rétablissent les liaisons hydrogène qui les unissaient initialement l'un à l'autre.

Par rapport au brin informatif la transcriptase se déplace toujours dans la direction 3′ vers 5′.

Au cours de sa progression de nouveaux ribonucléosides triphosphates sont assemblés suivant l'ordre indiqué par la matrice d'ADN. A l'exception du premier de la chaîne, ces ribonucléosides triphosphates sont hydrolysés en nucléosides monophosphates et en pyrophosphates qui sont eux-mêmes hydrolysés en phosphates libres. Ces processus libèrent de l'énergie. La transcriptase catalyse la formation de liaisons phosphodiester 3′-5′ entre les ribonucléotides successifs, ce qui, en revanche, requiert un apport d'énergie. Au total, le bilan énergétique du système est à peu près équilibré.

L'élongation du brin d'ARN en formation se fait, bien sûr, de 5′ vers 3′ ; le polynucléotide néo-formé est antiparallèle au polynucléotide (brin d'ADN informatif) qui lui sert de matrice. Le processus d'élongation est rapide : 30 nucléotides par seconde à 37 °C chez les eucaryotes.

En cours de transcription il se forme de façon temporaire un fragment « hybride » ADN/ARN de quelques paires de nucléotides, puis l'ARN néo-formé se détache de sa matrice, cependant que les deux brins de l'ADN se réassocient en arrière de la transcriptase. La molécule d'ARN reproduit fidèlement « en négatif » le message porté par le brin d'ADN informatif en cours de transcription. Elle possède un groupe triphosphate à son extrémité 5′, et un groupe hydroxyle libre à son extrémité 3′.

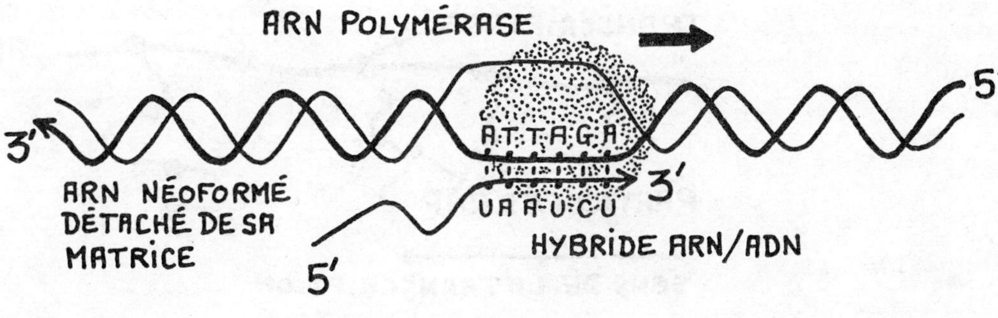

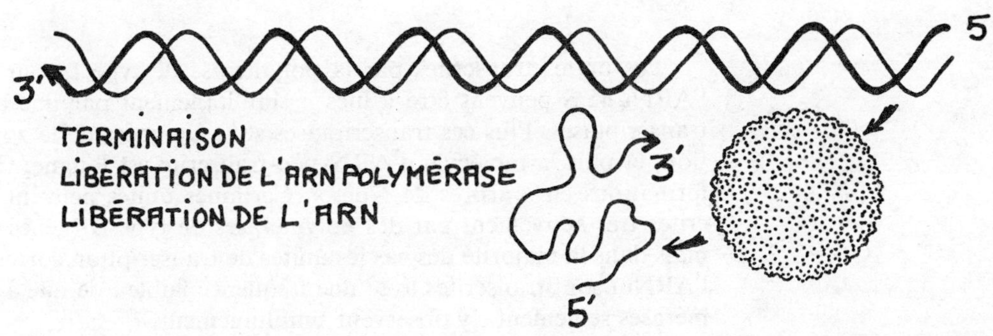

Notons que chez les eucaryotes l'ARN néo-formé s'associe à des protéines au cours même de sa synthèse pour former des granules ribonucléoprotéiques, ou RNP. La disposition de ces RNP sur l'ARN néo-formé est très spécifique, et présente un motif identique sur tous les ARN transcrits à partir d'une même unité de transcription.

3 / Terminaison

L'unité de transcription s'achève par un site de terminaison, au niveau duquel la transcriptase arrête sa progression. On n'a pas mis en évidence dans cette région des séquences « consensus » qui seraient susceptibles de constituer un signal particulier pour la fin de transcription.

Le site de terminaison est aussi un site de libération. La transcriptase arrête sa progression, se détache de la molécule d'ADN, et libère la molécule d'ARN qui vient d'être synthétisée. La région 3′ terminale de la molécule d'ARN néo-formée tend à se reployer par autocomplémentarité après s'être détachée de sa matrice.

Au cours de la transcription un seul des 2 brins de l'ADN a donc été transcrit : pour cette raison on parle de « transcription asymétrique ».

4 / Visualisation

Les méthodes de la microscopie électronique permettent d'observer et de photographier des unités de transcription en cours de fonctionnement. Elles n'ont pas toutes le même aspect. On s'aperçoit en effet que certaines unités sont transcrites plus activement que d'autres.

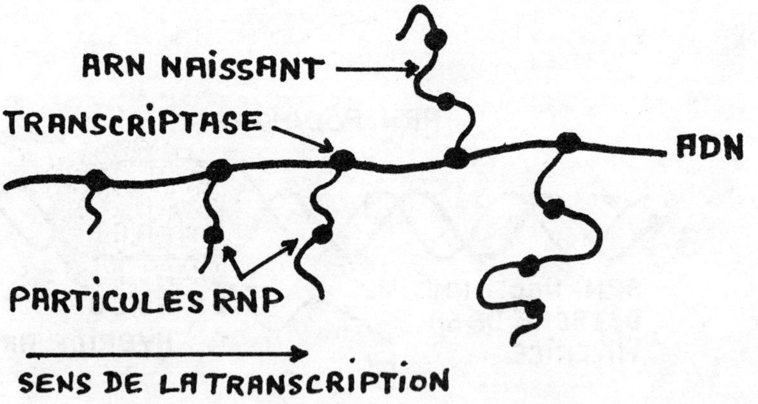

Les unités transcrites par la polymérase de type I pour donner de l'ARNr 45 S peuvent être « lues » simultanément par une centaine de transcriptases. Plus ces transcriptases sont éloignées de la zone d'initiation, et plus la molécule d'ARN néo-transcrite est longue. On parle de formations en « arbres de Noël ». Certaines unités peuvent être transcrites très activement par des polymérases de type II (gènes à ARNm), mais dans la majorité des cas les unités de transcription correspondant à l'ARNm sont transcrites avec une fréquence faible : de une à trois polymérases seulement s'y observent simultanément.

III. La réplication de l'ADN

Un autre « savoir-faire » de l'ADN est d'être capable de produire des copies de lui-même, c'est-à-dire de se répliquer. Cette réplication* se fait sur un mode semi-conservatif :

Les deux brins de la molécule sont complémentaires. Au moment de la réplication, les liaisons hydrogène entre les bases correspondantes sont rompues, et les deux chaînes polynucléotidiques se déroulent et se séparent. Chaque brin peut alors servir de matrice pour la formation à son contact d'un brin complémentaire. Ainsi, la molécule initiale est remplacée par deux molécules nouvelles, comportant chacune :

— un brin ancien ;
— un brin nouveau.

A / Cas des procaryotes

Le chromosome bactérien est constitué par une molécule circulaire d'ADN relativement courte (4,6 Mb chez la bactérie *E. coli*). Au moment de la réplication, le chromosome qui est au contact direct du cytoplasme établit des relations avec une digitation de la membrane plasmique, le mésosome*, où se localise un complexe multi-enzymatique appelé réplisome*. Ce complexe rassemble l'essentiel des enzymes ou facteurs protéiques impliqués dans la réplication de l'ADN : hélicases*, protéines de déstabilisation*, ATPases*, primases*, réplicases*.

1 / Unité de réplication

La réplication de la molécule débute au niveau d'une séquence de 300 paires de nucléotides environ, formant l'origine de réplication*, et qui est directement associée au réplisome. Un groupe d'enzymes du réplisome, les hélicases, provoque la séparation des deux brins de l'ADN. Les hélicases se fixent sur les brins de l'ADN, les coupent de façon à faciliter le déroulement local de la molécule, puis les ressoudent. Des protéines de déstabilisation (SSB — Single Strand DNA Binding) se lient aux brins qui se sont séparés et les maintiennent écartés l'un de l'autre. Il se forme ainsi une unité de réplication* (œil de réplication* ou réplicon*), comportant deux « fourches de réplication* ». La réplication s'engage simultanément au niveau de chacune des deux fourches, progressant sur la molécule dans deux directions opposées : elle est bidirectionnelle.

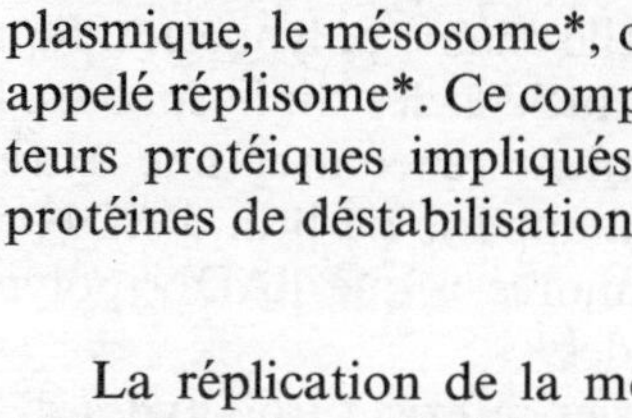

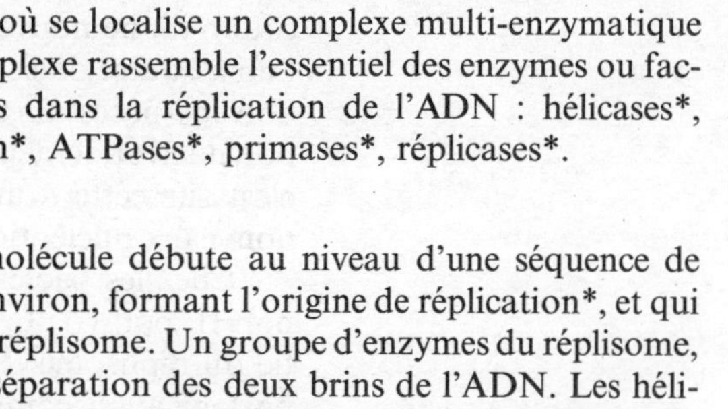

2 / Antiparallélisme et réplicases

Avant d'aborder l'étude du mécanisme de la réplication de l'ADN, il convient de noter deux points importants :

a) *Antiparallélisme*

Si on considère une fourche de réplication, on s'aperçoit que la situation ne sera pas la même sur les deux brins de l'ADN. Les deux brins initiaux sont antiparallèles, et nous savons que la synthèse d'un polynucléotide s'effectue dans le sens 5′ vers 3′.

— Sur l'un des brins matrice la formation d'un brin nouveau antiparallèle de 5′ vers 3′, à partir de l'origine de réplication, ne pose pas de problème. La synthèse débute (en 5′) au site d'initiation, et se poursuit régulièrement au fur et à mesure de la progression de la fourche. On appellera ce nouveau brin dont la synthèse est continue, le « maître brin » ou « brin direct ».

— Sur l'autre brin matrice, en revanche, la synthèse du nouveau polynucléotide ne pourra s'effectuer que dans la direction opposée à la progression de la fourche de réplication, par fragments successifs, de façon discontinue, et par conséquent avec un temps de retard. Le nouveau brin ainsi formé est qualifié de « brin suiveur » ou « brin traînard ».

b) *Réplicases*

Les réplicases, ou ADN polymérases*, ne fonctionnent pas comme les transcriptases (ARN polymérases). Elles ne peuvent pas initier l'édification d'une nouvelle chaîne polynucléotidique simplement en associant l'un à l'autre deux nucléosides triphosphates. Pour entrer en action, elles doivent nécessairement rencontrer une extrémité libre 3′ — OH d'un polynucléotide déjà apparié au brin d'ADN qui doit servir de matrice ; c'est sur cette « amorce » que l'ADN polymérase pourra attacher de nouveaux nucléotides.

Chez les bactéries, il existe trois types d'ADN polymérases : pol. I, pol. II, pol. III. Les ADN polymérases de type I et de type III font partie du réplisome. En plus de leur activité « polymérase », elles se comportent aussi comme des exonucléases* capables d'hydrolyser un brin d'ADN à partir d'une extrémité libre, dans le sens 5′ → 3′. Lors de la réplication, pol. III est la polymérase qui manifeste l'activité la plus importante ; elle peut être considérée comme la véritable réplicase.

3 / Mécanisme de la réplication

Au niveau de chaque fourche de réplication le groupement hélicase se déforme et progresse sur la molécule d'ADN en continuant d'écarter les deux brins sur son passage, toujours en coopération avec les protéines de déstabilisation. Ce déplacement de l'hélicase dépense de l'énergie fournie par l'ATP (il faut 2 molécules d'ATP par paire de bases séparées). L'ATP est hydrolysé en ADP par les ATPases du réplisome.

L'écartement des brins provoque en aval de chaque fourche un surenroulement de la molécule d'ADN : chaque fois qu'une dizaine de paires de bases sont séparées, la molécule doit effectuer un tour d'hélice complet sur elle-même. Pour éliminer les contraintes qui résulteraient d'un tel surenroulement, un facteur protéique de relaxation (topoisomérase II ou gyrase*) appartenant au groupe des nucléases réversibles coupe puis ressoude l'un des deux brins de l'ADN au cours de la progression de l'hélicase, permettant ainsi la rotation des brins l'un par rapport à l'autre, ce qui relâche la torsion.

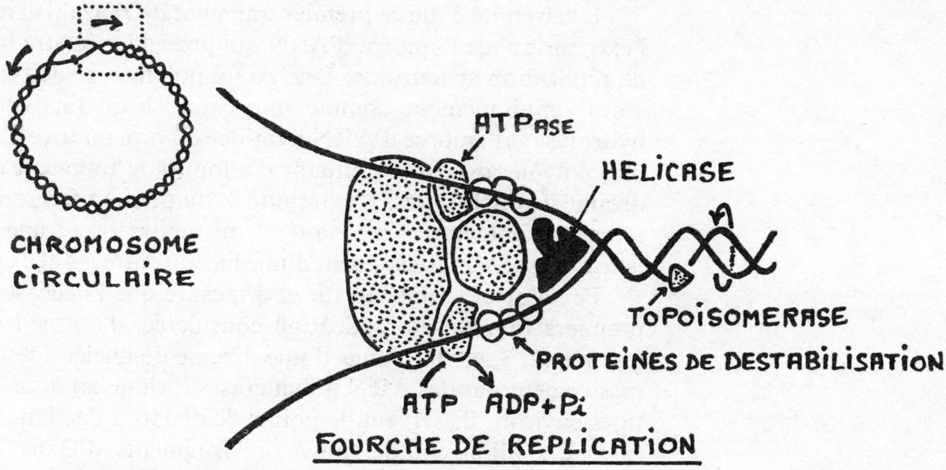

a) *Synthèse continue (maître brin)*

Dès l'ouverture de l'œil de réplication, c'est une transcriptase (ARN polymérase - ADN dépendante) de type primase (appartenant à un complexe protéique formant le primosome*) qui engage directement la synthèse d'une courte chaîne d'ARN, appelée « amorce ». Cette transcriptase explore le brin d'ADN matrice de 3′ vers 5′. Lorsque l'amorce atteint une dizaine de nucléotides, son extrémité 3′ sert de point de départ à l'action d'une ADN polymérase de type III. Celle-ci se déplace dans le sens de la fourche de réplication en assemblant un brin nouveau d'ADN à partir de l'amorce, suivant la règle de l'appariement A/T et G/C. L'élongation de ce « brin direct » est continue.

b) *Synthèse discontinue (brin suiveur)*

La synthèse du brin suiveur débute avec un léger temps de retard. En arrière de la fourche de réplication il existe un brin d'ADN matrice disponible. Une transcriptase (ARN polymérase - ADN dépendante) de type primase édifie une première amorce d'ARN. L'extrémité 3′ — OH de cette amorce sert de point de départ à une ADN polymérase (type III) qui synthétise dans le prolongement de l'amorce d'ARN un fragment de brin d'ADN comportant environ 2 000 nucléotides. C'est le premier fragment d'Okazaki*.

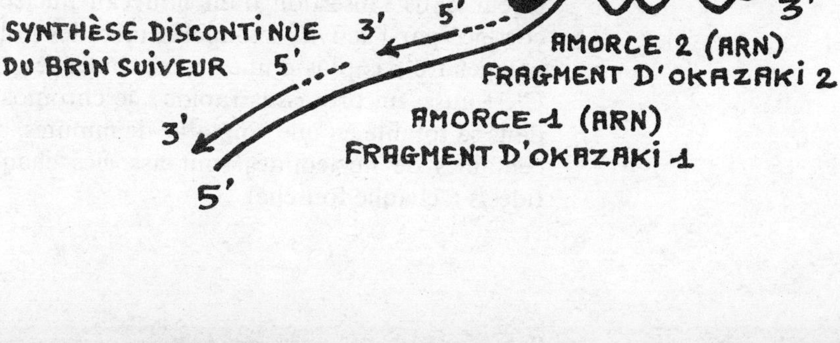

L'extrémité 3′ de ce premier fragment d'Okazaki arrive au contact de l'extrémité 5′ de l'amorce d'ARN qui précède le maître brin de la fourche de réplication symétrique. Une ADN polymérase de type I se comporte alors simultanément comme une exonucléase (activité RNase H) en hydrolysant l'amorce d'ARN hybridée au brin matrice d'ADN, et comme une polymérase, en continuant d'allonger le fragment d'Okazaki d'une dizaine de nucléotides. L'extrémité 3′ du premier fragment d'Okazaki est alors au contact de l'extrémité 5′ du maître brin ; une enzyme appelée ligase* assure l'établissement d'une liaison entre les deux polynucléotides.

Pendant ce temps, au fur et à mesure que l'hélicase progresse sur la première fourche de réplication considérée, d'autres fragments d'ARN amorce (2, 3, 4, etc.) longs d'une dizaine de nucléotides sont formés successivement par des ARN polymérases (primases), tous les 2 000 nucléotides environ. Ils servent de points de départ à l'activité d'ADN polymérases qui allongent de nouveaux fragments d'Okazaki. De la même façon, chaque fois que l'ADN polymérase arrive au contact de l'extrémité 5′ de l'amorce d'ARN qui la précède, celle-ci est hydrolysée, et l'extrémité 3′ du fragment qui s'allonge arrive au contact de l'extrémité 5′ du fragment d'ADN précédent. Une ligase assure l'épissage des deux fragments d'Okazaki, ce qui assure la continuité du brin néo-formé.

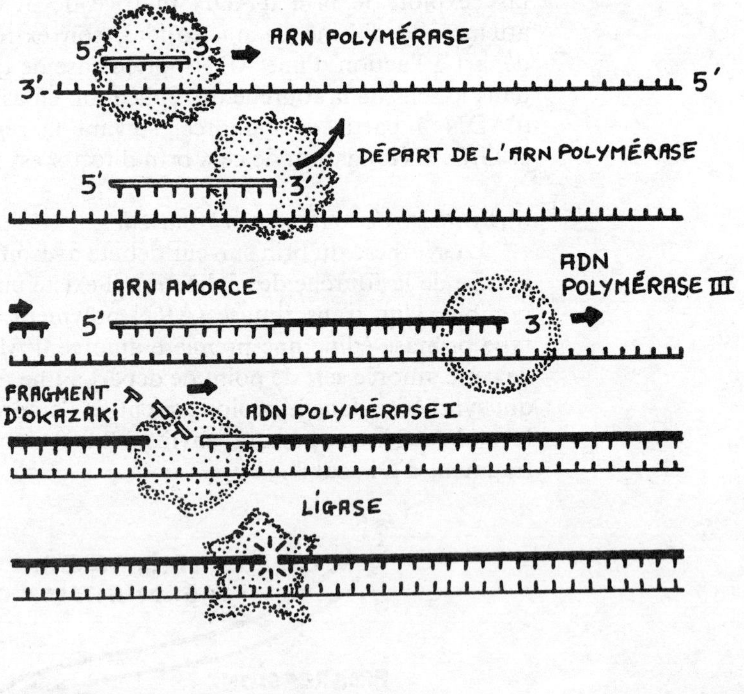

Ce processus de réplication fonctionne avec une grande fidélité, toute erreur dans l'insertion d'un nouveau nucléotide étant immédiatement corrigée par l'activité exonucléasique des polymérases : on estime qu'il n'engendre pas plus d'une erreur toutes les 1.10^9 paires de nucléotides. C'est aussi un processus rapide : le chromosome bactérien est répliqué dans sa totalité en une vingtaine de minutes, ce qui signifie que plusieurs centaines de nucléotides sont associés chaque seconde (1 600 nucléotides/s à chaque fourche).

B / Cas des eucaryotes

Chez les eucaryotes, les mécanismes mis en œuvre lors de la réplication de l'ADN ne sont pas fondamentalement différents de ceux qui ont été décrits chez les procaryotes. Les ADN polymérases ne sont toutefois pas les mêmes. Il existe trois types majeurs d'ADN polymérases nucléaires (pol. α, la plus active, pol. β qui joue un rôle comparable à celui de pol. I chez les procaryotes, et pol. δ qui pourrait être spécialisée dans la réplication du brin direct) et une ADN polymérase mitochondriale (pol. γ).

Au moment où s'effectue la réplication dans le noyau des cellules eucaryotes, les molécules d'ADN, linéaires et très longues (130 millions de pb en moyenne) sont étroitement associées à des protéines basiques de type histones*, formant les fibres chromatiniennes ou chromatides.

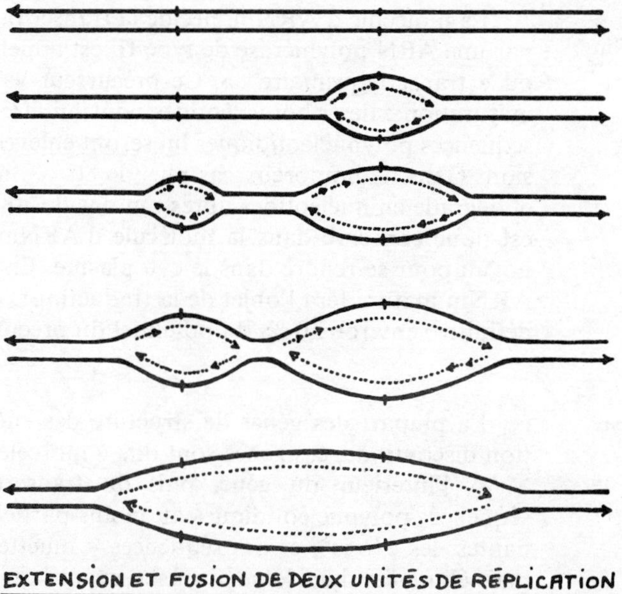

EXTENSION ET FUSION DE DEUX UNITÉS DE RÉPLICATION

Chaque molécule d'ADN comporte plusieurs origines de réplication — de 50 à une centaine — caractérisées par l'existence d'une séquence « consensus » GATC, répétée une dizaine de fois. Ces origines de réplications sont séparées les unes des autres par des intervalles de 30 000 à 300 000 paires de nucléotides. La réplication ne débute pas au même moment pour toutes les origines de réplications ; certains groupes de réplicons sont activés précocement, d'autres plus tardivement. Les réplicons d'un même groupe, qui entrent simultanément en activité, sont appelés à se rencontrer et à fusionner progressivement. Des groupes successifs de réplicons sont ainsi activés jusqu'à ce que tout l'ADN du noyau cellulaire soit répliqué. La vitesse moyenne de la réplication est beaucoup moins élevée que chez les procaryotes : 50 à 150 nucléotides par seconde seulement ; par ailleurs les fragments d'Okazaki sont aussi dix fois plus courts (seulement 200 nucléotides) chez les eucaryotes. Ces caractères particuliers s'expliquent par le fait que l'ADN des eucaryotes est étroitement associé à des histones (structure en nucléosomes*), ce qui modifie nécessairement les modalités de la réplication.

IV. Maturation post-transcriptionnelle

Chez les organismes supérieurs la plupart des ARN subissent après avoir été transcrits une maturation nucléaire qui modifie profondément leur organisation.

A / MATURATION DES ARNm

La molécule d'ARNm, née de la transcription d'un gène de structure par une ARN polymérase de type II, est appelée « précurseur primaire » ou « transcrit primaire* ». Ce précurseur va subir dans le noyau une maturation : des ribonucléotides vont lui être ajoutés, mais surtout des séquences polynucléotidiques lui seront enlevées par un processus d'excision. Dans de nombreux cas plus de 80 % du transcrit initial est excisé et dégradé en nucléotides libres ; moins de 20 % du précurseur primaire est donc conservé dans la molécule d'ARNm « mature » qui quitte le noyau pour se rendre dans le cytoplasme. Enfin, seule une partie de cet ARNm mature fera l'objet de la traduction*, qui concerne seulement en définitive environ 10 % du potentiel du précurseur primaire.

1 / Exons et introns

La plupart des gènes de structure des eucaryotes ont une constitution discontinue, ces gènes sont dits « morcelés ».

A l'intérieur du gène, puis du transcrit primaire, il existe des séquences polynucléotidiques au moins partiellement codantes ou spécifiantes, les exons*, et des séquences « muettes », qui seront transcrites mais éliminées dans le noyau, bien avant la traduction, les introns [1].

2 / Exemple du gène de l'ovalbumine de poule

Le gène de structure qui succède au promoteur dans l'unité de transcription codant pour le polypeptide de l'ovalbumine chez la poule comporte 7 700 pb. La totalité du gène de structure est transcrite, dans le noyau, sous forme de précurseur primaire.

Le précurseur primaire débute, vers l'extrémité 5', par une séquence de tête ou « leader » comportant 47 nucléotides.

A cette séquence de tête fait suite une alternance de 7 séquences non codantes (introns) et 7 séquences spécifiantes (exons), débutant par un intron de 1 600 nucléotides.

Le précurseur primaire s'achève par une séquence de terminaison caractérisée par la présence d'une « boîte » AAUAAA correspondant à un site de clivage et de polyadénylation.

[1] Les exons correspondent à des séquences qui ne sont pas nécessairement codantes dans leur totalité, bien qu'elles soient conservées dans l'ARNm mature. Des séquences exoniques non codantes peuvent exister en 5' avant le codon AUG et en 3' en aval du premier codon « stop ».

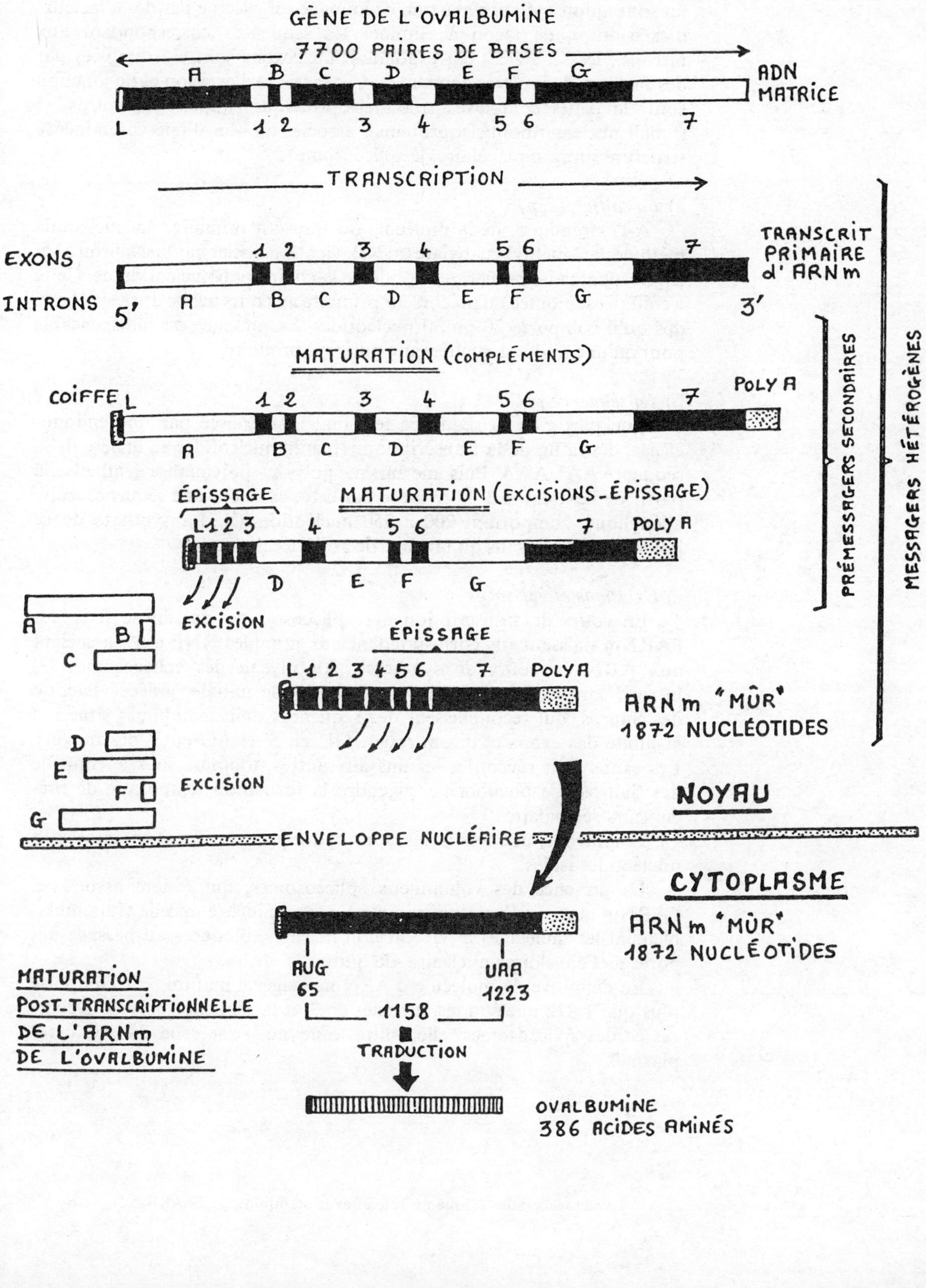

MATURATION POST-TRANSCRIPTIONNELLE DE L'ARNm DE L'OVALBUMINE

Ce précurseur subit ensuite, lors de la maturation qui s'effectue également dans le noyau, diverses modifications. D'une part des nucléotides lui sont ajoutés, d'autre part un découpage est effectué par des « facteurs d'excision », de façon à éliminer les séquences correspondant aux introns ; les séquences correspondant aux exons sont réassemblées par des facteurs de jonction (épissage). Ces facteurs d'excision et de jonction sont de petits complexes ribonucléoprotéiques appelés « Snurps »* (Small nuclear ribonucleoproteins), associés au sein d'une volumineuse structure supra-moléculaire, le splicéosome*.

a) *La coiffe* (cap)*

A l'extrémité 5′ de la molécule du transcrit primaire, un nucléotide méthylé, le 7-méthyl guanylate (m7G), vient s'associer par une liaison 5′-5′ triphosphate au premier nucléotide de la chaîne polynucléotidique. Cette « coiffe » est ajoutée au précurseur primaire au cours même de sa synthèse, dès qu'il comporte 20 ou 30 nucléotides. Sa présence est indispensable pour qu'une traduction ultérieure puisse se produire.

b) *La séquence poly-A**

Une partie de la séquence terminale est excisée par une endonucléase, dès la fin de la transcription, 10 à 20 nucléotides en arrière de la séquence AAUAAA. Puis une enzyme poly-A - polymérase synthétise, à partir de l'extrémité 3′ libre créée par cette excision, une séquence poly-adénylique, comportant 200 à 250 nucléotides [1]. La synthèse de ce poly-A s'effectue sans qu'une matrice soit nécessaire.

c) *Excisions et épissages*

En cours de transcription des splicéosomes viennent se fixer sur l'ARNm naissant (ils correspondent aux granules RNP qui s'associent aux ARN en cours de synthèse). Au niveau des splicéosomes les introns sont excisés et retirés de la molécule initiale, grâce à l'action des Snurps, qui reconnaissent des séquences dinucléotidiques situées à la limite des exons et des introns : GU en 5′ et AG en 3′ des introns. Les exons sont raccordés les uns aux autres, toujours sous le contrôle des Snurps. Ce phénomène engendre la formation temporaire de précurseurs secondaires.

Les introns, une fois isolés, sont hydrolysés par des exonucléases en nucléotides isolés.

La présence des volumineux splicéosomes, qui restent associés à l'ARNm tant que la maturation n'est pas terminée, empêche vraisemblablement les molécules d'ARNm non matures, bloquées au passage des pores de l'enveloppe nucléaire, de quitter le noyau.

En définitive, la molécule d'ARN messager « mature » ne comporte plus que 1 872 nucléotides, associés en 3′ à la séquence poly-A. Débarrassée des splicéosomes, elle quitte le noyau, et se rend dans le cytoplasme.

(1) La séquence poly-A joue un rôle dans la stabilisation des ARNm.

B / Maturation des ARNr

Les ARNr se répartissent en quatre types majeurs de molécules caractérisées par leur masse moléculaire et leur coefficient de sédimentation :

— ARNr 28 S - 1 000 000 Da,
— ARNr 18 S - 500 000 Da,
— ARNr 5,8 S - 40 000 Da,
— ARNr 5 S - 25 000 Da.

Ces 4 ARNr sont transcrits à partir de 2 types de gènes seulement :

— gènes à ARNr 45 S,
— gènes à ARNr 5 S.

1 / Les gènes à ARNr 45 S

Les ARNr 45 S sont transcrits par une ARN polymérase I à partir de gènes redondants groupés au niveau du nucléole où ils forment l'organisateur nucléolaire*.

Chaque gène est transcrit sous forme d'une molécule d'ARNr précurseur, ou transcrit primaire, comportant 13 700 nucléotides (espèce humaine), dont le coefficient de sédimentation est de 45 S.

Le transcrit est plusieurs fois remanié, au cours d'une maturation post-transcriptionnelle, qui s'effectue dans le noyau. Un premier clivage enlève quelques centaines de nucléotides en 5′ et engendre une molécule 41 S. Le second clivage se produit dans la région médiane de la molécule et donne naissance à une molécule 20 S et une molécule 32 S, de 6 700 nucléotides.

La molécule 20 S est remaniée et fournit un ARNr 18 S (1 900 nucléotides). La molécule 32 S est découpée de façon à donner un ARNr 28 S (4 800 nucléotides) et un ARNr 5,8 S (160 nucléotides) qui se réassocient par appariement de bases complémentaires dans la région 5′ de l'ARNr 28 S.

2 / Les gènes à ARNr 5 S

Ces gènes sont situés en dehors de l'organisateur nucléolaire. Ce sont aussi des gènes redondants ; il en existe près de 2 000 copies réparties en plusieurs groupes. Les ARNr 5 S comportent 121 nucléotides, ils sont transcrits par une ARN polymérase III, puis se détachent dans le nucléoplasme et vont se localiser secondairement dans le nucléole. Le taux de synthèse de l'ARNr 5 S est très élevé, ces molécules ne subissent pas de maturation.

C / Maturation des ARNt

Les ARNt sont aussi des gènes redondants. Chaque type de gène à ARNt (il en existe une soixantaine de types différents) est répété de 10 à 100 fois. Les gènes à ARNt sont transcrits par des ARN polymérases III, sous forme de précurseurs comportant une centaine de nucléotides. Ces précurseurs subissent une maturation dans le noyau, au cours de laquelle 10 à 20 nucléotides sont modifiés ou éliminés.

V. Traduction

A / Rôle des ARN

Les informations portées par les gènes de structure de l'ADN sont transcrites sous forme de molécules d'ARN messager (ARNm). Les instructions portées par la molécule d'ARN messager après maturation correspondent au « savoir-faire » nécessaire à la synthèse d'un polypeptide. Elles vont faire l'objet d'une *traduction,* à laquelle participent également les ARN de transfert (ARNt) et les ARN ribosomaux (ARNr).

On parle de traduction parce que, en effet, il s'agit de passer d'un langage « nucléique » qui est celui des ADN et des ARN, écrit dans un système à base quatre (les 4 variables dans un acide nucléique sont les 4 bases possibles des nucléosides — ATCG ou AUCG), à un langage « protéique » où les instructions sont inscrites dans la séquence des acides aminés* (structure primaire du polypeptide), et qui est donc un langage à base vingt, puisqu'il existe vingt acides aminés susceptibles de participer à la constitution d'un polypeptide.

Il convient de souligner le rôle d'« amplificateur » joué par les ARN : la transcription permet de réaliser de *multiples* copies d'ARNm à partir d'un *unique* gène de structure, et chaque molécule d'ARNm peut elle-même faire l'objet d'un grand nombre de traductions.

1 / ARNm et code génétique

a) *Les ARN messagers*

Les ARN messagers, qui reflètent la diversité des instructions portées par les gènes de structure, forment une famille très hétérogène de molécules, dont la masse moléculaire varie de quelques milliers à trois ou quatre millions de daltons (150 nucléotides à 12 000 nucléotides). Ils représentent environ 1 à 5 % de la masse totale de l'ARN cellulaire. Ce sont des molécules peu stables à durée de vie relativement courte (la demi-vie est de quelques minutes pour les procaryotes et de une à vingt-quatre heures dans les cellules eucaryotes). Dans certains cas (cellules embryonnaires) des ARN messagers peuvent cependant être stabilisés et mis en réserve pour de longues périodes, par une association avec des protéines.

b) *Le code génétique*

La traduction est en fait un décryptage. Le code génétique, qui permet de passer du langage nucléique au langage protéique, est le suivant :

Une séquence de trois nucléotides successifs (triplet) du brin informatif d'un gène de structure correspond à trois nucléotides successifs de l'ARN messager transcrit. Cette séquence de trois nucléotides successifs de l'ARNm, appelée *codon**, correspond à son tour à un acide aminé du polypeptide qui sera synthétisé.

A partir des 4 bases nucléotidiques possibles (AUCG) de l'ARNm on peut constituer 4^3 combinaisons différentes de trois bases, c'est-à-dire 64 types de codons. Cependant, 20 types d'acides aminés différents seulement participent à la réalisation d'un polypeptide.

On pourrait donc penser qu'il y a 44 combinaisons « en trop ». En fait tous les codons possibles sont signifiants. Le code est « dégénéré », ce qui veut dire que sa précision n'est pas absolue. En effet certains acides aminés peuvent correspondre à plusieurs codons :

— la méthionine correspond à un seul codon AUG
— la phénylalanine correspond à 2 codons UUU, UUC
— l'isoleucine correspond à 3 codons AUU, AUC, AUA

D'autres acides aminés correspondent à 4 codons (valine), ou même à 6 codons (leucine). On constate que la spécificité paraît être essentiellement liée aux 2 premières bases du codon.

Au total 61 codons correspondent aux 20 acides aminés. Trois codons (UAA, UAG, UGA) ne correspondent à aucun acide aminé ; ils jouent le rôle de signaux de ponctuation, marquant une « fin de traduction ».

Le code génétique

	Acides aminés	*Codons de l'ARNm*					
1 seul codon	méthionine	AUG					
	tryptophane	UGG					
2 codons	acide aspartique	GAU	GAC				
	acide glutamique	GAA	GAG				
	asparagine	AAU	AAC				
	cystéine	UGU	UGC				
	glutamine	CAA	CAG				
	histidine	CAU	CAC				
	lysine	AAA	AAG				
	phénylalanine	UUU	UUC				
	tyrosine	UAU	UAC				
3 codons	isoleucine	AUU	AUC	AUA			
4 codons	alanine	GCU	GCC	GCA	GCG		
	glycine	GGU	GGC	GGA	GGG		
	proline	CCU	CCC	CCA	CCG		
	thréonine	ACU	ACC	ACA	ACG		
	valine	GUU	GUC	GUA	GUG		
6 codons	arginine	CGU	CGC	CGA	CGG	AGA	AGG
	leucine	CUU	CUG	CUA	CUG	UUA	UUG
	sérine	UCU	UCC	UCA	UCG	AGU	AGC
Initiation (début de chaîne)		AUG					
Terminaison ou ponctuation		UAA	UAG	UGA			

2 | *ARNt et acides aminés*

Les ARNt représentent une famille assez peu diversifiée puisqu'il existe une soixantaine de types d'ARNt différents seulement dans les cellules eucaryotes (30 à 40 types différents chez les procaryotes). Ce sont des polynucléotides de petite taille : 73 à 93 nucléotides, de masse moléculaire 25 000 Da. Ils se caractérisent par un coefficient de sédimentation de 4 S. Dans une cellule eucaryote il y a environ 60 millions de molécules d'ARNt qui représentent 15 % de la masse totale des ARN cellulaires.

Le rôle des ARNt dans la traduction est de transférer un acide aminé donné sur une molécule d'ARN messager, et d'adapter cet acide aminé à un codon de l'ARNm qui lui est spécifique ; en effet les dimensions relatives d'un codon et d'un acide aminé sont très différentes. Si un acide aminé s'associait directement à un codon de l'ARNm, il se trouverait trop éloigné d'un acide aminé fixé sur le codon voisin pour qu'une liaison peptidique puisse s'établir. L'abondance relative des molécules d'ARNt est en partie justifiée par le fait que la concentration en acides aminés libres est assez faible dans la cellule. La liaison entre un ARNt et l'acide aminé qui lui correspond est catalysée par une enzyme de type aminoacyl - ARNt - synthétase*.

a) *L'ARN de transfert*

La molécule d'ARNt est reployée sur elle-même en raison des interactions entre séquences autocomplémentaires, et forme une structure tridimensionnelle.

Conventionnellement, dans une représentation en 2 dimensions, on lui attribue l'aspect d'une « feuille de trèfle » ; elle présente en effet trois boucles qui servent de points de repère.

L'une de ces boucles, située en position intermédiaire sur la molécule, est importante sur le plan fonctionnel. Elle présente un groupe de trois bases successives, auquel on donne le nom d'*anticodon**, qui caractérise chaque ARNt et permet de l'identifier. Cet anticodon est capable de se fixer par appariement des bases complémentaires sur un codon correspondant de l'ARN messager [1].

La liaison entre l'ARNt et l'acide aminé s'effectue sur l'extrémité 3' de la molécule, qui se termine toujours par une séquence C-C-A3'.

Une deuxième boucle serait impliquée dans l'attachement de l'ARNt à un ribosome.

Enfin la molécule d'ARNt présente un site de reconnaissance spécifique vis-à-vis d'une aminoacyl - ARNt - synthétase. Il s'agirait d'une très courte séquence de paires de bases (paracodon*) localisée au niveau d'une région autocomplémentaire formant la « tige » de la molécule.

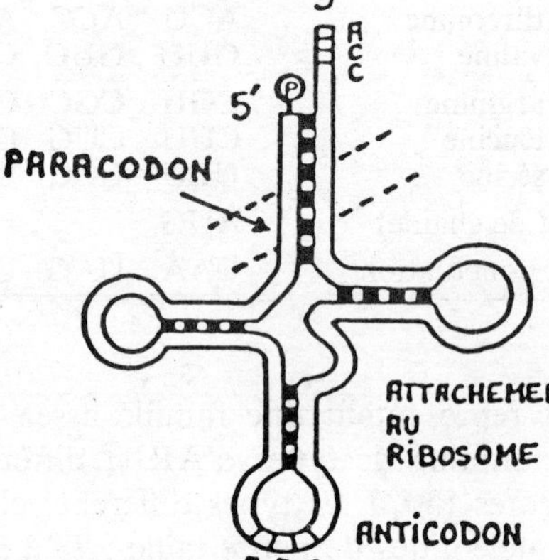

MOLÉCULE D'ARNt

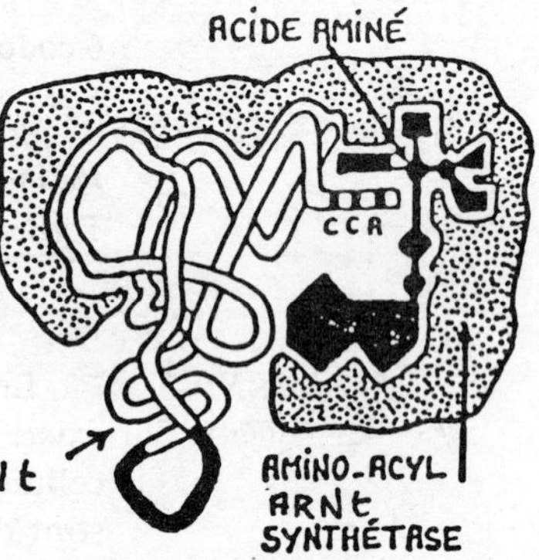

LIAISON ARNt-ACIDE AMINÉ

[1] En raison d'un phénomène appelé « flottement » (wobbling*) des appariements peuvent cependant se produire entre un codon et un anticodon qui ne sont pas rigoureusement complémentaires. La possibilité de flottement porte sur la troisième base du codon. Un même ARNt peut donc s'associer à des codons différents (mais se rapportant toutefois au même acide aminé).

b) *Liaison à l'acide aminé*

Il existe 20 aminoacyl - ARNt - synthétases, chacune d'entre elles correspond à un (et un seul) des 20 types possibles d'acides aminés. Par ailleurs chaque aminoacyl - ARNt - synthétase peut reconnaître un ou plusieurs (6 au maximum) ARN de transfert.

Dans un premier temps l'enzyme se lie à l'acide aminé qui constitue son substrat (en présence d'une molécule d'ATP), le complexe ainsi formé s'associe ensuite à l'un des ARNt susceptibles de le compléter. Une liaison forte est établie entre l'extrémité 3′ — OH libre de l'ARN de transfert et l'acide aminé ; l'aminoacyl-ARNt ainsi formé se libère alors de l'enzyme de couplage et peut participer à la traduction.

On retiendra qu'au total une molécule d'ARNt est identifiée à la fois par la nature de son anticodon et par le type d'acide aminé susceptible de lui être associé. Ainsi, un ARNt dont l'anticodon est ${}_{3'}AAA_{5'}$ (complémentaire d'un codon ${}_{5'}UUU_{3'}$ sur l'ARNm) est spécifique d'un acide aminé qui est la phénylalanine. On le représentera par la formule : $ARNt^{Phe/AAA}$, et l'aminoacyl-ARNt correspondant sera noté : Phénylalanyl-$ARNt^{Phe/AAA}$.

3 / ARNr et ribosomes

Après leur transcription les ARNr, qui représentent 80 % de l'ARN total des cellules eucaryotes, s'associent à des protéines pour former des complexes supramoléculaires ribonucléoprotéiques, les *ribosomes*.

Ceux-ci sont formés par deux sous-unités globulaires de tailles inégales. Chez les procaryotes *(E. coli)*, les ribosomes ont une masse moléculaire de $2,7.10^6$ Da, et un coefficient de sédimentation de 70 S (grande sous-unité 50 S, petite sous-unité 30 S). Chez les eucaryotes (mammifères), la masse moléculaire du ribosome est de $4,5.10^6$ Da, et le coefficient de sédimentation est de 80 S (grande sous-unité 60 S, petite sous-unité 40 S).

Chez les eucaryotes, la grande sous-unité (60 S) renferme des ARNr 5 S, 5,8 S et 28 S, et une cinquantaine de protéines différentes, la petite sous-unité est formée d'ARNr 18 S et d'une trentaine de protéines différentes.

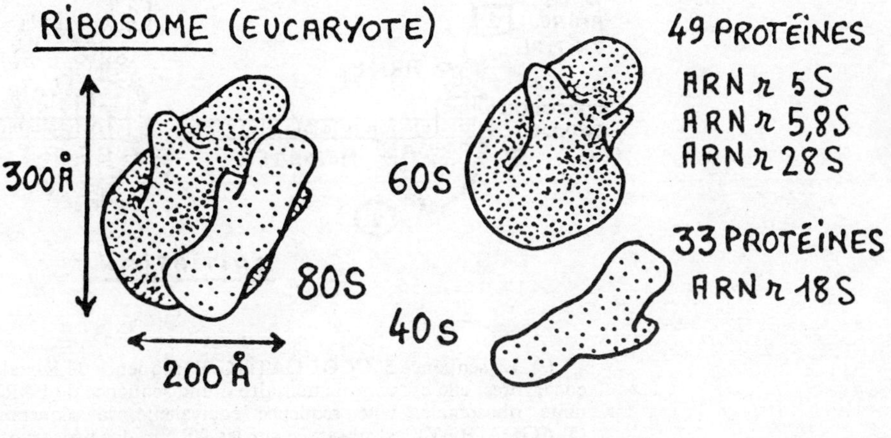

B / Mécanisme de la traduction

Chez les eucaryotes, au moment où débute la traduction, la molécule d'ARNm présente la structure suivante :

Le segment initial situé à l'extrémité 5′ de l'ARNm débute par la coiffe (il s'agit du nucléotide méthylé associé par une liaison 5′ → 5′ au premier nucléotide de l'ARNm). Ce segment initial, qui peut comporter de quelques dizaines à quelques centaines de nucléotides, n'est pas traduit.

La séquence qui fera l'objet de la traduction débute par un codon d'initiation, AUG. Il peut exister plusieurs codons AUG sur le polynucléotide, seul celui qui est le plus proche du segment initial est retenu comme codon d'initiation. Un codon de terminaison, UAA, UAG, ou UGA, marque la fin de la séquence destinée à être traduite.

La molécule d'ARNm se termine par un segment final, non traduit, de 50 à 2 000 nucléotides, comportant la séquence polyadénylique à l'extrémité 3′.

Si on reprend l'exemple de l'ARN messager mature codant pour le polypeptide de l'ovalbumine de poule, le segment initial (5′) (coiffe + leader + une vingtaine de nucléotides du premier exon) n'est pas traduit. La traduction commence au niveau du codon d'initiation AUG, à partir du 65ᵉ nucléotide de l'ARNm. Elle s'arrête au niveau du codon de terminaison UAA, après le 1 223ᵉ nucléotide de l'ARNm (une partie du dernier exon, 649 nucléotides, n'est pas traduite). Au total, si on ne tient pas compte du poly-A, l'ARNm mature dans le cytoplasme comptait 1 872 nucléotides, et la traduction ne concerne que 1 158 nucléotides, permettant l'assemblage de 1 158/3 = 386 acides aminés constituant le polypeptide de l'albumine de poule.

I / Initiation

Un ARNt « initiateur », porteur d'un acide aminé qui est une méthionine, se fixe sur une petite sous-unité ribosomale (40 S). Cette fixation nécessite la présence d'un facteur protéique d'initiation et d'une molécule de GTP à potentiel énergétique élevé, qui est hydrolysée au cours de la réaction.

Le complexe se fixe sur le segment initial de la molécule d'ARNm, en présence de quatre autres facteurs protéiques et d'un ATP. Une séquence consensus (¹), 5′ CCGCCATGG 3′, localisée à une dizaine de base en

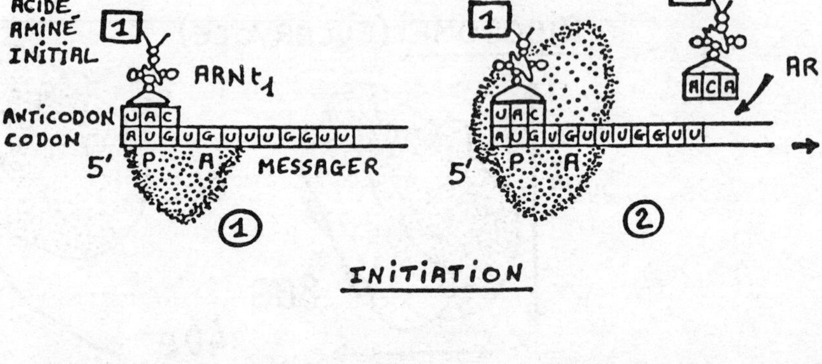

INITIATION

(¹) La séquence 5′ CCGCCATGG 3′ (séquence de Kozak) caractérise l'ARNm des eucaryotes, elle est complémentaire d'une séquence de l'ARNr 18 S de la petite sous-unité ribosomale. Une séquence équivalente, la séquence de Shine et Dalgamo (5′ AGGAGG 3′), est observée sur les ARNm des procaryotes *(E. coli)*.

amont du codon d'initiation AUG, permet l'identification, l'orientation et la fixation de la petite sous-unité ribosomale par rapport au messager, de telle sorte que l'anticodon de l'ARNt n° 1, formé de trois bases successives : UAC, se lie au codon d'initiation AUG de l'ARN messager.

Une grande sous-unité vient alors compléter le ribosome, ce qui nécessite l'intervention de deux autres facteurs protéiques. A ce moment l'ARNt porteur du 1er acide aminé occupe sur le ribosome un site de fixation P (site peptidyl-ARNt). Un deuxième site du ribosome, le site A (site aminoacyl-ARNt ou accepteur), est libre. Les facteurs d'initiation se détachent.

2 / Elongation

Un deuxième ARNt porteur d'un acide aminé n° 2 vient se fixer sur le site accepteur libre (A), en présence d'un facteur protéique d'élongation et d'une molécule de GTP.

Sous l'action d'une enzyme, la peptidyl-transférase*, centre enzymatique situé au niveau de la grande sous-unité du ribosome, la liaison ester entre le premier acide aminé et son ARNt porteur est rompue, et une liaison peptidique est établie entre le groupement COOH libéré du premier acide aminé (méthionine) et le groupement NH_2 de l'amino-acyl-ARNt voisin occupant le site A. Le premier ARNt quitte le complexe ([1]).

Le ribosome va désormais se déplacer le long du messager en se déformant, et l'explorer dans la direction 5′ vers 3′.

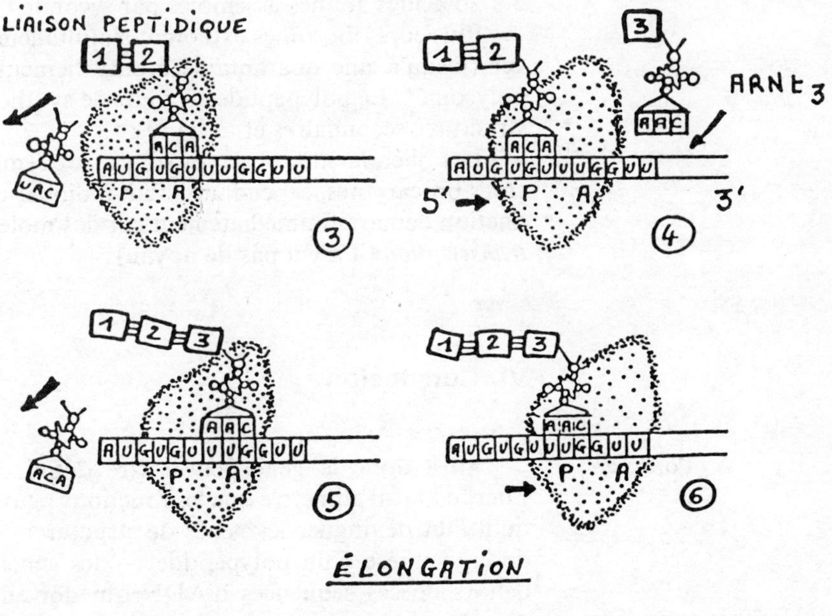

Le ribosome avance de trois nucléotides, ce qui porte l'ARNt n° 2, désormais porteur de la chaîne polypeptidique en formation, au niveau du site P, et libère le site A. Ce déplacement consomme de l'énergie fournie par une molécule de GTP.

Un troisième aminoacyl-ARNt, possédant l'anticodon correspon-

([1]) L'élongation d'un polypeptide s'oriente depuis une extrémité amine NH_2 vers une extrémité carboxyl COOH.

dant au codon défini par le site A, vient se fixer au ribosome, l'ARNt n° 2 est libéré du site P et une liaison peptidique est établie entre les acides aminés n°s 2 et 3. Le ribosome avance alors de trois bases et l'assemblage des acides aminés se poursuit sur le même mode jusqu'à ce que le ribosome rencontre un codon de terminaison UAA, UAG ou UGA.

Il n'existe pas d'ARNt susceptibles de s'associer avec ces codons ; la traduction est donc interrompue à ce niveau.

3 / Terminaison

C'est alors que des facteurs protéiques de terminaison interviennent ; ils bloquent le site A et provoquent la rupture de la liaison entre la chaîne polypeptidique et le dernier ARNt.

Le ribosome se détache de l'ARNm, ses deux sous-unités se séparent, et le polypeptide néosynthétisé est libéré.

Le processus de traduction coûte cher en énergie, ce qui se justifie en partie par le fait que la concentration en acides aminés libres est très faible dans la cellule. Il faut 4 liaisons phosphate à potentiel énergétique élevé pour chaque acide aminé fixé : 2 liaisons (ATP et pyrophosphate) pour fixer l'acide aminé à l'ARNt, 1 liaison (GTP) pour lier l'aminoacyl-ARNt au ribosome, 1 liaison (GTP) pour déplacer le ribosome. Chez la bactérie *E. coli* 90 % du potentiel énergétique est utilisé pour la synthèse des protéines.

Dans des conditions optimales la traduction s'effectue au rythme de 5 à 20 acides aminés assemblés par seconde.

Plusieurs ribosomes explorent simultanément un même ARN messager (jusqu'à une quarantaine éventuellement), l'ensemble constitue un polysome*. Le polypeptide en cours de synthèse édifie simultanément ses structures secondaires et tertiaires.

Les phénomènes observés sont assez semblables chez les eucaryotes et les procaryotes, cependant il faut indiquer que chez ces derniers la traduction démarre immédiatement sur des molécules d'ARNm *en cours de transcription* (il n'y a pas de noyau).

VI. Conclusion

A / Fonction

Ainsi donc le gène peut-il être défini comme unité de fonction. Encore faut-il admettre que les fonctions peuvent être fort diversifiées, et qu'il faut distinguer les gènes de structure — directement responsables de la synthèse d'un polypeptide — des gènes à ARNt ou à ARNr. En dehors de ces séquences d'ADN qui doivent être *transcrites,* il existe d'autres séquences utiles qui ont la propriété de *reconnaître spécifiquement un facteur protéique donné* agissant comme facteur de régulation dans le fonctionnement du matériel génétique.

Enfin, chez les eucaryotes tout au moins, le gène ne peut plus apparaître exclusivement comme une entité rigoureusement continue, bien définie spatialement : il existe des gènes morcelés.

B / Mutation

Si l'on tient compte des données de la génétique moléculaire le « gène », correspondant à une fraction d'une molécule d'ADN, ne peut plus être considéré comme « unité de mutation ». Celle-ci, en effet, ne saurait être que le plus petit fragment de la séquence polynucléotidique formant le gène, susceptible d'être modifié. L'unité de mutation correspond par conséquent à *une paire de nucléotides.*

C / Recombinaison

De même la plus petite partie du génome qui puisse être échangée contre une autre n'est pas un gène. L'unité de recombinaison correspond à une paire de nucléotides ; deux paires de nucléotides adjacentes peuvent être séparées par recombinaison.

TEMPS FORT

La transcriptase inverse [1]

On nomme ainsi une enzyme particulière qui se comporte comme une ADN polymérase-ARN dépendante. Cette polymérase identifiée en 1970 par Baltimore et Temin est spécifique de certains rétrovirus* à ARN. Elle catalyse la synthèse d'une molécule d'ADN complémentaire* (ADNc), à partir d'une matrice d'ARN. *Au laboratoire* elle permet de reproduire, par exemple, des gènes à partir d'un ARNm connu :

a / Un ARN messager vecteur d'une séquence poly-A à son extrémité 3′ est incubé dans un milieu réactionnel, permettant d'associer à la séquence polyadénylique, une séquence complémentaire poly-dT, qui servira d'amorce à la transcriptase inverse*.

b / En présence des quatre types de désoxyribonucléosides triphosphates, l'enzyme gouverne la synthèse d'un brin d'ADN complémentaire de la matrice d'ARNm, en formant à son extrémité 3′ un court segment autocomplémentaire reployé en crochet.

c / L'ARNm initial est alors détruit par une RNase* de type H.

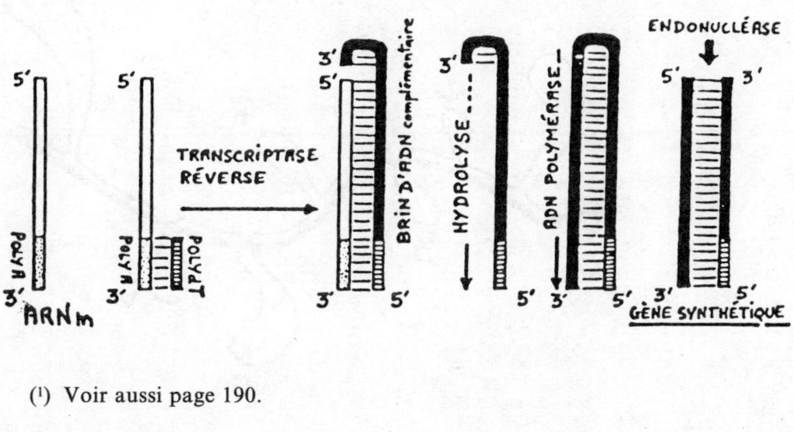

[1] Voir aussi page 190.

d / L'extrémité 3′ du crochet sert d'amorce pour une ADN polymérase-ADN dépendante d'origine bactérienne (ADN polymérase de type I), qui édifie un deuxième brin d'ADN à partir du premier brin récemment synthétisé servant de matrice.

e / Des endonucléases (enzymes capables de rompre les liaisons esterphosphoriques *au milieu* d'une chaîne) ouvrent la région bouclée et la détruisent. On dispose alors d'une molécule d'ADN complémentaire bicaténaire, correspondant au gène recherché.

EXERCICES

1 / Quelle peut être l'activité d'une enzyme : ADN polymérase-ARN dépendante ?

• Une telle enzyme permet l'édification d'un brin d'ADN à partir d'une matrice constituée par une molécule d'ARN. Cet ADN est appelé ADN complémentaire (ADNc). Il faut noter que, si tous les éléments nécessaires sont présents dans le milieu, le brin d'ADN ainsi formé servira à son tour de matrice pour la formation à son contact d'un second polydésoxyribonucléotide, complémentaire et antiparallèle, reconstituant ainsi une molécule bicaténaire d'ADN.

2 / On isole une fraction « transcrits primaires - ARNm » correspondant au gène de structure qui gouverne la synthèse de l'ovalbumine (protéine produite par les cellules de l'oviducte de la Poule). A partir de ces transcrits on obtient un ADN complémentaire monocaténaire. L'ADNc est alors associé par hybridation moléculaire avec un ARN messager correspondant à la molécule effectivement traduite en ovalbumine. On observe l'image ci-dessous de l'hybride, obtenue en microscopie électronique ; commentez cette figure.

• L'ADNc que l'on obtient correspond à la séquence polynucléotidique du brin informatif du gène de structure codant pour la synthèse de l'ovalbumine. On constate que la molécule d'ADNc est plus longue que la molécule d'ARNm à laquelle elle est associée. Ceci résulte du fait que l'ADNc a été formé sur une matrice de pré-ARN, qui n'avait pas encore subi l'excision des introns. Les boucles (1 à 7) formées par l'ADNc sont des régions du polynucléotide qui n'ont pas trouvé leur complément sur l'ARNm final. Ces

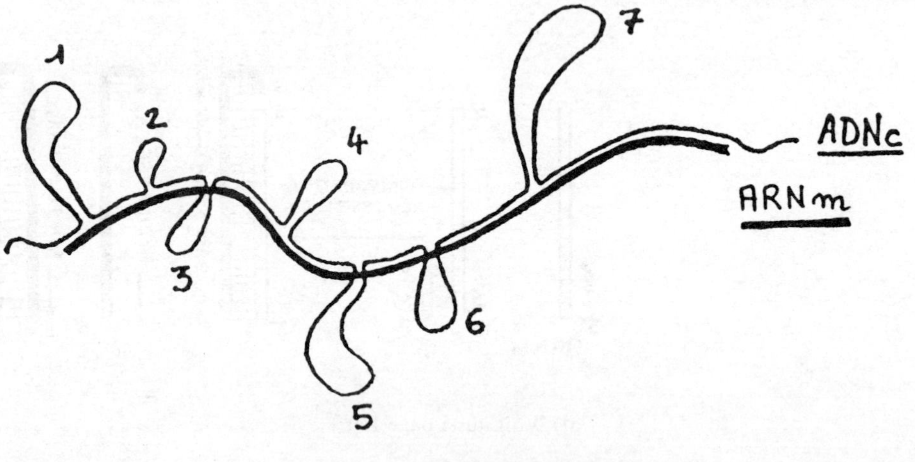

boucles correspondent donc à des introns ; le gène de l'ovalbumine est un gène morcelé qui ne comporte pas moins de 7 introns.

3 / Pour quelle raison évidente la polyadénylation d'un ARN prémessager ne peut-elle s'effectuer qu'après la transcription, alors que l'adjonction de la coiffe » peut se faire en cours de transcription ?

• La « coiffe » se fixe à l'extrémité 5′ libre du transcrit, première à être synthétisée. La « queue » poly-A est accrochée à l'extrémité 3′ — correspondant à la fin de la synthèse. La polyadénylation ne peut donc s'opérer qu'en fin de transcription, quand l'ARN polymérase et la molécule néo-synthétisée se détachent du brin d'ADN matrice. Dans certains cas une endonucléase détache un fragment terminal 3′ du transcrit, et c'est ce fragment terminal excisé qui est remplacé par la séquence poly-A.

4 / Lors de la transcription d'un gène de structure dans une cellule eucaryote, il peut arriver que la « boîte » AAUAAA de l'ARNm néo-transcrit ne soit pas reconnue par l'enzyme qui lui correspond. Quelle est cette enzyme ? Que peut devenir l'ARNm synthétisé à la suite de cette « erreur » ? Lors de la traduction, la protéine codée par cet ARNm sera-t-elle différente de celle qui aurait dû normalement être synthétisée ?

• La boîte AAUAAA de l'ARNm néo-transcrit, située dans la séquence de terminaison en 3′ du précurseur primaire, correspond à un site de reconnaissance pour une endonucléase. Lors de la maturation normale du transcrit l'endonucléase se fixe à ce niveau et excise la séquence 3′ terminale située 10 à 20 nucléotides en arrière de la boîte AAUAAA. Une autre enzyme (poly-A - polymérase) intervient alors pour fixer une séquence polyadénylique à la molécule. Cette « queue » poly-A joue un rôle dans la stabilisation de l'ARNm mature.

Si la boîte AAUAAA n'est pas reconnue, la maturation est incomplète, et la polyadénylation ne se produit pas (ou se produit de façon atypique), conduisant à des modifications de la stabilité de l'ARMm mature dans le cytoplasme.

En revanche, la nature du polypeptide résultant éventuellement de la traduction de cet ARNm atypique ne sera pas modifiée, la boîte AAUAAA étant située en aval de la région codante.

5 / Un pseudogène mis en évidence dans un génome eucaryote est comparé au gène fonctionnel dont il dérive. On constate que le pseudogène est beaucoup plus court et qu'il est en particulier totalement dépourvu des séquences introniques présentes sur le gène fonctionnel. Ce pseudogène se caractérise par une longue séquence de paires de bases A/T à son extrémité aval. Compte tenu de ces observations, pouvez-vous proposer un mécanisme permettant d'expliquer la formation de ce pseudogène et son intégration dans le génome ? Pourquoi le pseudogène n'est-il pas exprimé ?

• La structure du pseudogène évoque celle d'un ARNm mature après excision des introns et adjonction d'une séquence polyadénylique terminale. On envisage le scénario suivant : une transcriptase réverse présente dans le noyau recopie un ARNm en fin de maturation, avant son transfert dans le cytoplasme, et donne naissance à un fragment d'ADN. Celui-ci est alors inséré en un point quelconque du génome, au hasard des cassures et des réparations de celui-ci, suivant un mécanisme comparable à un crossing-over.

La non-expression du pseudogène peut être expliquée par des modifications structurales plus ou moins importantes dans les séquences codantes qui ont été conservées, mais surtout par le fait qu'il n'est pas associé à un promoteur.

*6 / Le Tétrodon** (Fugu rubripes*) *est un poisson dont le génome a une longueur approximative de 400 Mb, formé à 90 % par des séquences uniques. On n'observe pas de pseudogènes dans ce génome ; enfin les introns sont le plus souvent de taille réduite (en moyenne 80 pb).*

Quelles différences majeures notez-vous entre le génome du Tétrodon et celui de l'Homme ?

Pourquoi le génome du Tétrodon est-il plus facile à analyser que le génome humain ?

• Le génome de l'Homme est 7,5 fois plus long et comporte de très nombreuses séquences répétées. Les gènes humains (qui sont le plus souvent des séquences uniques) sont noyés dans une masse considérable de séquences non codantes. Enfin, dans l'espèce humaine, les pseudogènes sont fréquents et les introns souvent très longs.

Les caractéristiques du génome humain rendent son analyse particulièrement délicate. En revanche, le génome du Tétrodon est plus compact et pauvre en ADN « parasite », donc riche en séquences codantes. Le dénombrement des gènes et leur caractérisation s'en trouvent facilités.

4

RÉGULATION DU FONCTIONNEMENT DU MATÉRIEL GÉNÉTIQUE

SOMMAIRE

I. La régulation du fonctionnement du matériel génétique chez les procaryotes

Chez les procaryotes le matériel génétique correspond à un unique chromosome circulaire, comportant un nombre relativement limité de gènes qui sont directement transcrits au contact du cytoplasme. Le cycle cellulaire peut être très court (une vingtaine de minutes) ([1]) et aucun phénomène de différenciation cellulaire ne se manifeste. Cependant l'activité des gènes est réglée, coordonnée en fonction des besoins successifs de la cellule, de façon à répondre aussi souplement que possible aux conditions auxquelles elle se trouve confrontée. Cette coordination implique l'intervention de phénomènes de régulation*. Les travaux de Jacob et Monod (1961), puis ceux de Gilbert et Miller-Hill (1966) ont montré qu'il existe chez les bactéries des systèmes génétiques de contrôle agissant non sur la nature des substances élaborées, mais sur le taux de leur production.

En fait, on distingue des gènes *constitutifs** et des gènes *à régulation**. Les gènes constitutifs sont transcrits de façon permanente, le produit de leur activité (généralement une enzyme) est toujours présent dans la cellule à un taux maintenu constant. L'activité des gènes à régulation est en revanche modulée en fonction des variations qui se manifestent dans l'environnement cytoplasmique.

Les phénomènes de régulation peuvent intervenir à différents niveaux ; l'essentiel de nos connaissances actuelles porte sur les mécanismes de régulation qui interviennent lors de la transcription.

Celle-ci est précédée par la *fixation* de l'ARN polymérase sur le promoteur, au niveau d'une région cible (boîte TGTTGACA) située 35 pb en amont du gène proprement dit. Lorsqu'elle est ainsi fixée sur le chromosome, la transcriptase recouvre la boîte Pribnow (séquence TATAAT) située en — 10, au niveau de laquelle elle provoque l'écartement des deux brins de la molécule d'ADN. Toujours sans se déplacer, l'ARN polymérase initie alors la transcription du gène sur une dizaine de nucléotides ; c'est ensuite seulement que peut débuter sa progression sur le chromosome. La mise en mouvement de la transcriptase est contrôlée par l'opérateur, une séquence charnière située entre le promoteur et le gène (de — 5 à + 20 pb) ; si l'opérateur bloque le démarrage de la transcriptase, celle-ci se détache du promoteur et la transcription est abortive.

Nous analyserons deux types majeurs de régulations mettant en jeu le fonctionnement de l'opérateur :

— *la répression,* qui concerne surtout des gènes responsables de la synthèse de systèmes enzymatiques intervenant dans les métabolismes de synthèse ;
— *l'induction,* qui se rapporte le plus souvent à des gènes intervenant dans des métabolismes de dégradation.

([1]) Ainsi, au bout de quinze heures (30 générations), une bactérie produit un clone comportant environ 10^{10} bactéries.

A / Le contrôle de l'anabolisme (répression)

On appelle anabolisme* le métabolisme de synthèse conduisant à l'élaboration à travers une chaîne de biosynthèse d'une substance nécessaire à la cellule. Si pour une raison quelconque cette substance n'est plus utilisée, ou si elle est fournie directement à la cellule, l'économie cellulaire impose que sa synthèse soit interrompue momentanément.

1 / *Répression de la synthèse du tryptophane*

Etudions les mécanismes impliqués dans la répression de la synthèse d'un acide aminé : le trytophane*.

a) *Synthèse du tryptophane*

La synthèse du tryptophane à partir d'une substance A appelée précurseur* (l'acide chorismique) s'effectue en cinq étapes successives contrôlées chacune par une enzyme. L'enzyme E_1 catalyse la transformation du précurseur A en une substance B, l'enzyme E_2 transforme B en C, l'enzyme E_3 transforme C en D, l'enzyme E_4 transforme D en E, et finalement l'enzyme E_5 transforme E en F, le produit final*, qui est ici le tryptophane.

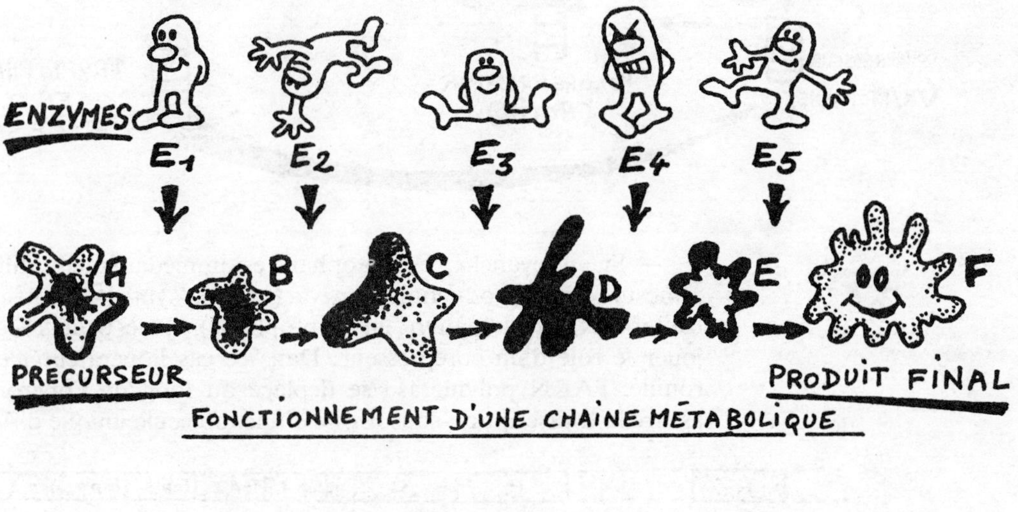

b) *Le système génétique de contrôle*

La synthèse des cinq enzymes E_1, E_2, E_3, E_4, E_5 est gouvernée par cinq gènes de structure *adjacents sur le chromosome et qui se succèdent dans l'ordre même où agissent les enzymes* : Trp_1, Trp_2, Trp_3, Trp_4, Trp_5.

En amont de ce groupe de gènes de structure se trouvent deux séquences polynucléotidiques, le promoteur et l'opérateur, qui contrôlent leur fonctionnement. L'ensemble constitué par les gènes de structure, le promoteur et l'opérateur, a reçu le nom d'opéron.

Sur un autre locus du chromosome, qui n'est pas situé à proximité immédiate de l'opéron, se trouve un autre gène de contrôle : le régulateur, qui est un gène de structure.

c) *Fonctionnement du système*

Le gène régulateur est un gène constitutif qui dirige en permanence (mais à très faible taux, quelques molécules par cellule) la production d'une protéine appelée répresseur*, mais qui sous cette forme native est *inactive* (aporépresseur*).

— Si le tryptophane en excès s'accumule dans le cytoplasme il se comporte comme un corépresseur* et se combine avec l'aporépresseur ; l'ensemble forme un holorépresseur* *actif,* qui se fixe sur l'opérateur. L'holorépresseur bloque ainsi la transcription des gènes de structure en empêchant la progression le long de l'opéron de l'enzyme ARN polymérase dont le site de fixation se situe au niveau du promoteur, en amont de l'opérateur. Les enzymes E_1, E_2, E_3, E_4, E_5 ne sont plus synthétisées, la production de tryptophane est interrompue.

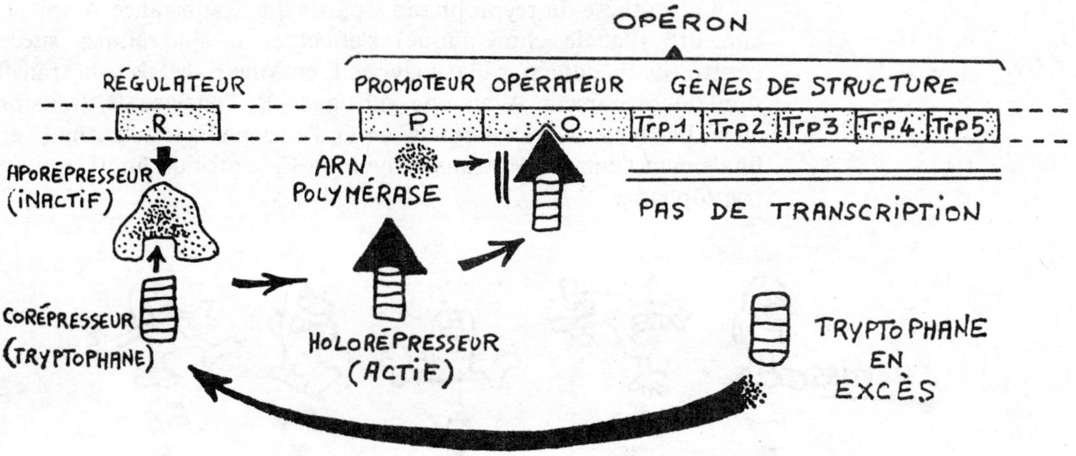

— Si, en revanche, le tryptophane est immédiatement utilisé au fur et à mesure de sa production (forte activité de synthèse protéique dans la bactérie et milieu pauvre en tryptophane), il ne peut s'accumuler, ni jouer le rôle d'un corépresseur. Dans ce cas l'opérateur n'est pas verrouillé, l'ARN polymérase se déplace au long de l'opéron dont elle assure la transcription sous forme d'une molécule unique d'ARN messa-

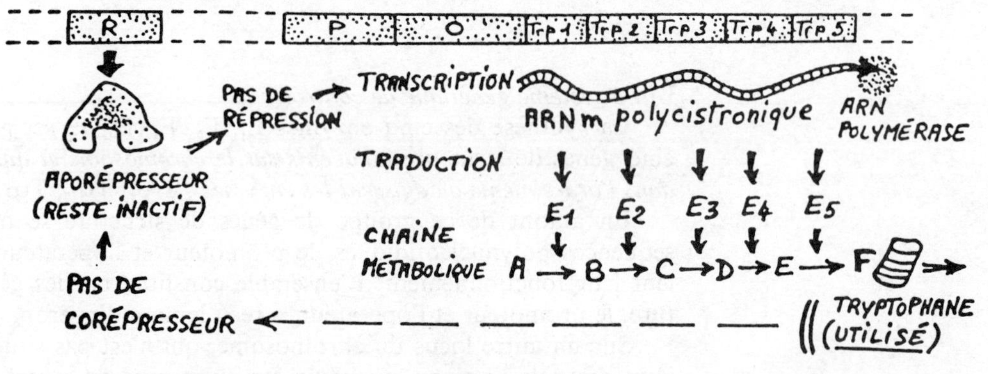

ger polycistronique*. Cet ARNm est traduit sous forme de cinq enzymes bien distinctes : E_1, E_2, E_3, E_4, E_5, qui permettent la poursuite des synthèses de tryptophane.

Comme on le voit ce système est économique pour la cellule, il permet d'adapter très précisément sur le plan quantitatif la production aux besoins. Toutefois des mécanismes complémentaires de régulation peuvent intervenir, aussi bien au niveau transcriptionnel ([1]) qu'au niveau post-transcriptionnel.

*2 | Régulation par rétro-inhibition**

Le phénomène de rétro-inhibition ou feed-back* a pour effet d'interrompre de façon *pratiquement immédiate* le processus de synthèse du produit, final, dès lors que celui-ci s'accumule en excès dans le cytoplasme.

a) *L'allostérie*

De nombreuses protéines enzymatiques fonctionnant au début d'une chaîne de biosynthèse (E_1) possèdent deux sites spécifiques de liaison. L'un permet la liaison au substrat sur lequel l'enzyme est active (ici le précurseur A), l'autre est spécifique du produit final de la chaîne (F). Les deux sites sont spatialement et fonctionnellement définis et distincts. Si le produit final s'attache à l'enzyme il en *modifie les propriétés,* l'enzyme devient incapable de catalyser la réaction $A \rightarrow B$; ce phénomène est connu sous le nom d'allostérie* ou de transition allostérique.

b) *Mécanisme du feed-back*

Le processus mis en œuvre est rapide et simple. Le produit final F en excès entre en compétition avec le précurseur A; il vient se fixer directement sur la première enzyme de la chaîne, E_1, qui est allostérique, et inhibe son action sur A. Cela suffit à bloquer toute la chaîne de réactions et la production du produit final F est alors interrompue. Lorsque la concentration du produit final F, qui décroît dans le cytoplasme, atteint un seuil critique, l'enzyme E_1 redevient active vis-à-vis du précurseur A.

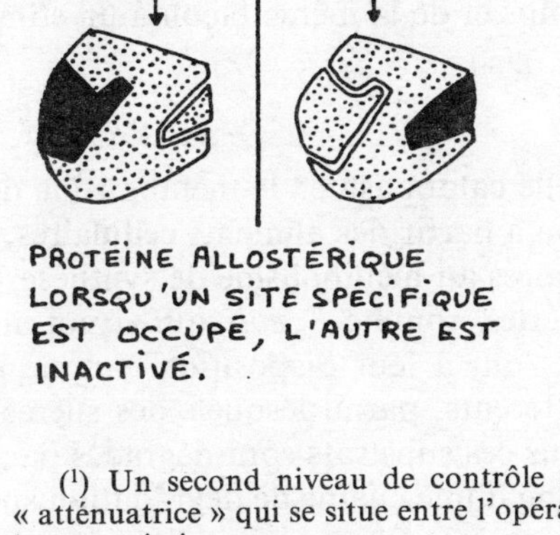

PROTÉINE ALLOSTÉRIQUE
LORSQU'UN SITE SPÉCIFIQUE EST OCCUPÉ, L'AUTRE EST INACTIVÉ.

([1]) Un second niveau de contrôle transcriptionnel est réalisé par une séquence « atténuatrice » qui se situe entre l'opérateur et le gène Trp_1 et peut également stopper la transcription en cours.

Par rapport à la régulation au niveau génétique, qui constitue un moyen « lourd » utilisé lors de changements importants dans l'activité — ou dans l'environnement — de la bactérie, la rétro-inhibition représente un moyen « léger », plus souple, susceptible d'intervenir rapidement et à tout moment.

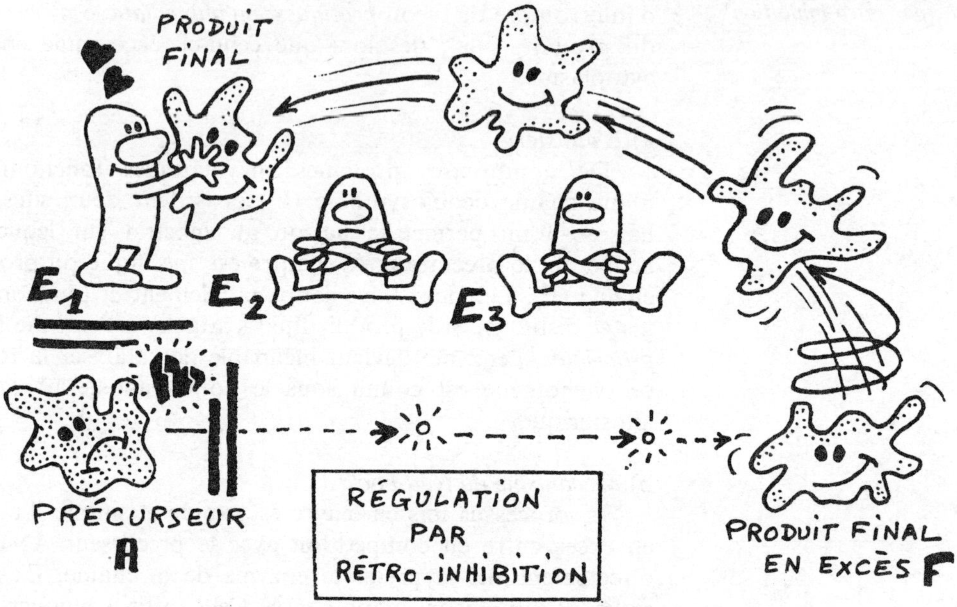

c) *Conclusion*

L'exemple que nous avons choisi (régulation de la synthèse d'un acide aminé) paraît pouvoir s'appliquer sans modifications fondamentales à de nombreuses activités anaboliques. Il doit être bien compris cependant que toutes les chaînes de biosynthèse ne sont pas nécessairement gouvernées par des systèmes génétiques assemblés en opérons (au sens le plus rigoureux du terme). Dans certains cas (« opéron » arginine*) les différents gènes intervenant dans un même système sont dispersés sur le chromosome, où ils forment plusieurs groupes distincts. Il faut alors admettre que chaque groupe doit posséder son propre promoteur et son propre opérateur et que les différents opérateurs du système sont *similaires* sinon identiques, c'est-à-dire qu'ils doivent pouvoir réagir en même temps et de la même façon à un stimulus de même nature.

B / Le contrôle du catabolisme (induction)

On appelle catabolisme* le métabolisme de dégradation, qui permet la production à partir des aliments cellulaires, de l'énergie et des précurseurs nécessaires au métabolisme de synthèse.

Les bactéries, comme *E. coli,* qui vivent normalement dans l'intestin de l'Homme, ont à leur disposition comme aliments une douzaine de substrats différents, parmi lesquels des sucres comme le glucose* ou le lactose*. Tous ces substrats sont dégradés par des enzymes, en plusieurs étapes, au long d'une chaîne de dégradation spécifique à chacun d'eux. Il serait aberrant pour l'économie cellulaire que tous les types de chaînes de dégradation fonctionnent en permanence. Les processus de dégradation font eux aussi l'objet d'une régulation. Le mécanisme mis en œuvre est analogue à celui qui intervient dans le contrôle des activités anaboliques, mais ici c'est la présence du substrat qui active la synthèse des enzymes de la chaîne de dégradation. Par ailleurs parmi plusieurs substrats disponibles la bactérie peut utiliser en priorité celui qui est le plus économique.

1 / Cas particulier du glucose

Le glucose constitue pour la bactérie le substrat le plus économique et généralement le plus abondant. Pour cette raison la chaîne enzymatique correspondant à la dégradation du glucose est *toujours fonctionnelle,* la synthèse des quelque dix enzymes qui y travaillent n'est *jamais inhibée.* Ces enzymes sont dites enzymes constitutives*, elles appartiennent à l'équipement fonctionnel de la bactérie.

Lorsque le glucose est fourni à la bactérie en quantité suffisante, les chaînes de dégradation correspondant aux autres substrats *ne fonctionnent pas.* La synthèse des enzymes participant à ces chaînes de dégradation est inhibée, l'activité des gènes de structure gouvernant la production de ces enzymes est réprimée.

2 / Induction de la synthèse des enzymes de la chaîne d'hydrolyse du lactose

Chez *E. coli* la chaîne enzymatique impliquée dans la dégradation du lactose comporte trois enzymes : β-galactosidase*, protéine M (β-galactoside perméase)* et β-galactoside transacétylase*. En fait, seule la β-galactosidase joue effectivement un rôle dans la dégradation ; la protéine M favorise la pénétration dans la cellule du lactose ou de ses analogues, et la β-galactoside transacétylase transfère le groupe acétyl de l'acétyl-CoA aux β-galactosides (1). La synthèse de ces enzymes est contrôlée par un opéron (promoteur - opérateur - trois gènes de structure) occupant environ 6 000 paires de bases sur le chromosome bactérien, et dépend d'un gène régulateur qui code pour la synthèse d'un répresseur. Le répresseur est une protéine (tétramère) de 150 000 Da, qui est normalement fixée à l'opérateur lorsque le milieu est riche en glucose et pauvre en lactose.

Lorsque le glucose fait défaut dans le milieu et que du lactose est par contre disponible, une molécule à laquelle on donne le nom d'inducteur* se lie au répresseur et le rend inactif en diminuant son affinité pour l'opérateur. La transcription des gènes de structure de l'opéron lactose peut alors s'effectuer normalement ; le lactose pénètre rapidement dans la cellule (perméase*) où il est hydrolysé (en glucose et en galactose). L'ensemble du phénomène devient tout à fait clair et prend tout son sens lorsqu'il apparaît que l'inducteur n'est autre que le lactose lui-même (2).

(1) Le rôle de la β-galactoside transacétylase est encore mal compris. Lorsque la bactérie croît en présence d'un analogue non métabolisable des β-galactosides, la réaction d'acétylation pourrait permettre la détoxyfication et l'excrétion du produit.

(2) En fait l'inducteur actif est l'allolactose*, formé à partir du lactose sous l'action des rares molécules de β-galactosidase présentes dans le cytoplasme avant l'induction. Par ailleurs, certains analogues chimiques du lactose peuvent servir d'inducteurs alors qu'ils ne constituent pas un substrat utilisable pour la cellule. L'ensemble du phénomène est alors faussé, la cellule produisant des enzymes qui lui sont inutiles.

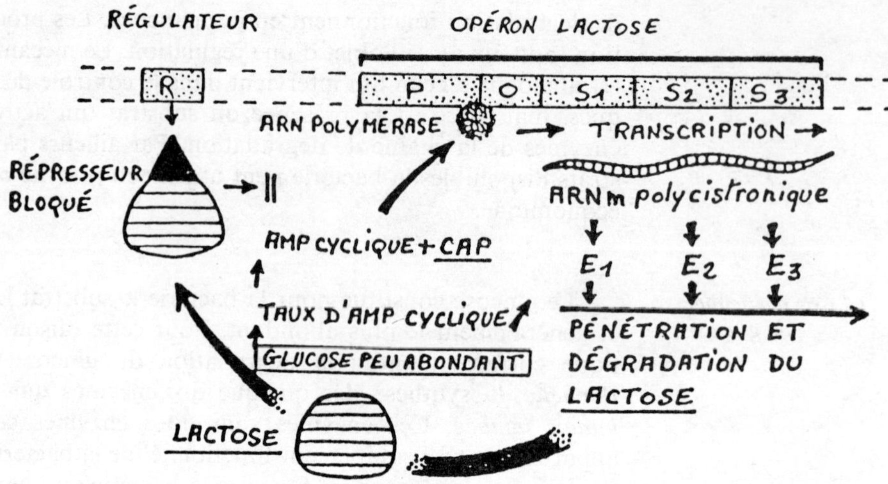

Par ailleurs lorsque le glucose est peu abondant dans le milieu, il y a production accélérée (× 20) dans la cellule d'une molécule appelée adénosine monophosphate cyclique*, ou AMP cyclique*, qui est une forme particulière d'un nucléotide phosphate. L'AMP cyclique se combine à une protéine activatrice qui assure le contrôle positif de tous les opérons sensibles au glucose : la protéine CAP* *(catabolite gene activator protein)*. C'est un dimère de masse moléculaire 44 000 Da qui n'est actif que s'il est lié à l'AMP cyclique. Le CAP ainsi activé se fixe sur le promoteur et *stimule la transcription de l'opéron lactose*.

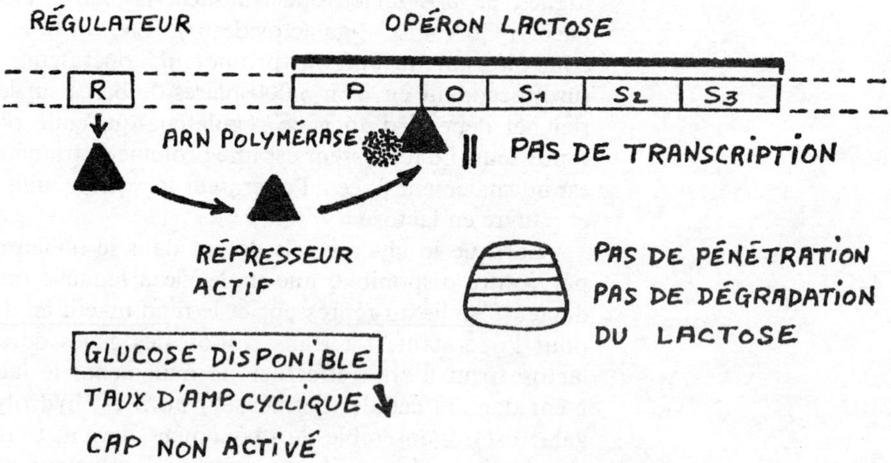

Si le glucose redevient abondant dans le milieu, le taux de l'AMP cyclique décroît dans la cellule, le CAP n'est plus activé et la transcription de l'opéron lactose est fortement réduite.

Deux conditions doivent donc être réunies pour qu'il y ait induction de la synthèse des enzymes de la chaîne de dégradation du lactose :

— la substance qui doit être dégradée, c'est-à-dire le lactose, doit être présente ;

— il ne doit pas y avoir de glucose disponible en quantité suffisante dans le milieu.

Au total, le phénomène permet à la cellule de ne pas gaspiller inutilement son énergie pour métaboliser du lactose si un nutriment plus économique, le glucose, est disponible.

D'une certaine façon l'induction apparaît comme le phénomène inverse de la répression. Dans un cas un inducteur provoque la synthèse des enzymes, dans l'autre un répresseur provoque l'arrêt de la synthèse des enzymes. Cependant, et bien qu'il travaille selon les cas dans deux directions opposées, il est remarquable que ce soit le même mécanisme de régulation qui soit mis en œuvre à chaque fois.

C / L'atténuation

Lorsque la bactérie est carencée en certains acides aminés, les synthèses protéiques (traductions) correspondantes sont ralenties ou interrompues. On constate alors que les phénomènes de transcription concernés sont eux-mêmes ralentis ou interrompus. Il existe donc un contrôle de la transcription par l'activité de traduction.

Ce contrôle s'explique par la présence de séquences dites d'« atténuation »* au niveau des gènes de structure, dont l'organisation est très proche des séquences de terminaison. Il s'agit de sites où les transcriptases marquent une pause dans leur progression.

Chez les procaryotes, cellules dépourvues de noyau, les molécules d'ARN messagers font l'objet d'une traduction immédiate, alors même que leur transcription est encore en cours. Lorsque la traduction est active, les ribosomes qui se fixent à l'ARNm naissant au fur et à mesure de sa transcription peuvent aider par leur présence les molécules d'ARN polymérase à franchir plus rapidement les séquences d'atténuation. Lorsque la traduction est ralentie, les transcriptases stationnent longuement sur les sites de pause et finissent par se décrocher du chromosome, ce qui interrompt prématurément la transcription.

D / Régulation de la traduction

Des phénomènes de régulation interviennent aussi au niveau des activités de traduction. Ainsi, dans le cas de l'opéron lactose, on constate que les trois enzymes : E_1 (β-galactosidase), E_2 (β-galactoside perméase) et E_3 (β-galactoside transacétylase) ne sont pas synthétisées dans les mêmes proportions. En proportions relatives on a : $E_1 = 10$, $E_2 = 5$, $E_3 = 2$. Ceci implique que la molécule d'ARNm polycistronique n'est pas traduite *intégralement* par *tous* les ribosomes. La moitié des ribosomes doit se détacher de l'ARNm à la fin de la séquence correspondant au gène S_1, et la moitié des ribosomes qui poursuivent la traduction doit encore se détacher à la fin de la séquence correspondant au gène S_2. On ignore encore le mécanisme précis de ce mode de régulation qui pourrait faire intervenir des petites molécules d'ARN susceptibles de se lier à l'ARNm polycistronique et de bloquer la progression des ribosomes.

II. La régulation du fonctionnement du matériel génétique chez les eucaryotes

A / Différences majeures entre procaryotes et eucaryotes

Les conditions du fonctionnement du matériel génétique sont sensiblement différentes chez les cellules procaryotes et chez les eucaryotes.

1 / *Environnement*

Les bactéries sont des cellules indépendantes, directement exposées aux variations éventuelles de leur environnement.

En revanche, les cellules des eucaryotes appartiennent le plus souvent à une communauté cellulaire qui, dans son ensemble, crée pour chaque élément de la communauté les conditions d'un environnement aussi constant que possible, mais où se manifeste la nécessité d'une spécialisation des cellules (différenciation), liée à l'existence d'échanges intercellulaires actifs.

2 / *Structures*

Chez la bactérie, il existe un chromosome circulaire unique, en contact direct avec le cytoplasme, et constitué par une molécule d'ADN pratiquement « nue ».

La cellule eucaryote possède un nombre élevé de chromosomes linéaires, distincts, chacun d'eux pouvant exister en double exemplaire (diploïdie). Ces chromosomes sont enfermés dans un compartiment particulier, le noyau, et séparés du cytoplasme par une enveloppe nucléaire.

a) *Nucléosomes*

Dans le noyau des cellules eucaryotes, les molécules d'ADN sont associées à des protéines, en particulier à des protéines basiques : les histones. L'association entre l'ADN et les histones est très étroite, elle aboutit à la constitution d'une organisation moléculaire en nucléosomes.

Les nucléosomes sont formés par un ensemble (octamère) de 8 molécules d'histones (2 H_2A, 2 H_2B, 2 H_3, 2 H_4) associé à un segment de molécule d'ADN de 166 paires de bases. L'ADN est enroulé en super-

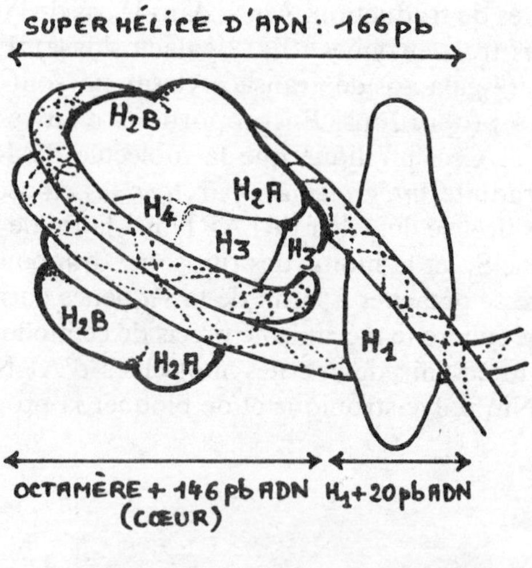

hélice, formant deux tours de spire au niveau des histones. Le diamètre extérieur de la superhélice est voisin de 100 Å.

L'ensemble constitué par l'octamère d'histones et 146 paires de bases de l'ADN qui lui est associé représente le cœur nucléosomique. Une molécule d'histone de type H_1 est attachée au cœur nucléosomique, en deux sites voisins qui correspondent à l'entrée et à la sortie de l'ADN dans le nucléosome ; H_1 se fixe sur environ 20 paires de base de l'ADN (10 paires de bases à chaque bout de la double spire) et « verrouille » ainsi en quelque sorte le nucléosome.

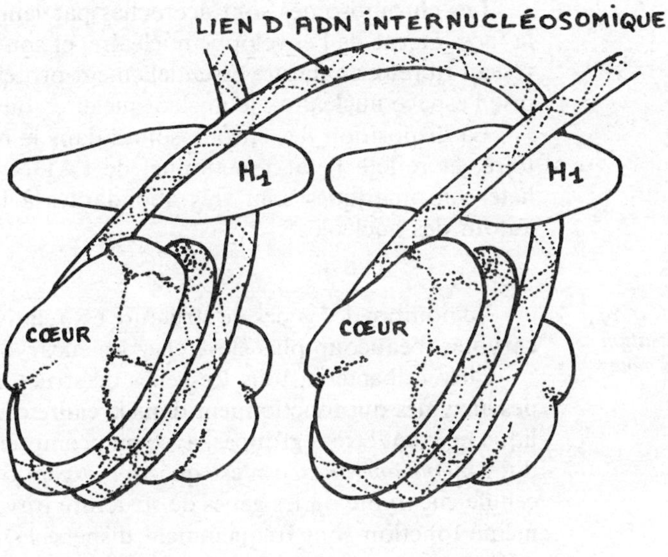

b) *Chromatine*

Les nucléosomes successifs sont reliés par des liens internucléosomiques (ADN) de 60 paires de bases.

Un chapelet de nucléosomes successifs, correspondant à une molécule linéaire d'ADN associée à des histones, forme une fibre de chromatine* de type A, dont la cohésion est assurée par les histones H_1. Les fibres de type A ont donc un diamètre voisin de 100 Å. Au sein des fibres de type A, l'ADN demeure fonctionnel et peut être répliqué et transcrit, ces fibres correspondent à de l'euchromatine*.

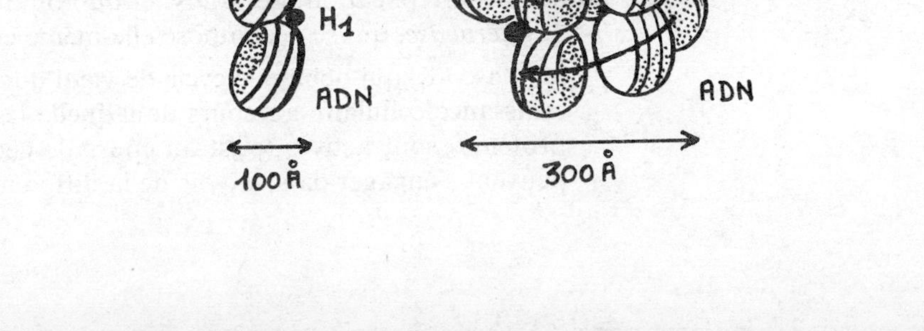

Les fibres A peuvent s'enrouler sur elles-mêmes en super-superhélice (solénoïde). On compte une dizaine de nucléosomes par tour de spire ; la stabilisation du superenroulement est aussi assurée par les histones H_1. La fibre surenroulée est une fibre de type B, dont le diamètre est de 300 Å. Les fibres B constituent l'hétérochromatine*, au sein de laquelle l'ADN n'est pas fonctionnel.

Chaque fibre de chromatine (ADN + histones) est une chromatide ou un chromosome monochromatidien.

c) *Organisation de la chromatine*

Les chromosomes sont accrochés par leurs extrémités (télomères) à la face interne de l'enveloppe nucléaire, et sont étroitement associés à un réseau fibreux de nature essentiellement protéique qui structure et organise l'espace nucléaire : le nucléosquelette* ou matrice nucléaire*.

La disposition des chromosomes dans le noyau n'est donc pas aléatoire, et reflète l'état fonctionnel de l'ADN. En particulier, les zones hétérochromatiques sont très abondantes à la périphérie du noyau et autour des nucléoles*.

3 / *Nature et organisation des gènes*

Le nombre des gènes de structure est relativement limité chez les procaryotes, beaucoup plus élevé chez les eucaryotes.

Chez la bactérie, tous les gènes de structure gouvernant la synthèse des enzymes qui fonctionnent dans le cadre d'une même chaîne métabolique peuvent être regroupés, avec un promoteur et un opérateur, au sein d'un *même opéron.* Ce n'est que très exceptionnellement le cas dans la cellule eucaryote où les gènes de structure travaillant dans le cadre d'une même fonction sont fréquemment dispersés sur plusieurs chromosomes différents.

Enfin, chez les bactéries, les gènes sont des *unités continues,* alors que chez les eucaryotes la plupart des gènes présentent une *structure discontinue,* des séquences d'ADN « codantes » (ou au moins partiellement codantes), correspondant à des *exons,* étant séparées au sein d'un même gène par des séquences en apparence « non significantes », correspondant à des *introns.*

En raison de ces différences importantes, les mécanismes de régulation des activités du matériel génétique qui interviennent effectivement dans les cellules eucaryotes, et qui mettent en jeu des facteurs cytoplasmiques (ou même éventuellement des facteurs d'origine exogène), sont plus complexes que ceux mis en évidence chez les procaryotes.

B / Cycle cellulaire et régulation de la réplication de l'ADN

1 / *Le cycle cellulaire*

Les cellules eucaryotes fonctionnent suivant un cycle qui s'organise autour de la réplication de l'ADN, et où l'on distingue :

L'*interphase,* qui se décompose elle-même en trois étapes :

— la phase G_1, qui débute le cycle de vie d'une cellule, est une phase de croissance cellulaire au cours de laquelle les synthèses d'ARN et de protéines sont actives (c'est au cours de cette phase que les cellules peuvent s'engager dans la voie de la différenciation) ;

— la phase S, qui correspond à la période pendant laquelle s'effectue la réplication de l'ADN nucléaire. Au cours de la phase S, les nouvelles molécules d'ADN nées de la réplication des molécules initiales s'associent immédiatement à des histones. La phase S est donc aussi une phase de duplication des fibres chromatiniennes, les deux chromatides sœurs ainsi formées restant unies l'une à l'autre pour former un chromosome bichromatidien ;

— la phase G_2, qui est une phase de préparation à la division cellulaire.

La *mitose,* ou phase M, correspond à la division cellulaire, au cours de laquelle les deux fibres de type B (ou chromatides sœurs) qui forment chaque chromosome bichromatidien, subissent une nouvelle compaction aboutissant à la structure courte et épaisse des chromosomes métaphasiques, puis se séparent et se distribuent dans chacune des deux cellules filles issues de la mitose.

2 | Régulation de la réplication de l'ADN

a) *Les facteurs de régulation*

Il existe deux groupes principaux de facteurs de régulation impliqués dans la régulation du cycle cellulaire : les protéines de contrôle du cycle de division cellulaire (cdc*), et les cyclines*.

— L'enzyme p34cdc2 est une protéine de contrôle du cycle cellulaire, de masse moléculaire 34 kDa appartenant à la famille des kinases, enzymes assurant la phosphorylation des protéines. Le taux de p34cdc2 est maintenu constant dans la cellule pendant toute la durée de l'interphase.

— Les cyclines sont des protéines de masse moléculaire 45 kDa, dont la concentration augmente régulièrement au cours de l'interphase.

b) *Mécanismes de régulation*

Au début de l'interphase, un type particulier de cycline (cycline G_1) serait synthétisé activement en réponse à des signaux d'origine extracellulaire (hormones, facteurs de croissance), et s'associerait à la protéine p34cdc2 pour former un complexe actif, le SAF* ou S-phase Activating Factor, capable de déclencher la réplication des molécules d'ADN dans le noyau.

Lorsque la concentration en SAF atteint un seuil critique, appelé point START*, la cellule entre en phase S et poursuit alors obligatoirement son cycle jusqu'à la fin de l'interphase.

La réplication de l'ADN paraît se dérouler en deux temps successifs au cours de la phase S. Une vague de réplication précoce concerne les régions euchromatiques du noyau, correspondant aux zones où sont localisés les gènes les plus actifs. Une deuxième vague de réplication, plus tardive, concerne l'hétérochromatine (gènes peu actifs ou masqués, et ADN répétitif).

Si les signaux extérieurs ne conduisent pas à une synthèse active de cycline, la concentration en SAF demeure insuffisante pour déclencher la réplication de l'ADN, et la cellule, qui ne franchit jamais le point START, s'engage sur la voie de la différenciation en spécialisant ses structures et ses fonctions.

C / La transcription et son contrôle

Toutes les cellules d'un organisme pluricellulaire possèdent la totalité du programme génétique, cependant chacune d'elles n'en utilise qu'une très petite partie, en relation avec son type de différenciation.

Certaines instructions obligatoires (gènes « de routine* »), assurant le fonctionnement cellulaire minimum, sont utilisées par toutes les cellules.

D'autres instructions, correspondant à l'exercice d'un petit nombre de fonctions précises, ne sont mises en œuvre que par les types cellulaires spécialisés dans l'accomplissement de ces fonctions ; elles se traduisent en général par la synthèse de protéines particulières, dites « protéines de luxe » (myosine, globine, etc.).

En dehors des gènes de routine, les cellules différenciées n'expriment pas plus de 2 % des potentialités du programme génétique global de l'individu. Le « choix » des gènes qui seront exprimés s'effectue par étapes au cours du développement, il met en jeu deux types de mécanismes de régulation : une régulation globale et une régulation ponctuelle.

1 / Régulation globale - hétérochromatinisation

Lorsque la spécialisation cellulaire se met en place dans les cellules, au cours du développement, une régulation globale correspondant à une *répression* provoque l'inactivation durable de parts importantes du génome. Celles-ci deviennent hétérochromatiques : l'ADN associé aux histones subit une compaction partielle qui rend les gènes correspondants inaccessibles à l'action d'éventuels facteurs d'activation. Ces gènes ne peuvent pas être transcrits. Le mécanisme de l'hététochromatinisation n'est pas encore bien compris dans son ensemble, le phénomène de méthylation des cytosines pourrait jouer un rôle dans son déterminisme.

La répression est durable et transmissible ; elle n'est cependant pas totalement irréversible et des facteurs d'origine extérieure peuvent modifier, à certaines étapes du développement, la situation qui s'était établie antérieurement.

2 / Régulation ponctuelle

Les mécanismes de la régulation ponctuelle permettent de moduler, dans les cellules spécialisées, l'activation ou la répression du petit nombre de gènes qui n'ont pas été concernés par le mécanisme global de l'hétérochromatinisation.

Pour qu'un gène de structure soit transcrit, il faut qu'une transcriptase se fixe sur le site promoteur de l'unité de transcription.

Pour certains gènes, et en particulier pour ceux qui spécifient des protéines « de luxe », l'unité de transcription est associée à un site supplémentaire qui intervient dans les phénomènes de régulation : le « stimulateur ». Schématiquement, car des mécanismes plus complexes peuvent intervenir, le contrôle s'effectue selon les modalités suivantes :

a) *Activation*

La transcriptase ne peut se fixer sur le promoteur, et assurer la transcription du gène de structure, que si une (ou plusieurs) protéine de régulation s'est au préalable fixée sur le stimulateur.

Cette protéine de régulation joue alors le rôle d'un activateur.

b) *Levée d'inhibition*

Une (ou plusieurs) protéine de régulation fixée sur le promoteur (ou/et sur le stimulateur) joue le rôle d'un répresseur constitutif en empêchant en permanence la fixation de la transcriptase sur l'unité de transcription. Un autre facteur de régulation (activateur) en s'associant à la séquence stimulatrice lève la répression (éventuellement de façon temporaire), assurant ainsi le contrôle du taux de transcription.

Les facteurs protéiques de régulation (activateurs) sont eux-mêmes codés par des gènes de régulation, appelés gènes sélecteurs*, dont le fonctionnement oriente donc de façon très précise la différenciation cellulaire.

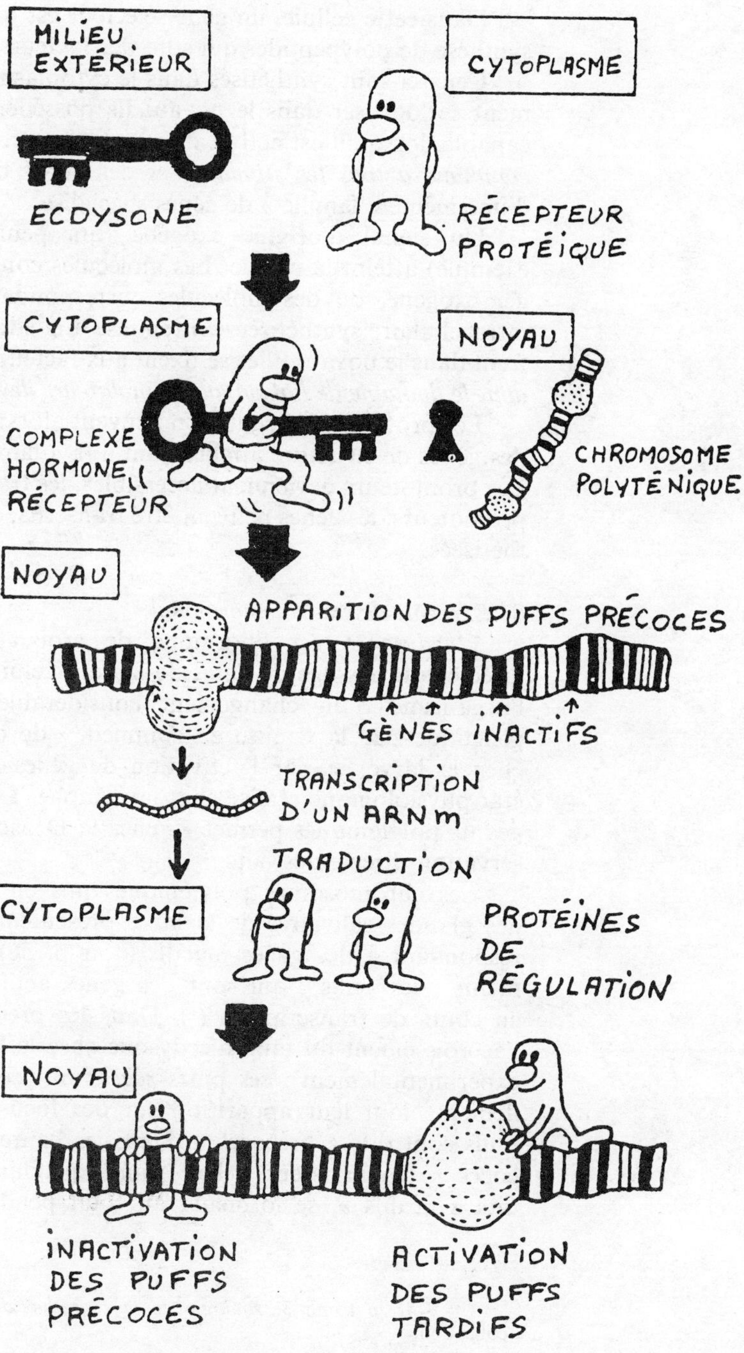

c) *Familles de gènes*

Dans une cellule en cours de spécialisation, prise comme exemple, un petit nombre de gènes de structure codant pour des protéines « de luxe » doivent être transcrits. On peut considérer que ces gènes appartiennent à une même « famille » de gènes spécialisés. Leurs locus correspondent à des régions où l'ADN est resté sous une forme décompactée. D'autres gènes de la même famille, mais qui ont leurs locus dans des régions hétérochromatiques, sont par ailleurs inaccessibles à la transcription dans la cellule considérée.

Dans cette cellule, un gène sélecteur est fonctionnel. Il code pour la synthèse de polypeptides qui sont des facteurs protéiques de régulation.

Ceux-ci sont synthétisés dans le cytoplasme, et viennent secondairement se localiser dans le noyau. Ils possèdent un domaine peptidique capable, lorsqu'il est activé, de s'associer à une courte séquence d'ADN *commune à tous les stimulateurs* des gènes de structure faisant partie d'une même « famille » de gènes spécialisés.

Un signal d'origine exogène (qui peut être une hormone par exemple) atteint la cellule. Les molécules constituant ce premier messager exogène, ou des molécules correspondant à un second messager intracellulaire synthétisées en réponse à la stimulation hormonale, pénètrent dans le noyau. Elles se fixent aux facteurs protéiques de régulation, *dont le domaine de liaison aux stimulateurs devient fonctionnel.*

Les protéines de régulation peuvent alors s'associer aux stimulateurs des gènes de structure appartenant à la « famille » des gènes spécialisés. Les promoteurs deviennent accessibles, les transcriptases s'associent aux promoteurs, les gènes peuvent être transcrits, et les protéines de luxe synthétisées.

d) *Exemple de contrôle hormonal*

L'*ecdysone** est l'hormone de croissance responsable chez les insectes du passage de l'état de larve à celui de nymphe. Il s'agit pour l'organisme d'un changement considérable, conditionné au niveau génétique par la « mise en sommeil » de certains gènes fonctionnels chez la larve, et par l'activation de gènes correspondants au nouvel état physiologique réalisé chez la nymphe. L'existence de chromosomes géants polyténiques permet — chez la Drosophile par exemple — l'observation directe des faits :

Les chromosomes polyténiques mis en évidence dans les cellules des glandes salivaires de la larve présentent des bandes sombres correspondant à des gènes inactifs (voir p. 56), et une dizaine de renflements : les puffs*, qui sont des gènes actifs dont l'ADN déployé est en cours de transcription ([1]). Dans les premières minutes qui suivent l'accroissement du taux d'ecdysone chez la larve (naturel ou provoqué expérimentalement), ces puffs *régressent,* cependant que d'autres renflements font leur apparition sur des locus différents : ces nouveaux puffs sont dits « précoces ». Dans les heures suivantes les puffs « précoces » disparaissent à leur tour cependant que de nouveaux puffs, dits « tardifs », se forment ; au total pendant cette période prénym-

([1]) Voir le tome 3, *Biologie de la reproduction et du développement,* de cette collection.

phale une centaine de nouveaux gènes sont ainsi mis successivement en activité.

Il semble que l'ecdysone soit *directement* responsable de l'activation des gènes correspondant aux puffs « précoces » ; en effet, l'administration d'inhibiteurs des synthèses protéiques n'affecte pas l'apparition de ces nouvelles structures. Il est vraisemblable que l'hormone se fixe sur des récepteurs cellulaires spécifiques présents dans le cytoplasme ; le complexe hormone-récepteur passe ensuite dans le noyau et déclenche la transcription des gènes « précoces ». En revanche, les puffs « tardifs » n'*apparaissent pas si on inhibe les synthèses protéiques.* Ceci permet de penser que des facteurs protéiques, synthétisés dans le cytoplasme sous le contrôle des gènes « précoces », sont responsables de l'activation secondaire des gènes « tardifs ».

3 / Régulation par sélection d'un promoteur

Certains gènes présentent dans leur région 5′ *plusieurs* promoteurs possibles, de « force » inégale. Le choix du promoteur auquel va se lier la transcriptase résulte de l'action des protéines régulatrices présentes. Suivant le promoteur utilisé, et son affinité pour la transcriptase, le taux de transcription pourra être plus ou moins important.

Dans certains cas, les différents promoteurs possibles sont disposés de telle façon au sein de l'unité de transcription que c'est la *nature* même de l'ARNm transcrit qui peut être affectée. En effet, l'utilisation alternative de l'un ou l'autre de ces promoteurs modifie le site initial au niveau duquel débute la transcription, donc la nature du transcrit primaire porteur de l'information codant pour une protéine donnée.

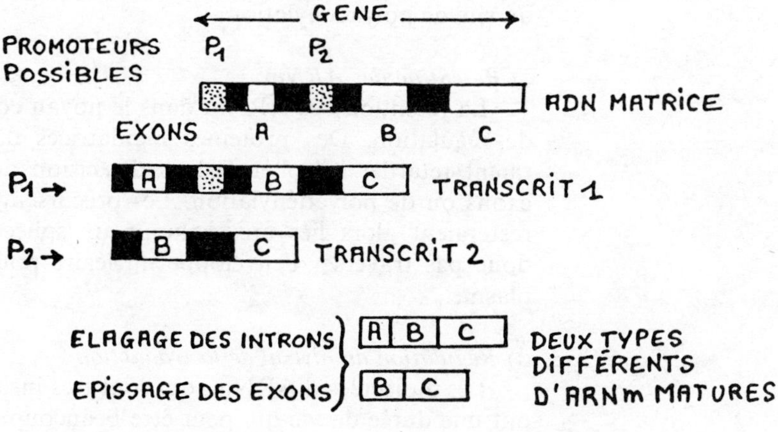

D / RÉGULATION POST-TRANSCRIPTIONNELLE

D'autres phénomènes de régulation peuvent intervenir à un niveau post-transcriptionnel :

a) *Epissage alternatif*

Dans la situation la plus fréquemment observée lors de la maturation, la *totalité des exons* portés par le transcrit primaire issu d'un gène morcelé fait l'objet d'un épissage, et forme l'ARNm mature qui subira la traduction.

Il peut arriver cependant qu'un même gène morcelé puisse produire plusieurs types différents d'ARNm matures à la suite d'un pro-

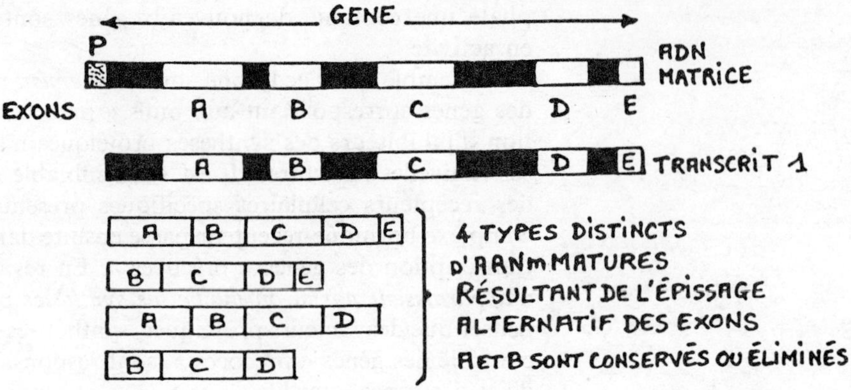

cessus d'épissage alternatif*, certains exons ayant été suivant les cas conservés ou au contraire éliminés. Un gène unique peut ainsi coder pour plusieurs isoformes* d'une protéine, qui sont apparentées mais cependant bien distinctes, ou même pour des protéines entièrement différentes. Ce mécanisme d'épissage différentiel résulterait de l'activité de protéines dites « messagères » ou m-protéines*, associées au nucléosquelette.

b) *Site variable de polyadénylation*

Un même transcrit primaire peut aussi être à l'origine d'ARNm matures différents, à la suite de variations intervenant dans la position du site de polyadénylation.

c) *Rétention des ARNm*

La rétention des ARNm dans le noyau constitue un moyen efficace de régulation. Des protéines régulatrices de type m-protéines pourraient retarder les phénomènes d'excision des introns, d'épissage des exons ou de polyadénylation. Les précurseurs secondaires de l'ARNm resteraient alors liés aux volumineux splicéosomes, et ne pourraient donc pas traverser l'enveloppe nucléaire pour se rendre dans le cytoplasme.

d) *Régulation au niveau de la traduction*

Les molécules d'ARNm, qui sont très instables chez les procaryotes, ont une durée de vie qui peut être beaucoup plus longue chez les eucaryotes. Ceci pourrait correspondre à l'existence de mécanismes de régulation intervenant dans le cytoplasme au niveau de la traduction : des facteurs protéiques pourraient retarder celle-ci en *stabilisant* les molécules d'ARNm et en limitant leur affinité pour les sous-unités ribosomiques ; d'autres facteurs pourraient, à l'inverse, rendre le système de traduction fonctionnel. Les ribosomes eux-mêmes pourraient être inhibés ou activés par des facteurs cytoplasmiques de régulation. Cependant de tels phénomènes ne sont encore qu'hypothétiques.

ADN
M ARN
ARN POLYM ÉRASE
CYTOPLASME
RIBOSOM
TRADUCTION
CO REPRES SEUR
APO REPRES SEUR
PETIT DICT IONN AIRE
HOLO REPRE SSEUR
ADN
NON!
ADN
L'INFORMATION FOURNIE PAR LE GÉNOME NE CONSTITUE PAS UN ORDRE MAIS UNE SUGGESTION

III. Conclusion

— Dans l'exemple de la bactérie, l'existence de phénomènes de régulation des activités géniques semble impliquer que l'information fournie par le génome ne constitue pas un ordre, mais plutôt une *suggestion,* acceptée ou refusée par le cytoplasme.

Le répresseur sert d'intermédiaire entre le cytoplasme et le génome. De la même façon que l'ARN messager amène une information du génome vers le cytoplasme, le répresseur envoie une information du cytoplasme vers le génome.

La nature de l'information transmise est cependant différente dans les deux cas : le message envoyé du génome vers le cytoplasme donne une instruction *complexe et élaborée* ; le messager (ARNm) est une structure complexe elle aussi : un polynucléotide. Par contre le message envoyé du cytoplasme vers le génome n'est qu'une *brève indication sous forme d'alternative* (oui ou non) et *s'adressant à une cible précise* : l'opérateur.

— Chez les eucaryotes les phénomènes sont plus diversifiés et plus complexes, mais le principe reste le même : parmi toutes les informations stockées au niveau du génome, des facteurs d'origine cytoplasmique qui peuvent même être éventuellement activés par des agents extérieurs à la cellule effectuent un véritable choix.

Enfin, il faut retenir que le concept « un gène, une protéine » peut être battu en brèche, et ne saurait plus désormais constituer un dogme.

TEMPS FORT

Eucaryotes : l'accès aux gènes

Dans les cellules eucaryotes, le matériel génétique est renfermé dans un compartiment spécial, le noyau, délimité par une enveloppe nucléaire*. Celle-ci est constituée par deux membranes biologiques d'une épaisseur de 60 Å environ, séparées par un espace large de 200 à 500 Å, la citerne périnucléaire.

L'enveloppe nucléaire est perforée par de nombreux pores*, dont le diamètre interne est d'environ 100 Å à 200 Å. La surface occupée par ces pores n'est pas négligeable : 5 à 30 % de la surface de l'enveloppe nucléaire suivant l'activité des cellules considérées.

Au niveau des pores, les membranes interne et externe de l'enveloppe nucléaire sont fusionnées, l'ouverture du pore étant elle-même bordée par un court cylindre, l'annulus*. L'annulus est formé par huit complexes moléculaires, assez volumineux (200 Å de diamètre). Une structure complexe, reliée au cytosquelette et à la matrice nucléaire, est observée à l'intérieur du pore.

Les pores nucléaires traversent l'enveloppe hors des zones où s'accumule l'hétérochromatine périphérique, et communiquent essentiellement avec les zones euchomatiniennes. On sait par ailleurs que le nombre des pores de l'enveloppe nucléaire est lié à l'activité transcriptionnelle, et qu'il double au moment de la phase S (lors de la réplication de l'ADN). Enfin, la distribution des pores à la surface de l'enveloppe n'est pas aléatoire, elle est spécifique d'un type cellulaire donné.

Suivant une hypothèse formulée initialement par Blobel (1985), chaque pore nucléaire serait directement connecté à un groupe d'une dizaine de gènes actifs (domaine génétique actif) dans le noyau. Cette relation faciliterait à la fois l'acheminement rapide vers le groupe de gènes concerné des facteurs protéiques de transcription, de régulation et de maturation synthétisés dans le cytoplasme, et l'exportation hors du noyau des ARN messagers matures. L'interaction pore/domaine génétique serait assurée par des éléments du nucléosquelette.

Au total, on retrouve la notion d'un espace nucléaire très organisé, les fibres de chromatine étant distribuées de façon très précise dans le noyau en fonction de l'activité des différentes séquences d'ADN dont elles sont porteuses, et en relation avec la distribution des pores à la surface de l'enveloppe nucléaire. Des « chemins de transcrits » bien définis par des structures fibrillaires ont effectivement été mis en évidence entre un ou deux pores et un groupe de gènes actifs.

Cette architecture nucléaire, liée à l'activité du génome, serait fidèlement reproduite après chaque mitose, parce que, lors de la dissociation de l'enveloppe nucléaire, les sous-unités constituant l'annulus des pores resteraient reliées aux domaines génétiques qui leur sont propres par l'intermédiaire des éléments du nucléosquelette associés aux chromosomes mitotiques. Après la mitose, les pores seraient donc reconstitués « à l'identique » à partir des sous-unités liées à la chromatine.

EXERCICES

*1 / Dans l'opéron lactose d'*E. coli*, la synthèse de la β-galactosidase est gouvernée par un gène de structure G, dont on connaît deux allèles :*
G^+ qui est fonctionnel;
G^- qui dirige la synthèse d'un produit inactif.

La synthèse d'une autre enzyme de la chaîne, la perméase, est gouvernée par un gène de structure P, dont on connaît également deux formes alléliques :
P^+ qui est fonctionnel;
P^- qui est inactif.

Le gène opérateur O existe sous trois formes alléliques :
O^+ sensible à l'action d'un holorépresseur;
O^- qui n'est pas sensible à l'action du répresseur;
O^d qui est une forme défective, sous laquelle l'opérateur empêche toujours la transcription des gènes de structure.

Enfin l'ensemble de l'opéron lactose est sous la dépendance d'un gène régulateur R, dont l'allèle R^+ est fonctionnel pour la production d'un aporépresseur, alors que l'allèle R^- dirige la synthèse d'un produit métaboliquement inactif.

On considère les souches bactériennes caractérisées par les génotypes suivants :

1) $R^+ O^+ G^+ P^+$
2) $R^+ O^- G^+ P^+$
3) $R^+ O^- G^- P^+$
4) $R^+ O^+ G^- P^+$
5) $R^+ O^+ G^+ P^-$
6) $R^- O^+ G^+ P^+$
7) $R^- O^- G^+ P^+$
8) $R^- O^d G^+ P^+$

Quels seront les produits élaborés par les gènes de structure :

— *En présence de lactose ?*
— *En l'absence de lactose ?*

1. $R^+ O^+ G^+ P^+$: R^+ est fonctionnel et élabore le répresseur. En présence du lactose (inducteur) le répresseur est neutralisé, l'opérateur fonctionnel est libre, il y a synthèse de β-galactosidase et de perméase. En l'absence de lactose, le répresseur est actif, il s'associe à l'opérateur et bloque l'activité des gènes de structure : la β-galactosidase et la perméase ne sont pas synthétisées.

2. $R^+ O^- G^+ P^+$: L'opérateur n'est pas sensible à l'action du répresseur et les gènes de structure sont fonctionnels. Dans les deux cas les deux enzymes sont synthétisées.

3. $R^+ O^- G^- P^+$: L'opérateur n'est pas sensible à l'action du répresseur, mais le gène gouvernant la synthèse de la β-galactosidase n'est pas fonctionnel. Seule la perméase est synthétisée, la synthèse est permanente.

4. $R^+ O^+ G^- P^+$: Le système régulateur et l'opérateur fonctionnent, mais le gène gouvernant la synthèse de la β-galactosidase n'est pas fonctionnel. La perméase est synthétisée en présence de lactose; en l'absence d'inducteur il n'y a aucune synthèse.

5. $R^+ O^+ G^+ P^-$: *Ce cas est comparable au précédent. La* β-galactosidase est seule synthétisée en présence de lactose, il n'y a aucune synthèse en l'absence de lactose.

6. $R^- O^+ G^+ P^+$: Aucun répresseur n'est élaboré ; l'opérateur (fonctionnel) n'est jamais bloqué et la synthèse de β-galactosidase et de perméase est permanente.

7. $R^- O^- G^+ P^+$: L'opérateur n'est pas sensible à l'action du répresseur. Il n'y a pas de répresseur. La synthèse des deux enzymes s'effectue en permanence.

8. $R^- O^d G^+ P^+$: Il n'y a pas de répresseur, mais l'opérateur bloque dans tous les cas la synthèse des enzymes.

Le tableau suivant résume les résultats :

	Lactose⁺		*Lactose⁻*	
Bactéries	*β-galactosidase*	*Perméase*	*β-galactosidase*	*Perméase*
1 $R^+ O^+ G^+ P^+$	+	+	O	O
2 $R^+ O^- G^+ P^+$	+	+	+	+
3 $R^+ O^- G^- P^+$	O	+	O	+
4 $R^+ O^+ G^- P^+$	O	+	O	O
5 $R^+ O^+ G^+ P^-$	+	O	O	O
6 $R^- O^+ G^+ P^+$	+	+	+	+
7 $R^- O^- G^+ P^+$	+	+	+	+
8 $R^- O^d G^+ P^+$	O	O	O	O

2 / Chez les procaryotes la synthèse d'un brin d'ADN s'effectue au rythme de 1 000 nucléotides par seconde. Chez les eucaryotes la réplication de l'ADN s'effectue suivant un rythme plus lent : 100 nucléotides par seconde. Quel phénomène propre aux eucaryotes pourrait expliquer cette relative lenteur ?

• Chez les eucaryotes l'ADN est associé à des protéines basiques, les histones, pour former des nucléosomes. Au cours de la réplication, les relations ADN-histones doivent être modifiées au sein du complexe nucléoprotéique, puis l'ADN néo-synthétisé doit s'associer de nouveau à des molécules protéiques ; le processus de réplication peut s'en trouver ralenti. Chez les procaryotes l'ADN n'est pas associé à des histones, la réplication peut donc progresser plus rapidement.

5

MODIFICATIONS DU MATÉRIEL GÉNÉTIQUE

SOMMAIRE

I. Les mutations : caractères généraux

La variabilité génétique résulte de l'apparition de mutations, de phénomènes de recombinaison et du brassage génique réalisé dans les processus de reproduction sexuée.

Les mutations sont des modifications du matériel génétique, intervenant brutalement sans qu'il y ait échange avec un système étranger, et qui se montrent héréditairement stables. Elles peuvent être spontanées ou provoquées expérimentalement. Chez les organismes unicellulaires qui se reproduisent par simple mitose, toute mutation est transmise aux descendants. Chez les organismes supérieurs utilisant les voies de la reproduction sexuée, des mutations peuvent affecter des cellules de la lignée germinale, elles sont alors transmises éventuellement aux générations ultérieures, il s'agit de mutations germinales. Il existe aussi des mutations somatiques, qui n'affectent que des cellules des lignées somatiques et ne sont donc pas transmises aux descendants. On distingue habituellement trois types principaux de mutations : les mutations géniques, les mutations chromosomiques et les mutations génomiques.

II. Les mutations géniques

A / Caractères des mutations géniques

Ce sont des mutations qui affectent la structure du matériel génétique au sein d'un seul gène. Une mutation génique correspond à une modification de la séquence polynucléotidique du gène, elle aboutit à la formation d'allèles différents. La mutation peut porter sur plusieurs nucléotides de la séquence, ou encore sur un seul nucléotide, dans ce dernier cas on parle de mutation ponctuelle. Les mutations géniques ne sont pas décelables cytologiquement sur les chromosomes, elles peuvent éventuellement être analysées par les méthodes de la biologie moléculaire.

1 / Mutation par substitution

Les mutations par substitution sont le plus souvent ponctuelles.

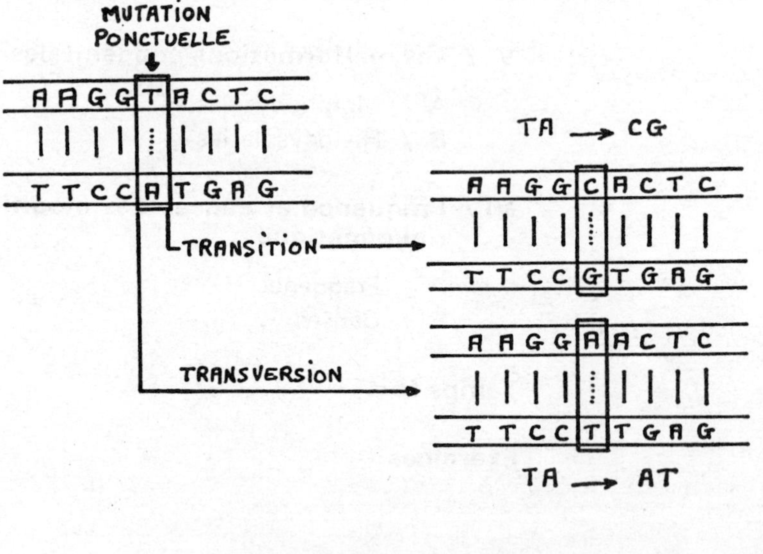

a) *Transition*

Il y a transition* lorsqu'une base purique est substituée à une autre base purique (ou une base pyrimidique à une autre base pyrimidique).

b) *Transversion*

Il y a transversion* lorsqu'une purine se substitue à une pyrimidine et inversement.

Les transitions sont plus fréquentes que les transversions.

2 / Addition ou suppression

Ce type d'accident peut se produire spontanément à l'occasion par exemple d'un crossing-over. On appelle délétion la perte d'une ou plusieurs paires de nucléotides, et insertion* l'acquisition d'une ou plusieurs paires de nucléotides supplémentaires. Délétion et insertion peuvent n'affecter qu'une seule paire de nucléotides (mutation ponctuelle), mais elles portent plus fréquemment sur plusieurs paires de nucléotides de la séquence.

3 / Effets des mutations géniques

a) *Substitution*

La substitution d'une base par une autre au sein d'un gène de structure modifie la nature d'un codon de l'ARNm correspondant, ce qui peut entraîner différents ordres de conséquences lors de la traduction des gènes de structure, par exemple :

— Aucun effet si le nouveau codon correspond au même acide aminé que l'ancien (rappelons que le code est dégénéré), ou si la substitution se produit au sein d'un intron ou d'une séquence non signifiante d'un exon (gène morcelé).

— Substitution d'un acide aminé à un autre dans la chaîne polypeptidique gouvernée par le gène muté.

— Le nouveau codon formé à la suite de la substitution est un codon « non-sens » (UAA, UAG, UGA) qui introduit une ponctuation. Suivant la position de ce codon dans la séquence polynucléotidique, le polypeptide produit sera incomplet, amputé d'un nombre plus ou moins important d'acides aminés.

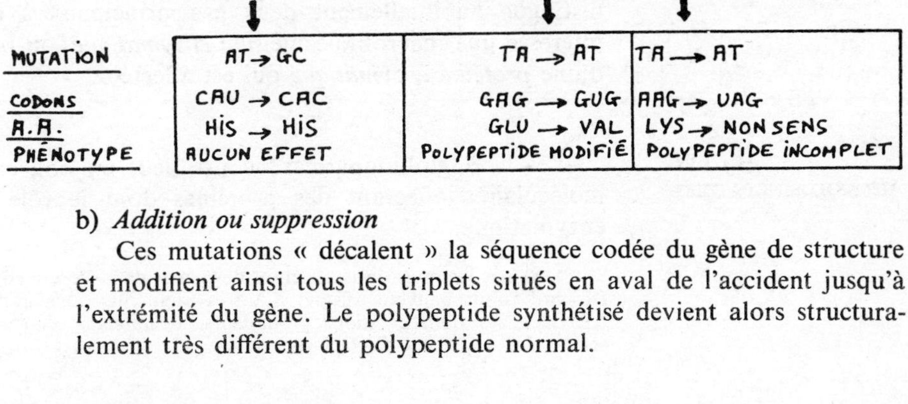

b) *Addition ou suppression*

Ces mutations « décalent » la séquence codée du gène de structure et modifient ainsi tous les triplets situés en aval de l'accident jusqu'à l'extrémité du gène. Le polypeptide synthétisé devient alors structuralement très différent du polypeptide normal.

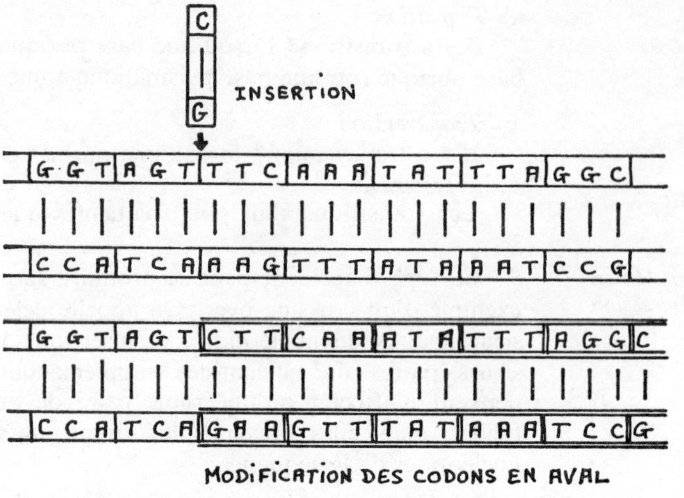

c) *Expression phénotypique*

Beaucoup de mutations n'ont que des effets insignifiants au niveau phénotypique, certaines d'entre elles, cependant, conduisent à des effets pathologiques.

Les altérations qui modifient un polypeptide peuvent en effet lui faire perdre tout ou partie de ses propriétés biologiques. Dans l'espèce humaine on connaît de nombreuses maladies dites « moléculaires », conditionnées par la présence dans le génome des malades d'un allèle muté défavorable (ou d'un couple d'allèles mutés) qui entraîne l'altération d'une molécule protéique dont l'activité est fondamentale [1].

Au niveau phénotypique global la mutation s'exprime par une affection qui peut être plus ou moins grave suivant que le sujet est homozygote ou hétérozygote pour des allèles mutés dits « dominants », « codominants » ou « récessifs ».

D'une façon générale les homozygotes porteurs de deux allèles mutés sont malades. Dans le cas des hétérozygotes, si le produit normal est synthétisé en quantité insuffisante sous le contrôle du seul gène sain, les sujets porteurs seront malades plus ou moins gravement selon les cas. On dira alors que l'allèle muté est dominant ou codominant, l'allèle sauvage étant récessif ou codominant. Il peut aussi arriver que l'activité de l'allèle sauvage suffise à assurer la production d'une quantité suffisante du produit normal, on dit alors que l'allèle muté est récessif.

Les maladies moléculaires sont héréditaires, elles peuvent être conditionnées par une mutation autosomique ou encore liée au sexe. On distingue habituellement deux cas principaux : ou bien l'anomalie intéresse une macromolécule *non enzymatique*, ou bien c'est la synthèse d'une *protéine enzymatique* qui est affectée.

B / Les hémoglobinopathies

Les hémoglobinopathies* constituent un bon exemple de maladies moléculaires affectant des protéines dont le rôle essentiel n'est pas enzymatique.

(1) Seules les mutations affectant des gènes de structure sont prises en compte ici. Des mutations peuvent affecter d'autres fragments du génome : gènes à ARNt ou ARNr, gènes de régulation, promoteurs, opérateurs, séquences de terminaison ou encore des séquences d'ADN répétitives.

1 / L'hémoglobine

a) *Constitution de la molécule*

La molécule d'hémoglobine* résulte de l'assemblage de quatre chaînes polypeptidiques. Chaque chaîne comporte un peu plus de 140 acides aminés et est liée à une molécule organique (porphyrine), possédant un atome de fer : l'hème*. Une même molécule d'hémoglobine comporte toujours deux types différents de polypeptides. Un type est présent dans tous les cas, c'est le type α, qui peut être associé aux types β, ou γ, ou δ.

b) *Différents types d'hémoglobine*

Il existe donc plusieurs hémoglobines dans l'espèce humaine :

— *Hémoglobine* A_1 ($\alpha_2\beta_2$), principale hémoglobine de l'adulte (90 à 98 %), elle est présente chez le nouveau-né (20 %).
— *Hémoglobine F* ($\alpha_2\gamma_2$), principale hémoglobine du fœtus et du nouveau-né (80 %), elle disparaît entre 6 et 9 mois et n'existe qu'à l'état de traces chez l'adulte.
— *Hémoglobine* A_2 ($\alpha_2\delta_2$), elle apparaît peu avant la naissance et persiste chez l'adulte (2,5 %).

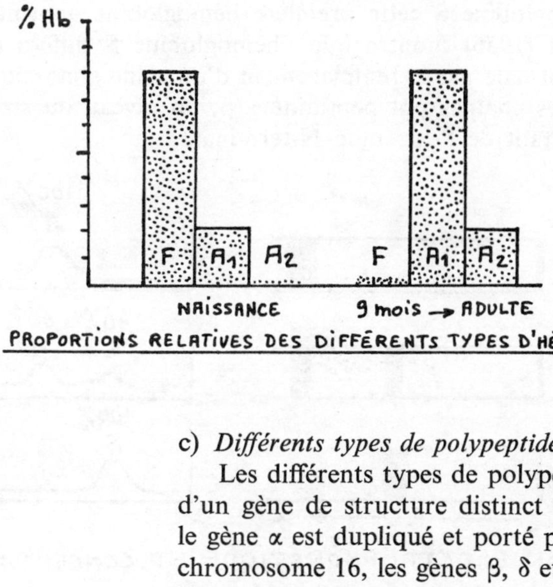

PROPORTIONS RELATIVES DES DIFFÉRENTS TYPES D'HÉMOGLOBINE

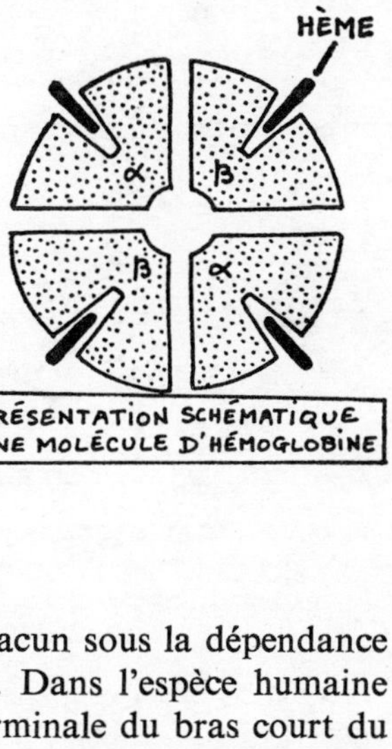

REPRÉSENTATION SCHÉMATIQUE D'UNE MOLÉCULE D'HÉMOGLOBINE

c) *Différents types de polypeptides*

Les différents types de polypeptides sont chacun sous la dépendance d'un gène de structure distinct (α, β, γ ou δ). Dans l'espèce humaine le gène α est dupliqué et porté par la partie terminale du bras court du chromosome 16, les gènes β, δ et γ (ce dernier est dupliqué) sont portés par le bras court du chromosome 11 (1). Chaque polypeptide est caractérisé par le nombre, la nature et la séquence des acides aminés qui le constituent, et qui sont à l'heure actuelle parfaitement déterminés et connus : 141 acides aminés pour la chaîne α, 146 pour la chaîne β, etc.

d) *Fonction de l'hémoglobine*

L'hémoglobine est synthétisée dans les cellules de la lignée érythropoïétique* qui donne naissance aux hématies ; elle est présente en très forte concentration dans les globules rouges du sang. Par l'intermédiaire des atomes de fer des hèmes, elle joue un rôle de premier plan dans les phénomènes respiratoires. Elle fixe l'oxygène au niveau des poumons et le distribue dans les tissus de l'organisme, où elle se charge de CO_2 qu'elle délivre en retour au niveau pulmonaire.

(1) Sur le chromosome on a la séquence : γ-γ-δ-β.

2 / *La drépanocytose*

a) *Description*

La drépanocytose* constitue encore aujourd'hui une des causes importantes de mortalité infantile dans le monde (Inde, Afrique). Les malades souffrent d'anémie, d'ostéoporose, de troubles circulatoires. Leurs globules rouges ont une forme caractéristique, ils sont allongés en forme de lame de faux. La maladie est héréditaire et se transmet selon un mode autosomique codominant (Neel, 1949); dans la plupart des cas observés les parents du malade sont apparemment bien portants, toutefois si ces sujets sont placés dans un milieu pauvre en oxygène (altitude) leurs globules rouges se déforment et deviennent falciformes*.

b) *Les étapes dans l'analyse de la maladie*

Linus Pauling (1949) émet l'hypothèse selon laquelle la déformation des globules rouges résulte vraisemblablement d'une anomalie affectant les molécules d'hémoglobine, puisqu'elle est fonction des conditions d'oxygénation. Son élève Itano montre que l'hémoglobine principale des globules rouges sains et celle de globules falciformes n'ont pas la même mobilité électrophorétique : les molécules sont donc différentes. On nomme hémoglobine S cette première hémoglobine anormale décrite. Enfin Ingram (1956) montre que l'hémoglobine S diffère de l'hémoglobine A_1 normale par le remplacement d'un acide glutamique par une valine dans les chaînes polypeptidiques β, au niveau du sixième acide aminé en partant de l'extrémité N-terminale.

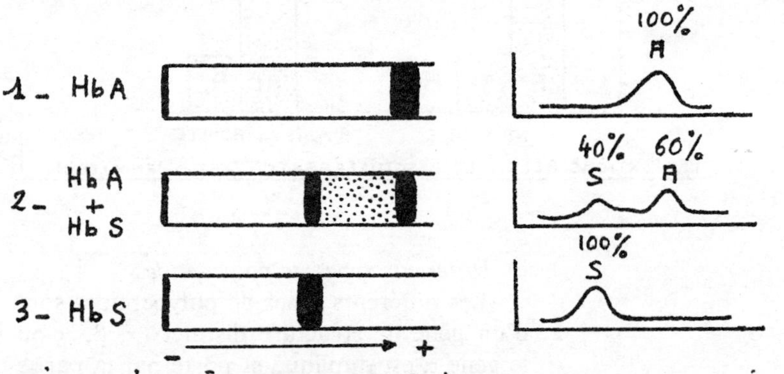

MIGRATION ÉLECTROPHORÉTIQUE ET CONCENTRATIONS RELATIVES DES HÉMOGLOBINES CHEZ UN SUJET NORMAL (1), MALADE (3), HÉTÉROZYGOTE (2)

c) *Nature, mécanisme, localisation de la maladie*

La drépanocytose, ou hémoglobinose S, est donc une maladie moléculaire : elle résulte d'une substitution ponctuelle, c'est-à-dire de la modification d'un seul triplet de bases dans la séquence polynucléotidique du gène β (le codon normal GAG devient GTG), entraînant la modification de la chaîne polypeptidique β, par le changement d'un seul acide aminé en position 6 (glu → val).

Les sujets sains de génotype β/β ont une hémoglobine A_1 normale (A_1, $\alpha_2\beta_2$) et des globules rouges normaux.

Les sujets hétérozygotes β/β_S sont en situation de codominance, leurs globules rouges contiennent simultanément de l'hémoglobine A_1

normale (A_1, $\alpha_2\beta_2$) (50 à 60 %), de l'hémoglobine S pathologique (S, $\alpha_2\beta_{S2}$) (40 %) et des molécules « hybrides » de type (α_2 $\beta\beta_S$) qui sont instables ; ils sont sensibles aux conditions d'oxygénation.

Les sujets homozygotes β_S/β_S sont malades. Leurs globules rouges contiennent la seule hémoglobine S (S, α_2 β_{S2}). L'hémoglobine S est très peu soluble sous sa forme désoxygénée, c'est-à-dire au niveau des tissus. Dès que la pression en oxygène tombe sous un certain seuil, l'hémoglobine S se gélifie, il se forme des édifices polymoléculaires de grande taille, qui déforment le globule rouge. Les hématies déformées et dont le diamètre s'accroît provoquent des accidents circulatoires au niveau des différents tissus (infarctus*) ; par ailleurs leur membrane plasmique est fragilisée et leur durée de vie réduite (17 jours au lieu de 120).

d) *Possibilités thérapeutiques*

Aucune thérapeutique n'est à l'heure actuelle efficace. Une des directions de recherche en vue du traitement de la maladie pourrait être d'étudier les mécanismes permettant de bloquer la synthèse des polypeptides β_S et de stimuler la synthèse des chaînes γ. En effet, des sujets adultes pauvres en d'hémoglobine A_1 (α_2 β_2), mais possédant à la place de l'hémoglobine F (α_2 γ_2) sont parfaitement viables (1). Ceci met bien en évidence l'intérêt sur le plan pratique que revêt l'étude des mécanismes de régulation de la biosynthèse des protéines envisagés au chapitre IV.

3 / Autres affections de même origine

De nombreuses maladies liées à des « erreurs de fabrication » d'une des protéines de l'organisme sont maintenant connues. Il existe en particulier plusieurs types d'hémoglobinoses (Thalassémies*, par exemple, répandues sur le pourtour du bassin méditerranéen). Enfin dans de nombreux cas le déficit porte sur des protéines du sérum sanguin.

C / Maladies héréditaires du métabolisme

Les maladies dues à l'altération d'une protéine enzymatique portent le nom de *maladies héréditaires du métabolisme*. A l'heure actuelle on en connaît plusieurs centaines, leur fréquence n'est heureusement pas très élevée en général. Ces affections ont le plus souvent de très graves conséquences : en dehors des phénomènes propres à chaque cas, la plupart d'entre elles entraînent un retard de croissance et des troubles du développement intellectuel; beaucoup sont léthales à plus ou moins court terme.

1 / Le postulat de Garrod

Les maladies héréditaires du métabolisme ont été étudiées initialement par Sir Archibald Garrod, un médecin et biochimiste ami de Bateson (l'inventeur du terme de « génétique »). Garrod étudie quelques maladies rares, dont l'alcaptonurie*, caractérisée par l'émission d'urines noires. Il démontre que ces affections sont dues à un fonctionnement défectueux des processus chimiques de l'organisme, et que ces défauts sont héréditaires. De ses travaux, exposés en 1908 lors d'une série de conférences devant le « Royal College of Physicians » sous le titre général « Les erreurs innées du métabolisme », allait naître la génétique biochimique.

(1) De tels cas sont observés de façon naturelle dans certaines populations africaines.

Pour Garrod, l'absence d'une seule enzyme vitale peut être responsable des maladies étudiées.

Ce postulat devait être complété en 1950 par la formulation de la théorie de Beadle : « un gène-une enzyme », reprise avec plus de précision sous la forme « un gène de structure-une chaîne polypeptidique », mais dont nous avons vu, chapitre IV, qu'elle n'avait pas un caractère absolu.

2 | Différents types de maladies héréditaires du métabolisme

Dans les maladies héréditaires du métabolisme les perturbations les plus caractéristiques sont les suivantes :

a) *Au long d'une chaîne métabolique, l'une des enzymes est absente ou anormale.* — Les enzymes agissent habituellement dans le cadre d'une « voie métabolique », chaîne de dégradation ou de synthèse qui, à partir d'un précurseur, aboutit à un produit final. Un déficit enzymatique au niveau d'une des étapes de la chaîne crée un phénomène appelé bloc métabolique*, qui peut avoir trois ordres de conséquences :

— le bloc détermine en amont de la chaîne une *accumulation* de métabolites intermédiaires qui n'existent normalement qu'en faible quantité et sont souvent *toxiques* à forte dose ;
— le bloc détermine en aval de la chaîne une *carence* en métabolites intermédiaires ou en produit final;

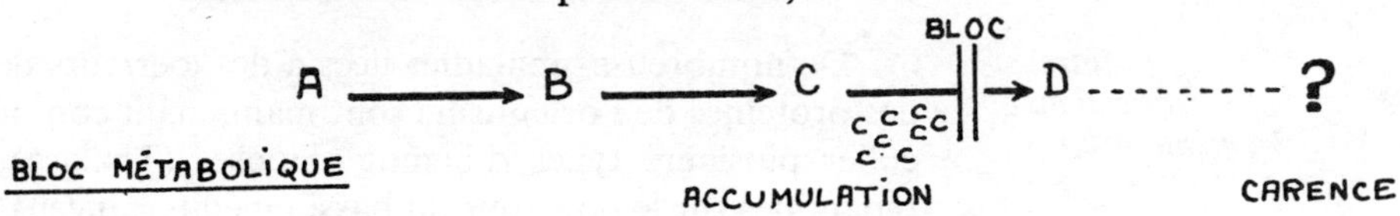

— enfin, dans certains cas il se développe en amont du bloc des voies métaboliques accessoires, entraînant la production de produits nouveaux éventuellement toxiques.

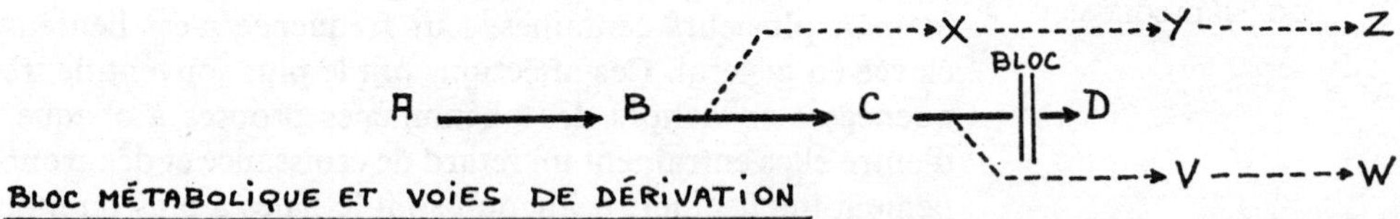

Suivant la nature du produit final de la chaîne de biosynthèse perturbée, on distinguera les anomalies du métabolisme des acides aminés, des glucides, des lipides, etc.

b) La maladie peut être déterminée par un défaut dans la biosynthèse d'un système enzymatique de *transport membranaire*. Dans ce cas le fonctionnement biologique de l'organisme peut être gravement perturbé : anomalies du transport à travers la muqueuse intestinale, ou à travers l'épithélium du tubule rénal par exemple.

c) L'anomalie peut affecter la biosynthèse d'un *récepteur biologique* (cible cellulaire), annulant l'effet d'un message hormonal par lui-même normal (certains types de diabète).

3 / Mécanismes génétiques mis en cause

Les mécanismes génétiques conduisant à une modification de la nature ou du taux de production d'une enzyme sont essentiellement de deux ordres :

a) *Une mutation affectant un gène de structure.* — La modification d'un ou plusieurs triplets de bases sur le polynucléotide constituant le gène (ou l'un des gènes) qui gouverne la synthèse de l'enzyme, entraîne le changement d'un acide aminé sur la chaîne polypeptidique (ou l'une des chaînes polypeptidiques) constituant la protéine. Cette altération peut suffire à faire perdre à la molécule toutes ses propriétés biologiques.

b) *Un autre mécanisme possible* met en jeu une altération au niveau d'une séquence de régulation. Ce type de mutation pourrait expliquer diverses maladies résultant de la diminution d'une activité enzymatique ou à l'inverse d'une production d'enzyme excessive.

4 / La phénylcétonurie

Nous choisissons pour illustrer l'étude des maladies héréditaires du métabolisme, la phénylcétonurie*, ou oligophrénie phényl-pyruvique*, qui est l'affection de ce type la plus fréquente : elle affecte en France un nouveau-né pour 10 000 à 20 000 naissances.

a) *Etude clinique*

La phénylcétonurie a été étudiée initialement par Fölling en 1934, elle se transmet typiquement suivant le mode autosomique récessif.

Les homozygotes pour l'allèle muté PKU (1) (le locus est situé sur le grand bras du chromosome 12) sont normaux à la naissance; ils présentent dès les premières semaines de la vie des troubles digestifs, des lésions cutanées, des convulsions. A l'âge de 6 mois le développement mental apparaît très retardé; l'évolution aboutit à une débilité profonde (Q.I. inférieur à 50) accompagnée de troubles caractériels et nerveux; l'espérance de vie dépasse rarement 20 ans.

b) *Nature biochimique de la maladie*

L'anomalie concerne le métabolisme d'un acide aminé, la phénylalanine* : les malades sont incapables de synthétiser une enzyme hépatique, la phénylalanine-hydroxylase*, qui catalyse normalement la dégradation de la phénylalanine en tyrosine*. Le bloc métabolique aura pour conséquences :

— En *amont* de la chaîne, une accumulation de phénylalanine décelable dans le sang où elle atteint un niveau toxique (20 fois la normale), et le développement de voies métaboliques accessoires, responsables de l'accumulation de métabolites habituellement peu abondants comme l'acide phényl-pyruvique que l'on met en évidence dans les urines du malade. L'accumulation de la phénylalanine et des métabolites intermédiaires est responsable de la débilité mentale.

— En *aval* de la chaîne, il n'y a pas réellement carence en tyrosine, l'apport alimentaire direct étant pratiquement suffisant. Cependant un déficit en mélanine*, dérivé direct de la tyrosine, est illustré par l'aspect particulier des malades, blonds, au teint très pâle et aux yeux clairs.

(1) Le gène PAH des sujets atteints de PKU présente en général des mutations ponctuelles. L'une des plus fréquemment observées est une substitution G → A au début d'une séquence intronique, qui bloque l'épissage de l'intron.

c) *Traitement de la maladie*

Il est essentiel de reconnaître les symptômes de la maladie à un stade *très précoce* (test de Guthrie), afin d'instituer un traitement avant que des lésions irréversibles du cerveau ne soient apparues. Le traitement consiste en l'application d'un régime alimentaire artificiel pauvre en phénylalanine, qui doit être maintenu rigoureusement pendant de nombreuses années (1).

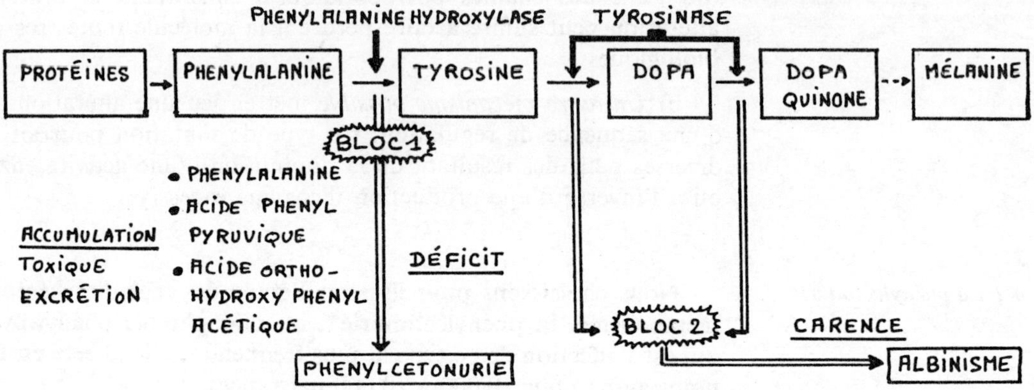

5 | L'albinisme

Dans le cas de l'albinisme la même chaîne métabolique est touchée, mais à un niveau qui se situe plus en aval. L'albinisme est provoqué par un défaut en tyrosinase*, l'enzyme qui catalyse la transformation de la tyrosine en dihydroxyphénylalanine (DOPA*), puis en DOPA-quinone, précurseurs de la synthèse mélanique.

L'accumulation de tyrosine en amont ne provoque pas d'inconvénients très marqués (le Q.I. est en général normal), mais c'est l'effet de carence qui s'illustre au niveau du phénotype. La peau des malades, très fine, est d'un blanc rosé ; les cheveux et les poils ne sont pas pigmentés ; l'iris de l'œil est très clair.

III. Les mutations chromosomiques et génomiques

Les mutations géniques correspondent essentiellement à des altérations qualitatives du matériel génétique. Les mutations chromosomiques ou génomiques sont des modifications surtout quantitatives de l'information héréditaire. Elles se manifestent par des changements profonds dans la structure d'un ou de plusieurs chromosomes (mutations chromosomiques), ou encore par des variations du nombre des chromosomes (mutations génomiques). Ces anomalies décrites sous le terme global d'aberrations chromosomiques sont cytologiquement décelables et se définissent par un caryotype particulier.

(1) La plupart des maladies héréditaires du métabolisme peuvent dès à présent faire l'objet de traitements permettant de maintenir en vie des sujets qui étaient naguère condamnés, soit que l'on apporte à l'organisme le métabolite qui fait défaut pour combattre un effet de carence, soit que l'on évite l'effet toxique dû à l'accumulation des métabolites intermédiaires par une stricte surveillance diététique.

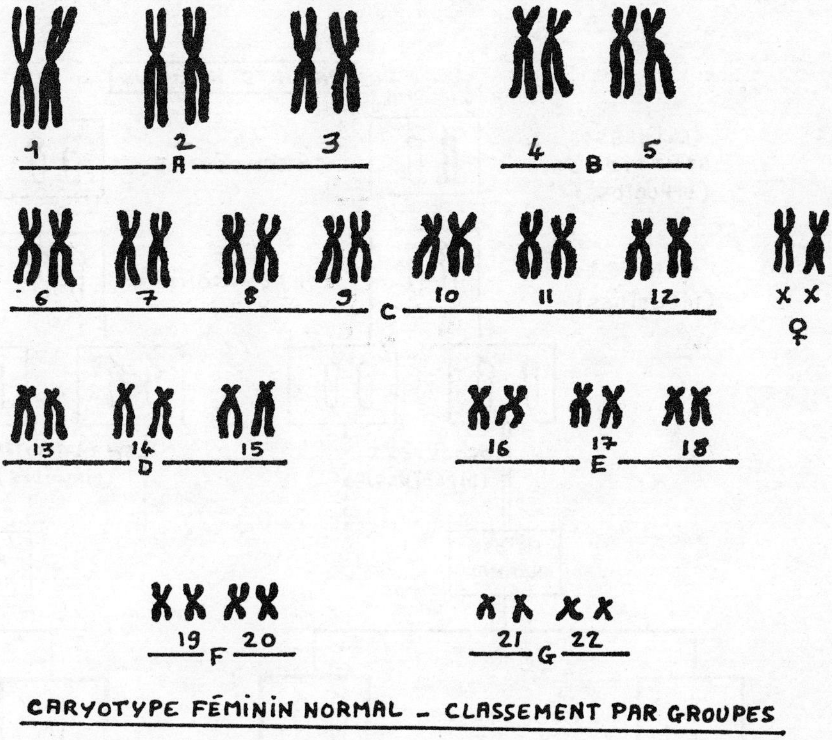

A / Anomalies du nombre

1 / Trisomie 21 (Syndrome de Down)

a) *Caractères*

L'anomalie la plus connue est la trisomie 21*, première maladie chromosomique mise en évidence (Lejeune *et al.*, 1959). Dans le caryotype des malades, le chromosome 21, un acrocentrique très court, figure en trois exemplaires au lieu de deux. Les malades présentent les signes cliniques du « mongolisme* » classique : débilité mentale (Q.I. voisin de 50), cardiopathie, troubles de la croissance, hyperlaxité musculaire, faciès élargi au niveau des pommettes, épicanthus de la paupière inférieure, langue fissurée, dermatoglyphe atypique. Les anomalies observées, en particulier la débilité mentale, peuvent être mises en relation avec une altération des processus oxydatifs intracellulaires. Le chromosome 21 porte sur son grand bras le locus génique gouvernant la synthèse d'une enzyme : la superoxyde-dismutase soluble (SOD_1)*, qui intervient dans les phénomènes d'oxydation cellulaire. Chez les trisomiques 21 une activité accrue de la SOD_1 serait responsable d'une diminution du taux cellulaire en O_2 et d'une augmentation de la concentration en H_2O_2. L'effet toxique se traduirait par des altérations et une dégénérescence des cellules nerveuses et, d'une façon plus générale, par un vieillissement cellulaire prématuré (Sinet, 1977).

b) *Origine*

Le plus souvent l'origine de la maladie est à rechercher dans le déroulement anormal de la gamétogenèse. Chez l'un des parents du malade une malségrégation des chromosomes 21 intervient au cours de l'une des deux divisions de la méiose (la non-disjonction peut même intervenir successivement dans les deux divisions méiotiques). La non-disjonction

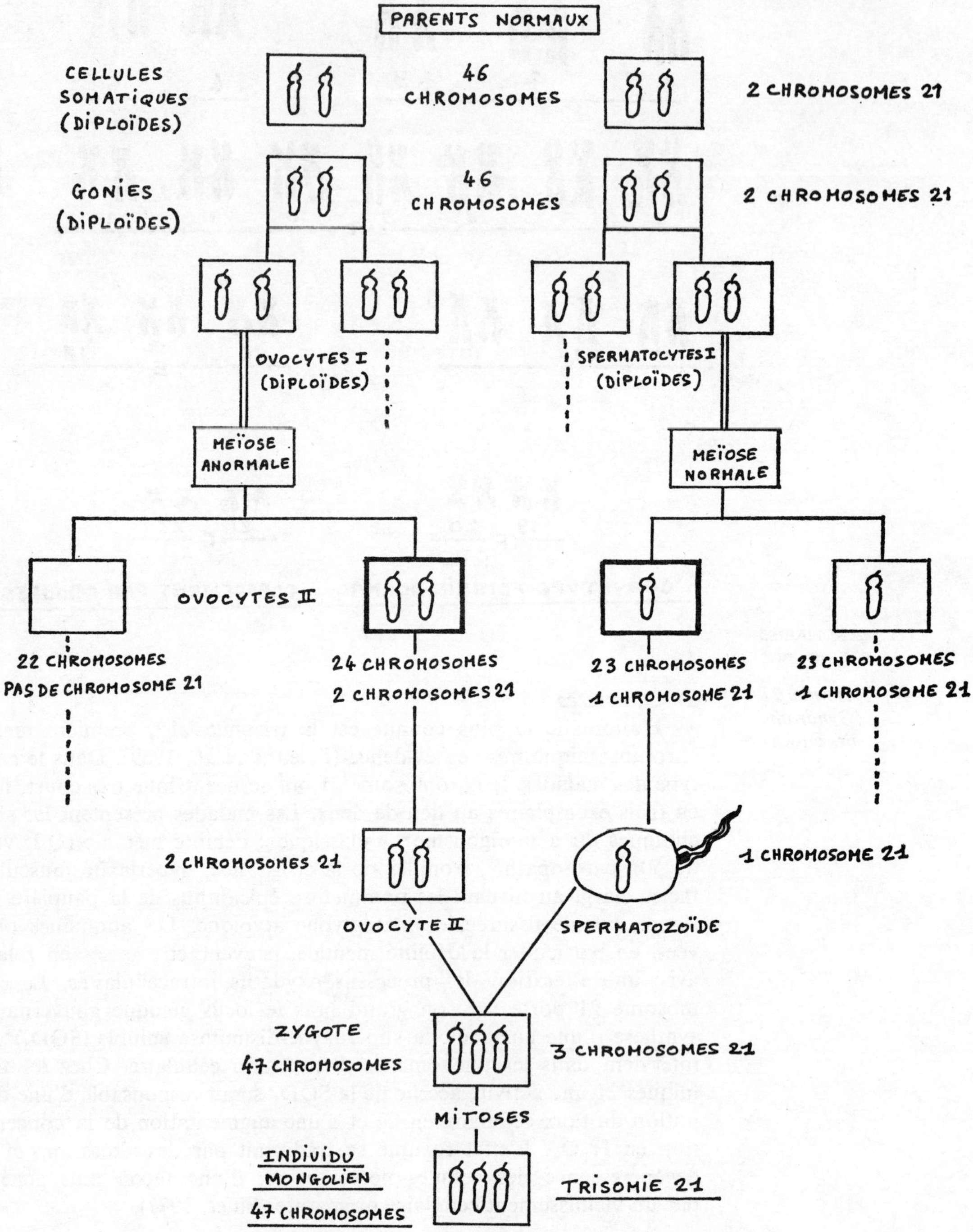

RÉALISATION D'UNE TRISOMIE 21 A LA SUITE D'UN ACCIDENT SURVENANT LORS DE LA GAMÉTOGENÈSE (MEÏOSE) D'UN PARENT aboutit à la formation de gamètes anormaux : diplo-21 (deux chromosomes 21) et nullo-21 (pas de chromosome 21). Lors d'une fécondation, si un gamète à deux chromosomes 21 s'unit à un gamète normal possédant un chromosome 21, le zygote (et l'organisme) résultant sont trisomiques pour le chromosome 21. L'origine accidentelle de la maladie implique que le risque que deux mongoliens (trisomie 21) apparaissent dans une même fratrie est faible.

c) *Fréquence*

La fréquence de la maladie est de 1 pour 600 en moyenne, mais l'âge de la mère intervient dans l'apparition du phénomène. Avant 30 ans le risque pour la mère de mettre au monde un enfant trisomique est de 1 pour 2 000, entre 40 et 45 ans le risque global est de l'ordre de 2 pour 100. Ceci peut s'expliquer par un vieillissement, une surmaturation des ovules.

D'autres anomalies numériques affectant les autosomes sont connues.

2 | Autres anomalies du nombre portant sur les autosomes

a) *Excès*

Elles portent en général sur un excès de matériel génétique : trisomie 13, 14, 15 ou trisomie 18, entraînant un décès précoce (quelques jours à quelques semaines).

b) *Défaut*

Les cas d'enfants nés porteurs d'une véritable monosomie* autosomique (défaut d'un autosome) sont exceptionnels sinon inconnus (1). Il peut arriver cependant que certains chromosomes (13, 14, 15, 18 et 21 encore) se referment sur eux-mêmes, formant une structure en anneau appelée ring*. Ces chromosomes en anneau se perdent facilement lors des mitoses ultérieures, au cours du développement, et les sujets se retrouvent monosomiques pour un très grand nombre de leurs cellules. A la naissance un sujet sera considéré comme « mono-21 » par exemple, si un chromosome 21 fait défaut dans 60 à 70 % des cellules sanguines examinées pour la détermination du caryotype. L'espérance de vie de tels sujets est brève.

c) *Type et contretype*

Il est intéressant de noter que la morphologie d'un sujet « monosomique » est pratiquement le contretype de celle du sujet trisomique correspondant. Ainsi un sujet « tri-21 » est hypotonique, possède des oreilles très petites, a une région oculaire peu développée; à l'inverse le « mono-21 » est hypertonique, ses oreilles sont particulièrement grandes et sa région oculaire est très développée.

3 | Anomalies du nombre portant sur les chromosomes sexuels

a) *Chromosomes sexuels. Corps de Barr*

Dans l'espèce humaine le caryotype comporte 22 paires d'autosomes (AA) et 2 chromosomes sexuels : XX chez la femme, XY chez l'homme. On observe dans le *noyau interphasique* de certaines cellules féminines un amas chromatinien particulier, accolé à l'enveloppe nucléaire : le corps de Barr*. Le nombre de corps de Barr dans le noyau est en rela-

(1) Dans ces cas, en effet, il est vraisemblable que l'avortement spontané et précoce soit la règle.

tion avec la présence des chromosomes X : il existe autant de corps de Barr que de chromosomes X, *moins un*. Selon l'hypothèse de Lyon (1961), les corps de Barr correspondent à des chromosomes X inactivés hétérochromatiques. Un seul chromosome X serait nécessaire et suffisant pour assurer un fonctionnement cellulaire normal, et tout X supplémentaire prend une forme inactive caractérisée par la présence du corps de Barr hétérochromatique.

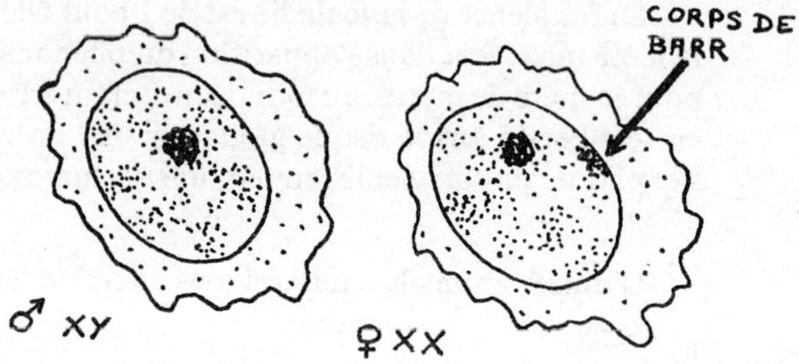

Comme pour les autosomes les anomalies numériques portant sur les chromosomes sexuels trouvent leur origine dans une non-disjonction au moment de la méiose (gamétogenèse) chez l'un des parents. Deux ordres de phénotypes sont réalisés chez les malades :

b) *Phénotypes féminins*

— *Syndrome de Turner* 45X (AA, XO) : caryotype à 45 chromosomes, pas de corps de Barr. Morphologie particulière, taille brève, puberté incomplète, niveau mental inférieur à la moyenne en général.

— *Trisomie X* 47X (AA, XXX) : 47 chromosomes, 2 corps de Barr. Morphologie normale, fertilité faible, parfois légère débilité mentale.

— *Syndromes tétra ou penta X* (AA, XXXX ou XXXXX) : 48 ou 49 chromosomes, 3 à 4 corps de Barr. Etats pathologiques marqués.

c) *Phénotypes masculins*

— *Syndrome de Klinefelter* (AA, XXY) : caryotype à 47 chromosomes, 1 corps de Barr. Grande taille, aspect gynoïde, puberté incomplète, ou retardée, retard mental faible ou nul.

— *Double chromosome Y* (AA, XYY) : caryotype à 47 chromosomes, pas de corps de Barr. Grande taille, calvitie précoce ; taux de criminalité *recensée* plus élevé que la moyenne, le fait d'être pris en faute résultant sans doute d'un Q.I. inférieur à la moyenne ; il ne s'agit pas en général de crimes « violents ». Le « chromosome du crime » ne mérite pas son nom !

d) *Conclusions*

L'examen des sujets manifestant des anomalies numériques sur les chromosomes sexuels nous conduit à faire deux remarques :

— Le sexe est déterminé par la présence ou l'absence d'un chromosome Y. En effet, les formules XO, XX, XXX, 4 ou 5X conduisent toujours à un type féminin; les formules XY, XXY, XYY toujours au type masculin. On a pu montrer que Y est porteur de « gènes sexuels » déterminants mâles (voir p. 61). Dans la mesure où la formule XO produit un type féminin *stérile* alors que XX est fécond, on peut aussi penser que X est porteur de déterminants conditionnant l'expression normale des caractères sexuels.

— En règle générale on constate que les formules 3, 4 ou 5X déterminent des états pathologiques; plus le nombre des X augmente au-delà de deux, plus l'état pathologique est marqué. Ceci indique que l'inactivation des X excédentaires *n'est que partielle*, y compris dans la formule normale XX, puisque XO est également pathologique.

B / Anomalies de structure

Ces anomalies résultent de cassures chromosomiques, entraînant une perte ou un déplacement des segments isolés et la formation de chromosomes remaniés.

1 / Délétions et duplications chromosomiques

Après la cassure d'un chromosome le fragment non pourvu du centromère (fragment acentrique) se perd car il ne peut participer aux mouvements de la mitose. Le fragment porteur du centromère peut être transmis aux générations cellulaires suivantes. Dans la plupart des cas les sujets porteurs de délétions importantes ne sont pas viables; certains cas pathologiques sont cependant connus dans l'espèce humaine :

a) *Délétions autosomiques*

La plus connue des maladies autosomiques dues à une délétion est la maladie du cri du chat*, qui résulte de la perte du bras court du chromosome 5 (5*p* —) (1). On connaît aussi des délétions affectant les chromosomes 18 et 21. Toutes ont des effets pathologiques très sévères.

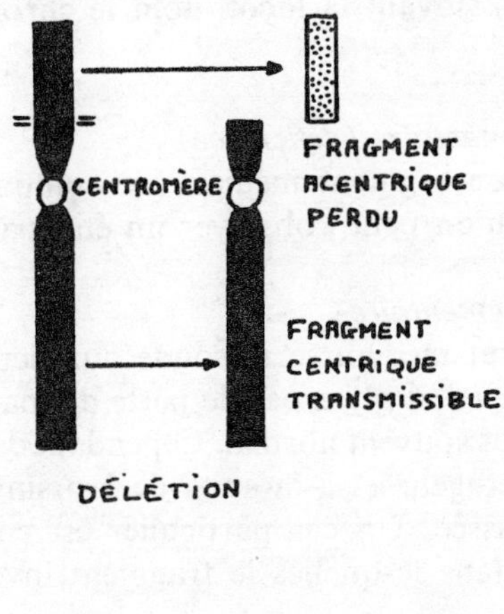

b) *Délétions du chromosome X. Inactivation partielle du chromosome X*

Chez un sujet de sexe féminin (AA, XX) la délétion du *bras court* d'un des deux chromosomes X produit un état pathologique. On observe un

(1) Un chromosome est défini par son petit bras *p* et son grand bras *q*. La notation (5*p* —) représente une délétion (—) sur le petit bras (*p*) du chromosome 5.

corps de Barr. Par contre la délétion du *bras long* d'un des deux chromosomes X a un effet pratiquement nul sur le sujet qui paraît normal. Il n'y a pas de corps de Barr. Ces données confirment nos conclusions précédentes : l'inactivation d'un chromosome X sur deux chez les sujets normaux n'est pas totale, elle affecte essentiellement le bras long, le bras court restant fonctionnel. Les méthodes de la biologie moléculaire ont montré que l'inactivation résulte d'une hyperméthylation de l'ADN, initiée à partir d'un centre d'inactivation (XIC) localisé dans la partie proximale du bras long. L'inactivation se propage à partir de ce centre, sur tout le bras long du chromosome.

L'inactivation partielle d'un des deux chromosomes X se produit dans toutes les cellules du sujet féminin normal durant la deuxième semaine du développement. Ce n'est pas le même chromosome X (d'origine paternelle ou maternelle) qui est inactivé dans toutes les cellules, mais, au hasard, l'un ou l'autre. L'inactivation est cependant acquise une fois pour toutes, et elle est transmise lors des mitoses successives. Il se constitue donc, dans un même organisme, des lignées cellulaires pour lesquelles le chromosome X d'origine paternelle est inactivé et des lignées pour lesquelles c'est le chromosome X d'origine maternelle qui est inactivé. De ce point de vue les femmes sont donc des mosaïques cellulaires, chaque organe comportant un mélange de deux populations cellulaires susceptibles de différer par les instructions exprimées au niveau de leur unique X actif.

c) *Duplications*

Elles correspondent à l'insertion dans un chromosome d'un segment chromosomique supplémentaire qui *s'ajoute* à un segment homologue déjà présent. Les effets pathologiques sont en général peu marqués.

2 / *Doubles ruptures chromosomiques*

Une double rupture portant sur un même chromosome peut avoir différents effets, suivant la façon dont le chromosome cassé effectue sa « réparation ».

a) *Délétion segmentaire (déficience)*

La perte d'un segment médian (ne comportant pas le centromère) provoque lorsqu'on peut l'observer un état pathologique sérieux.

b) *Inversion segmentaire*

Si le segment médian se ressoude aux deux fragments extrêmes *en inversant sa polarité*, il n'y a pas de perte de matériel génétique et le sujet porteur est le plus souvent normal. Cependant des anomalies se produisent lors de la gamétogenèse, à la suite de crossing-over par exemple, et la fertilité est abaissée. Un cas particulier est constitué par les *inversions péricentriques*, dans lesquelles le fragment inversé comprend le centromère.

c) *Chromosomes en anneaux*

Si les deux cassures sont subterminales, le chromosome peut se refermer en anneau. Il forme un « ring » qui se perd facilement lors des mitoses successives, les sujets atteints présentent les caractères d'une véritable monosomie, léthale à court terme.

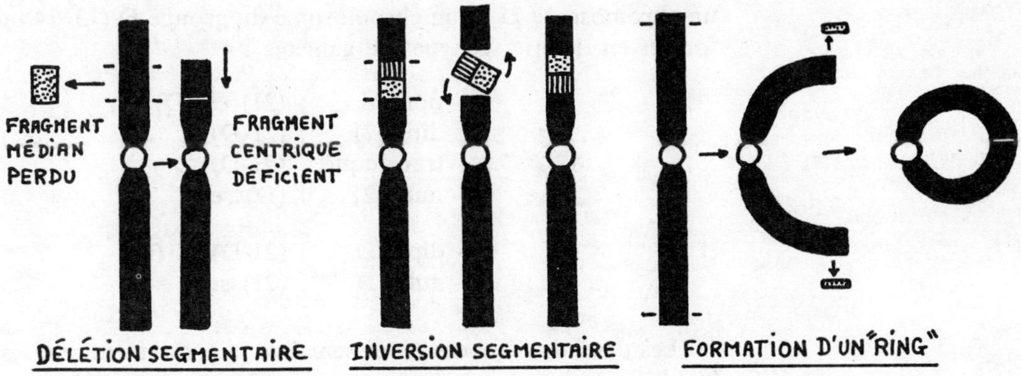

3 / Translocations

On appelle translocation le transfert d'un fragment plus ou moins important d'un chromosome sur un autre chromosome, homologue ou non. On en distingue deux types principaux :

— *Translocations réciproques.* — Ce cas correspond à la formation de deux cassures intéressant deux chromosomes distincts, suivies d'un échange des fragments acentriques entre les deux chromosomes.
— *Translocations par fusion centrique.* — Elles portent sur des chromosomes télocentriques, qui fusionnent dans leur région centromérique pour former un unique chromosome métacentrique* ou submétacentrique.

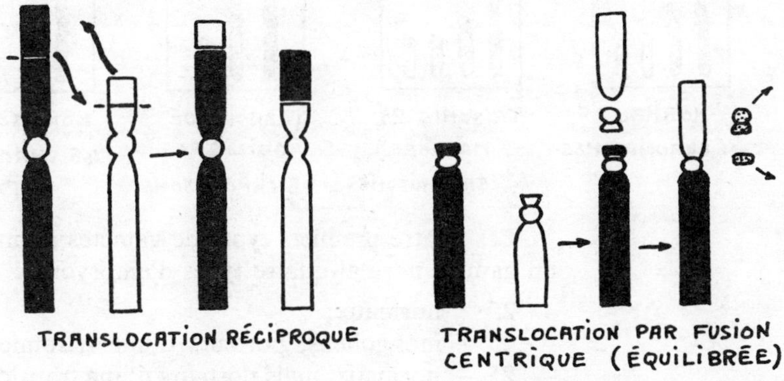

A l'occasion de la translocation une perte de matériel chromosomique peut se produire. Dans de nombreux cas cette perte est négligeable; les sujets atteints ne présentent ni excès ni défaut de matériel génétique et ne manifestent aucun trouble. On dit que la translocation est *équilibrée.* Cependant lorsque ces sujets normaux atteints d'une translocation équilibrée effectuent leur gamétogenèse, ils forment des gamètes anormaux, à la suite d'une malségrégation des chromosomes homologues impliqués dans la translocation; la descendance est alors affectée.

a) *Translocation équilibrée 21-D (translocation par fusion centrique)*
Un sujet d'aspect normal, porteur d'une translocation équilibrée entre

un chromosome 21 et un chromosome du groupe D (13, 14 ou 15), peut former en théorie six types de gamètes :

— normal : (21) et (D)
— diplo-21 : (21-D) et (21)
— transloqué : (21-D)
— nullo-21 : (D) seul

et — diplo-D : (21-D) et (D)
— nullo-D : (21) seul

Les deux derniers cas paraissent être plus rarement réalisés, vraisemblablement parce que le centromère du chromosome transloqué est presque toujours fourni par le chromosome du groupe D.

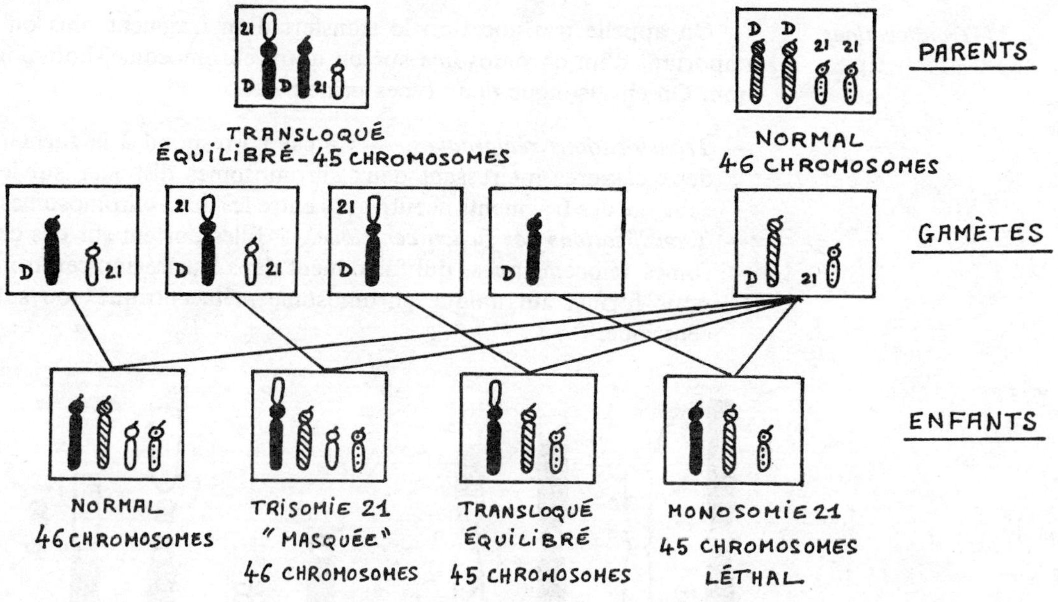

Les quatre premiers types de gamètes donnent par fécondation avec un gamète normal quatre types d'embryons :

— 25 % normaux;
— 25 - mongoliens, porteurs d'une trisomie 21;
— 25 - normaux, mais porteurs d'une translocation équilibrée, comme le parent porteur de l'anomalie;
— 25 % monosomiques 21. Léthalité.

Par conséquent, en théorie, un enfant de parent transloqué 21-D sur trois viables est porteur d'une trisomie 21. Cette trisomie 21 a un caractère particulier, elle est « masquée », en effet les malades ont un caryotype numériquement normal en apparence, à 46 chromosomes. En réalité le troisième chromosome 21 est soudé à un chromosome du groupe D.

b) *Translocation entre deux chromosomes 21*

Lorsque le porteur de cette anomalie (qui est normal) effectue sa gamétogenèse, il élabore deux types de gamètes :

— diplo-21 (21-21);
— nullo-21.

Ces gamètes donnent par fécondation avec un gamète normal deux types d'embryons :

— 50 % mongoliens, porteurs d'une trisomie 21;
— 50 - monosomiques 21. Léthalité.

Dans la translocation 21-21 on constate que tous les descendants viables d'un parent transloqué sont mongoliens.

Les translocations 21-D ou 21-21 expliquent la naissance de plusieurs mongoliens au sein d'une même fratrie, ou dans plusieurs fratries d'une même famille. La recherche de la translocation doit s'effectuer lorsqu'une mère jeune donne naissance à un mongolien, ou à la suite de fausses couches répétées par exemple.

C / Mosaïques et chimères

1 / *Anomalies en mosaïque*

On décrit sous le terme de mosaïque* l'existence chez un sujet de plusieurs lignées cellulaires différant par un ou plusieurs chromosomes, mais issues d'un même zygote. C'est après la fécondation, lors des premières divisions de segmentation de l'œuf que se produit un accident : non-disjonction, formation d'un « ring », délétion ou translocation. L'organisme résultant de ce développement comprendra des lignées constituées de cellules saines étroitement mélangées à des lignées cellulaires porteuses d'aberrations.

Parmi les cas étudiés retenons des mosaïques diplo 21/triplo 21. Chez ces malades le nombre respectif de cellules saines et tarées varie selon les cas. Lorsque le nombre de cellules anormales est élevé, le sujet présente des caractères mongoliens marqués; si les cellules saines pré-

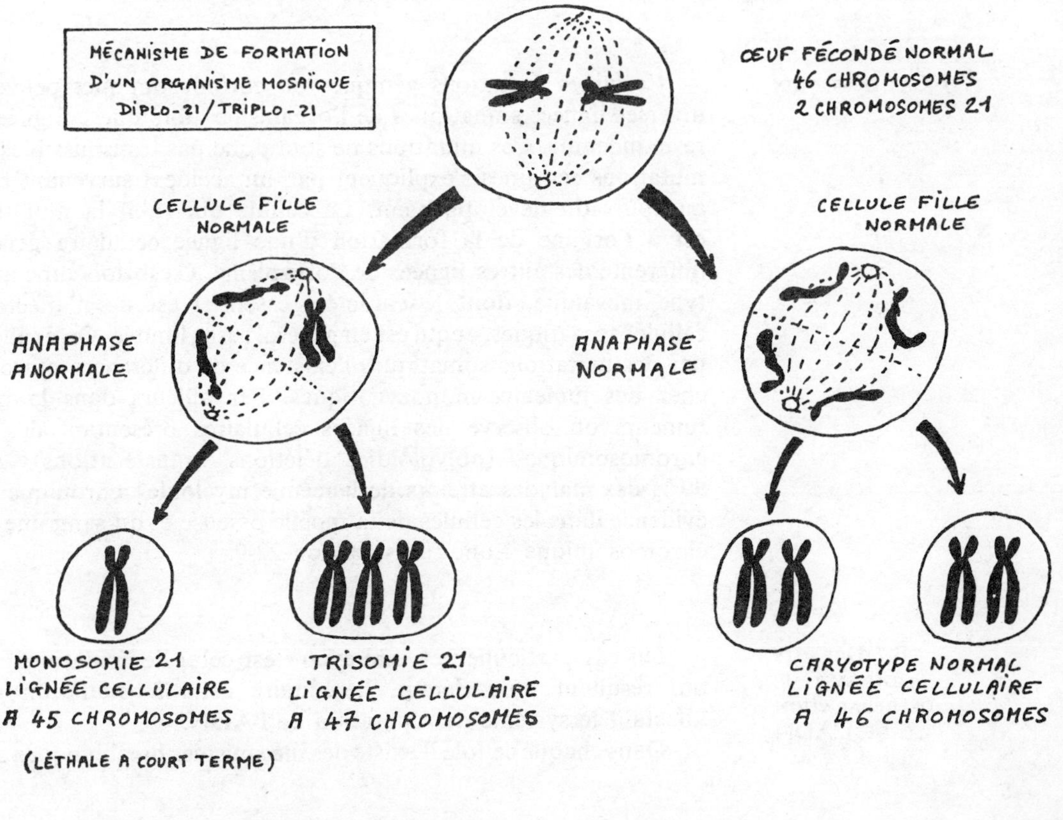

dominent le sujet est peu marqué morphologiquement et son développement mental est presque normal. D'autres cas de mosaïques concernent les chromosomes sexuels, on connaît des syndromes de Turner de type XO/XX/XXX et de Klinefelter de type XY/XXY. Enfin certains types cellulaires résultant de l'accident sont léthaux et éliminés de la mosaïque à plus ou moins court terme : cellules mono-21, cellules nullo-X.

2 / Chimères

Les chimères* génétiques sont des sujets porteurs de deux lignées cellulaires d'*origines différentes*. Ce type d'anomalie résulte de la fusion précoce au sein de l'organisme maternel de deux œufs fécondés (jumeaux dizygotiques). De telles chimères sont réalisées et étudiées chez l'animal, au laboratoire. Les globules rouges des sujets peuvent, par exemple, être constitués de deux populations cellulaires différant par leurs groupes sanguins. Par ailleurs si les deux zygotes impliqués dans la fusion sont de sexes génétiques différents, les sujets « chimères » montreront à la fois des cellules XX et des cellules XY; le phénotype réalisé dans ce cas est celui d'un pseudo-hermaphrodite* à morphologie sexuelle mal définie, présentant à la fois des caractères de masculinité et de féminité.

IV. Les mutations somatiques

A / Cas généraux

Certaines mutations géniques ou chromosomiques peuvent affecter diverses lignées somatiques de l'organisme alors que la lignée germinale reste indemne. Ces mutations ne sont donc pas transmissibles. Parmi ces mutations certaines s'expliquent par un accident survenant tardivement au cours du développement. La cellule qui subit la mutation initiale est à l'origine de la formation d'une lignée cellulaire génétiquement différente des autres lignées de l'organisme. C'est donc une anomalie de type mosaïque, dont le caractère essentiel est de n'affecter que des cellules somatiques, et qui est en général assez limitée. On explique parfois par des mutations somatiques l'existence de différences morphologiques chez des jumeaux monozygotiques. Par ailleurs dans la plupart des tumeurs on observe des lignées cellulaires présentant des anomalies chromosomiques (polyploïdie, délétions, translocations). Ainsi chez 90 % des malades atteints de leucémie myéloïde* chronique on met en évidence dans les cellules de la moelle osseuse et du sang une aberration chromosomique : une translocation 22-9.

B / Défauts du système de réparation de l'ADN

Un cas particulier et intéressant est celui de mutations somatiques qui résultent d'un défaut, héréditaire celui-là (mutation germinale), affectant le système de réparation de l'ADN.

Dans chaque cellule il existe des mécanismes biochimiques qui peuvent

« réparer » les altérations qui, pour diverses raisons mais inévitablement, se produisent dans les molécules d'ADN. Si ce système de réparation ne fonctionne pas, les conséquences peuvent être sérieuses, en particulier pour les cellules les plus exposées aux effets du milieu extérieur. Parmi les affections héréditaires provoquées par ce type de défaut génétique, on peut mentionner les syndromes de Bloom* et de Louis Bar*, l'anémie de Fanconi* et la xérodermie pigmentaire*. Les sujets atteints de cette dernière maladie ne supportent pas l'exposition à une lumière solaire intense. Leurs cellules épidermiques montrent de sévères altérations (dues à l'effet mutagène des rayonnements U.V.), des cancers de la peau sont fréquemment observés.

Les cellules épidermiques particulièrement exposées subissent des dommages au niveau de leur matériel génétique — et *ceux-ci ne sont pas réparés comme ils devraient l'être.* Ces cellules sont donc des mutants somatiques, mais la cause profonde de l'existence de ces mutations somatiques est une mutation germinale, transmissible aux descendants et qui affecte le système de « dépannage » du matériel génétique.

V. Les malformations congénitales

Une malformation congénitale est une anomalie importante qui est présente à la naissance (même si elle n'est pas immédiatement décelable). Ces malformations résultent d'un trouble du développement embryonnaire survenant au cours des trois premiers mois de la vie intra-utérine. L'anomalie peut résulter d'une cause « externe », intoxication ou infection, mais aussi, et c'est pourquoi nous en faisons mention, d'une modification du matériel génétique : mutation génique ou aberration chromosomique.

A / Morpho-dysplasies*

Il s'agit de maladies héréditaires qui se manifestent dès la naissance par la présence de diverses malformations; ces maladies ne sont pas évolutives. Elles ont leur origine dans une mutation génique affectant la synthèse d'une protéine spécifique active dans des phénomènes d'induction (ou de compétence) au cours de la période embryonnaire. L'altération ou l'absence de cette protéine est cause d'un défaut d'induction qui provoque des anomalies précoces de la morphogenèse : absence, hypertrophie, dystrophie ou fusion de certaines ébauches embryonnaires. Il en résulte des malformations plus ou moins importantes des organes intéressés.

Des phénotypes identiques à ceux résultant de ces maladies héréditaires sont réalisés par certaines affections accidentelles ou provoquées expérimentalement, que l'on nomme phénocopies*. C'est ainsi que l'achondroplasie héréditaire rencontrée chez l'homme et diverses espèces animales peut être « mimée » par des malformations obtenues expérimentalement chez l'animal en faisant agir certaines drogues sur l'embryon. De même, chez l'homme divers agents tels que le virus de la rubéole ou encore la thalidomide, pour citer les mieux connus, provoquent des anomalies comparables à des malformations héréditaires.

Il est intéressant de se demander si le même facteur initial n'est pas en cause dans les deux cas. Le parallélisme entre malformations expérimentales (tératologie) et génétiques peut ouvrir une voie aux recherches sur l'origine et éventuellement la thérapeutique des anomalies héréditaires de ce type.

B / HISTO-DYSPLASIES

Ce sont des maladies héréditaires qui correspondent à des anomalies de la différenciation cellulaire. Elles sont rarement décelées à la naissance et sont évolutives, s'aggravant progressivement au cours de la vie du sujet. Elles résultent d'une mutation génique affectant la production d'une protéine spécifique agissant sur la différenciation des feuillets embryonnaires. Les histodysplasies* sont toujours héréditaires, on n'en connaît pas de phénocopies; elles aboutissent souvent à des phénomènes de cancérisation secondaire.

VI. Fréquence et causes des modifications du matériel génétique

A / FRÉQUENCE

Pour les médecins et les généticiens les seules modifications du matériel génétique reconnues et prises en compte sont celles qui se traduisent de façon apparente et (ou) affectent la santé des porteurs. Ces données elles-mêmes sont largement subjectives car les informations disponibles concernant une population définie ne peuvent en aucun cas être complètes, ni même absolument représentatives; elles ne peuvent pas non plus être transposées d'une population à une autre. Quoi qu'il en soit, le tableau que l'on peut dresser à l'heure actuelle concernant la présence de facteurs génétiques mutés défavorables dans une population de type européen, et en rassemblant diverses informations disponibles est le suivant :

1 / Sujets considérés comme « sains »

Chaque sujet « normal » de l'espèce humaine est vraisemblablement porteur à l'état hétérozygote de plusieurs allèles mutés récessifs désavantageux (3 à 8 en moyenne d'après les différentes estimations). C'est ce que l'on appelle le fardeau génétique*, qui résulte schématiquement de la balance entre l'apparition régulière de mutations spontanées dans la population considérée, leur transmission, et la sélection qui s'effectue au cours des générations successives et tend à éliminer les allèles défavorables compte tenu de l'environnement.

2 / Sujets malades « apparents »

C'est la catégorie pour laquelle on dispose des meilleurs éléments d'information. On peut être surpris de la fréquence relativement élevée des maladies citées dans les paragraphes précédents et que nous prenons comme exemples :

Phénylcétonurie	0,1/1 000
Syndrome de Turner	0,3/1 000
Trisomie X	1,2/1 000
Syndrome de Klinefelter	1,5/1 000
Trisomie 21	1,7/1 000

On estime que 3 à 4 % des nouveau-nés à Paris sont atteints de malformations, dont 1,7 % de malformations majeures. A ce chiffre on peut ajouter 1 % d'enfants porteurs d'anomalies chromosomiques et 1 % d'affections déterminées par un gène défavorable. Dans la population française on compterait 3 à 4 % de débiles mentaux graves.

3 / Avortements

Pour importants que ces chiffres puissent paraître, ils ne concernent que des sujets viables, ou tout au moins nés à terme. En fait on admet que dans l'espèce humaine, au moins *une fécondation sur deux* produit un zygote porteur d'anomalies chromosomiques ou de mutations très défavorables. La très grande majorité des embryons porteurs de ces modifications du matériel génétique est rejetée précocement par l'organisme maternel. Le pourcentage des avortements « pour causes génétiques » (la plupart sont très précoces et ne sont même pas ressentis par la mère) par rapport à l'ensemble des avortements spontanés (1) est impossible à déterminer. Cependant parmi les embryons expulsés à la suite d'avortements spontanés plus tardifs et qui sont étudiés, le pourcentage des seuls sujets atteints de caryopathies aisément décelables dépasse 60 %. Dans ces conditions on peut se demander pourquoi certaines caryopathies sont compatibles avec la survie du sujet. On constate que les aberrations qui les conditionnent frappent le plus souvent les mêmes chromosomes : X, Y, 18, 21, 22, chromosomes du groupe D. Il est possible que ces chromosomes soient moins « chargés » que d'autres en informations génétiques d'importance majeure. On sait aussi que les bras courts des chromosomes 13, 14, 15, 21 et 22 portent tous *la même* information redondante correspondant à la synthèse du précurseur d'un ARN ribosomique (ARNr 45 S) ; on comprend alors qu'une perte du bras court d'un de ces chromosomes puisse être compensée. Pour le groupe XY l'interprétation est plus complexe, rappelons que ces chromosomes comportent une large part d'informations « sexuelles » (le Y est pauvre en informations « non sexuelles »), et que pour le chromosome X interviennent des phénomènes d'inactivation qui doivent aussi être pris en compte. Enfin, il est significatif que, pour tous ces chromosomes, c'est en général un *excédent* qui est compatible avec la survie, les *défauts* trop importants de matériel génétique sur un chromosome (ou la perte d'un chromosome) étant le plus souvent létaux, sans doute parce que cette perte autorise le « démasquage » de gènes mutants récessifs défavorables sur le chromosome homologue resté présent ou intact.

(1) Certains ont bien entendu des causes purement maternelles (malformations de l'utérus, infections, troubles hormonaux), le zygote lui-même étant normal.

B / Causes

1 / Mutations spontanées

Le taux des mutations spontanées dans l'espèce humaine, comme d'ailleurs chez la bactérie ou la Drosophile, est de l'ordre de 10^{-5}, c'est-à-dire qu'une mutation atteint une génération de gènes sur 100 000. Cette fréquence apparaît comme une sorte de « bruit de fond » accompagnant le fonctionnement du matériel génétique; elle représente la marge obligatoire d'imperfection qui caractérise le mécanisme de reproduction de l'information héréditaire.

Les anomalies du nombre des chromosomes, ainsi que certaines anomalies structurales importantes, s'expliquent la plupart du temps par des accidents survenant au cours d'une division cellulaire (mitose ou méiose). Les causes profondes de l'accident ainsi que les causes des mutations géniques ne sont pas connues. On les attribue ordinairement à l'action des radiations naturelles, l'agitation thermique, l'action cytotoxique des déchets cellulaires accumulés au cours du vieillissement, la carence en ions minéraux, etc.

2 / Anomalies provoquées

Des mutations ou des aberrations du matériel génétique peuvent être produites expérimentalement. Les agents actifs sont très divers :

a) *Agents physiques.* — Les radiations ionisantes ainsi que les U.V. provoquent des mutations. La fréquence des mutations obtenues est linéairement proportionnelle à la dose de rayonnements. Si la quantité de radiations à laquelle est soumise une espèce augmente, le taux des mutations observé dans sa descendance s'élève en proportion...

b) *Agents chimiques.* — Les antimitotiques, les antibiotiques, les antimétaboliques favorisent l'altération du matériel génétique.

c) *Agents biologiques.* — Certains virus agissent également sur l'information héréditaire : virus de la rubéole.

3 / Effets de la civilisation moderne

Les effets de la civilisation moderne sont susceptibles d'alourdir le fardeau génétique de l'espèce humaine :

Les progrès de l'hygiène, de la médecine, des législations sociales ont pour effets secondaires de permettre à de nombreux sujets porteurs de mutations défavorables, de survivre et de procréer. Ceci pourrait avoir pour conséquence d'avilir graduellement la qualité génétique de la population. On doit souligner le fait que le médecin améliore le sort de *chaque individu*, et non l'état de l'*espèce humaine*...

Les doses de radiations ionisantes reçues par les humains s'accroît lentement mais sûrement du fait des radiations atomiques de guerre (essais de bombes) ou de paix : radiographie systématique, déchets des usines nucléaires, etc. Ainsi dans la région parisienne la radioactivité naturelle est telle que la population reçoit à peu près 3 rad par génération. Le seul fait d'introduire la radiographie systématique a doublé la dose reçue par les Parisiens : cette technique de dépistage distribue en moyenne 3 rad par génération.

Les progrès de la chimie constituent également une menace : « l'orgie pharmaceutique », l'utilisation massive du D.D.T., l'usage de défoliants, le déversement dans les eaux des résidus industriels, la création de décharges gigantesques sont autant de risques pour l'intégrité du patrimoine génétique de l'espèce [1].

Tous ces faits — et bien d'autres — ne laissent pas d'être alarmants. Il reste cependant que l'évolution des idées et des techniques, les progrès de la médecine et des concepts sociaux n'ont pas que des effets néfastes. Au contraire dans l'immédiat ce sont les conséquences bénéfiques qui sont ressenties. Pour l'avenir, s'il est utile de savoir discerner les dangers encourus, il faut aussi reconnaître les avantages acquis ou prévisibles. On peut s'inquiéter de la direction prise par la recherche génétique, en particulier en ce qui concerne la *recombinaison génétique* étudiée dans le chapitre VI, mais il ne nous appartiendra vraisemblablement pas d'*arrêter* un processus évolutif sans doute inéluctable. Le rôle des biologistes, des médecins, des sociologues, des politiciens réunis dans des « comités d'éthique » est cependant fondamental dans la mesure où il leur appartient d'*infléchir* cette évolution dans le sens le plus favorable à la survie de l'espèce dans son ensemble et à l'épanouissemnet de chaque individu en particulier.

TEMPS FORT

Le diagnostic anténatal

Il est possible, par la mise en œuvre de deux méthodes complémentaires : l'*échographie** et l'*amniocentèse**, de prélever des échantillons cellulaires provenant d'un fœtus sans perturber la gestation et sans léser l'organisme maternel ou fœtal.

L'échographie permet d'obtenir des images correspondant à des « coupes ultrasoniques », transversales ou sagittales, de l'abdomen de la mère. On peut donc déterminer avec une bonne précision la position des organes maternels, celle du placenta et celle du fœtus.

A partir de ce repérage il devient possible de pratiquer (en général entre le 3ᵉ et le 4ᵉ mois de la grossesse) une amniocentèse, c'est-à-dire d'effectuer une ponction transabdominale du liquide amniotique. Dans ce liquide se trouvent toujours en suspension des cellules détachées du fœtus.

Les cellules fœtales prélevées avec le liquide amniotique peuvent être soit soumises à un examen immédiat, soit mises en culture (environ deux semaines) en vue de l'analyse ultérieure caryologique ou biochimique, permettant de déceler un éventuel défaut génétique : aberration chromosomique ou mutation génique.

[1] Il faut bien insister sur le fait que, sauf accident majeur, tous ces « risques » ne sauraient avoir d'effets décelables qu'à *très* long terme. Par ailleurs les diverses populations sont inégalement concernées.

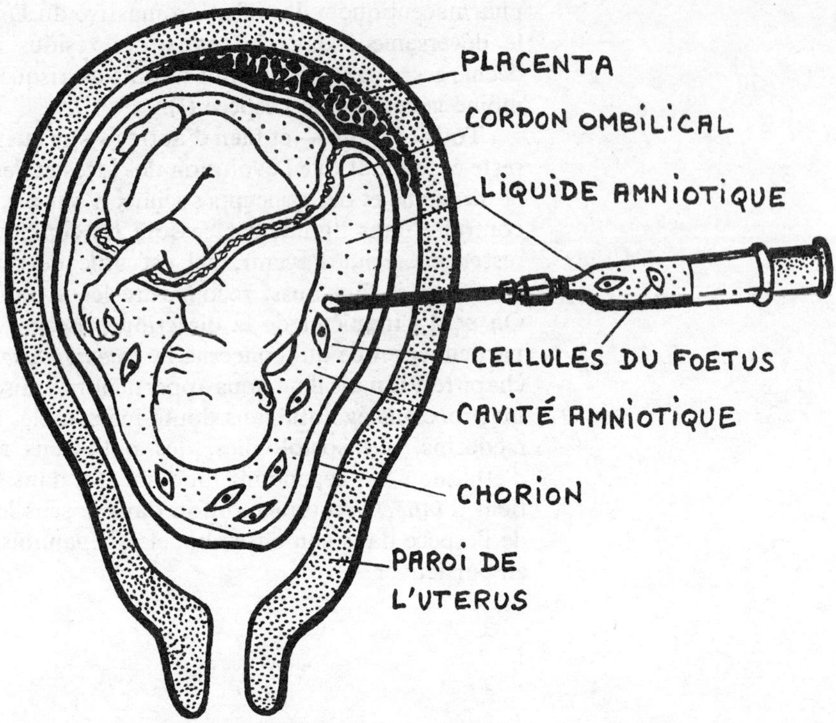

— L'examen du caryotype met en évidence de façon immédiate les anomalies de structure ou du nombre des chromosomes. Il permet également (bien qu'il s'agisse là d'un aspect accessoire!) de connaître le sexe génétique du fœtus.

— L'analyse biochimique implique que l'on recherche spécifiquement *une anomalie particulière*. Dans les cas les plus simples on mettra seulement en évidence la présence ou l'absence, ou encore un défaut moléculaire, d'une protéine ou d'une enzyme; on utilise par exemple l'électrophorèse réalisée à partir d'un extrait cellulaire.

— D'autres cas sont plus complexes et nécessitent un travail d'analyse génétique intéressant, nous en donnerons deux exemples :

1) *Recherche de l'hémophilie A* (Edgell, 1978)

Le diagnostic anténatal d'une hémophilie A est limité par le fait que le gène de l'hémophilie ne s'exprime pas dans les cellules du fœtus. Pour établir un tel diagnostic on peut avoir recours à un artifice fondé sur les faits suivants :

a) Le locus de l'hémophilie A et celui de la glucose-6-phosphate-déshydrogénase sont tous deux situés sur le bras long du chromosome X; ils sont très fortement liés (taux de recombinaison inférieur à 6,7 %).

b) Le polymorphisme biochimique de la G_6 PD est bien connu. Il existe des G_6 PD A, B ou AB.

c) Les sujets hémophiles sont toujours G_6 PD A.

Edgell reçoit en consultation une femme dont la mère est conductrice obligatoire pour l'hémophilie A. Les deux femmes sont G_6 PD AB. L'amniocentèse permet d'observer que le fœtus est un garçon G_6 PD B.

On peut donc postuler qu'il est indemne de l'hémophilie (tout en prévenant les parents qu'il existe un risque faible, dû à la possibilité d'un crossing-over). Dans ce cas, à la naissance il s'est avéré que l'enfant était normal...

2) *Recherche d'une hémoglobinose*

La méthode utilisée dans ce cas — définie en 1978 — est celle du *dosage génique par hybridation moléculaire.* A partir d'une ponction amniotique on prélève des cellules d'un fœtus présumé atteint d'une thalassémie α (délétion portant sur les gènes α de l'hémoglobine). On isole une fraction d'ADN fœtal que l'on hybride avec un *ADN complémentaire,* obtenu en utilisant comme matrice l'ARNm gouvernant la synthèse de la globine α (ADNc α). On constate que le pourcentage d'ADNc α hybridé permet de distinguer très nettement les sujets normaux αα/αα [1] (taux d'hybridation élevé) des sujets possédant un ou plusieurs gènes α porteurs de délétion, pour lesquels le taux d'hybridation est faible.

Au total l'amniocentèse se justifie pour les femmes susceptibles de présenter des grossesses « à risques » (femmes atteignant la quarantaine, ou antécédents familiaux connus). La méthode permet le *conseil génétique* en vue d'un éventuel avortement thérapeutique ou d'une meilleure prise en charge à la naissance.

Depuis le début des années 1980 d'autres méthodes d'investigation ont été développées ; elles permettent des examens très précoces, à partir de la 6ᵉ semaine de gestation. Ainsi l'*embryoscopie** permet d'introduire par les voies naturelles (vagin et col de l'utérus) un système optique et de prélèvement, permettant d'observer l'embryon et de prélever des cellules sur le trophoblaste (tissu embryonnaire annexe).

EXERCICES

1 | Une jeune femme se marie à l'âge de 18 ans ; elle-même et son mari paraissent parfaitement normaux et ne présentent pas de troubles particuliers. La jeune femme fait cependant trois fausses couches successives avant de donner le jour à un garçon, trois ans après son mariage. Ce garçon manifeste divers caractères atypiques : hyperlaxité musculaire, épicanthus de la paupière inférieure, existence d'un pli palmaire transverse.

— De quelle anomalie ces caractères sont-ils représentatifs ?
— Quelles hypothèses pouvez-vous formuler quant à l'origine de cette anomalie ? Justifiez vos réponses.
— Comment interprétez-vous les deux caryotypes ci-joints (p. 160 et 161) ? l'un est celui de l'enfant, l'autre celui de l'un des parents.

• Les signes cliniques observés sont ceux du « mongolisme », l'enfant est vraisemblablement affecté d'une trisomie 21, à rechercher au niveau du caryotype.

[1] Rappelons que le gène α est dupliqué.

CARYOTYPE n° 1

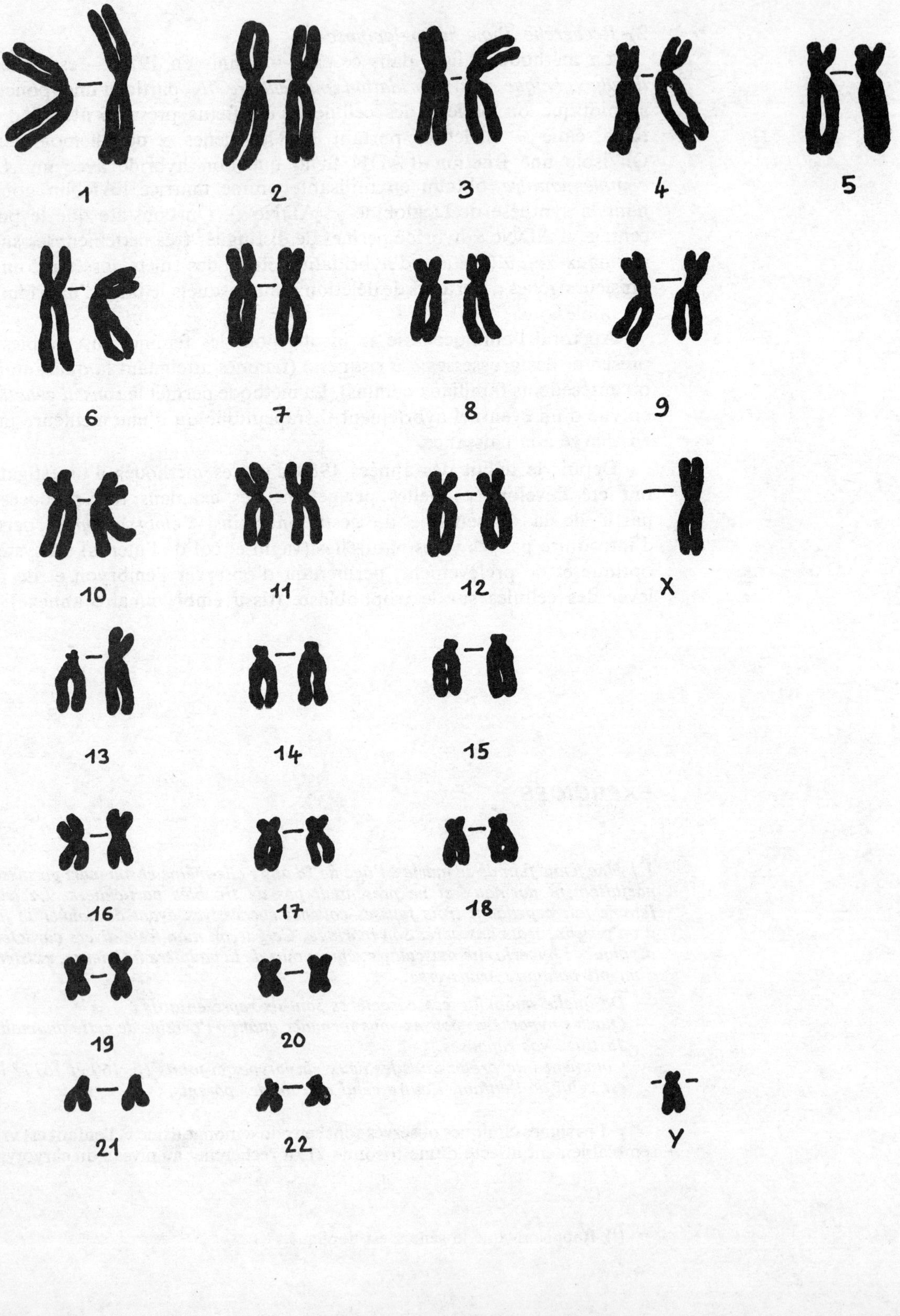

CARYOTYPE n° 2

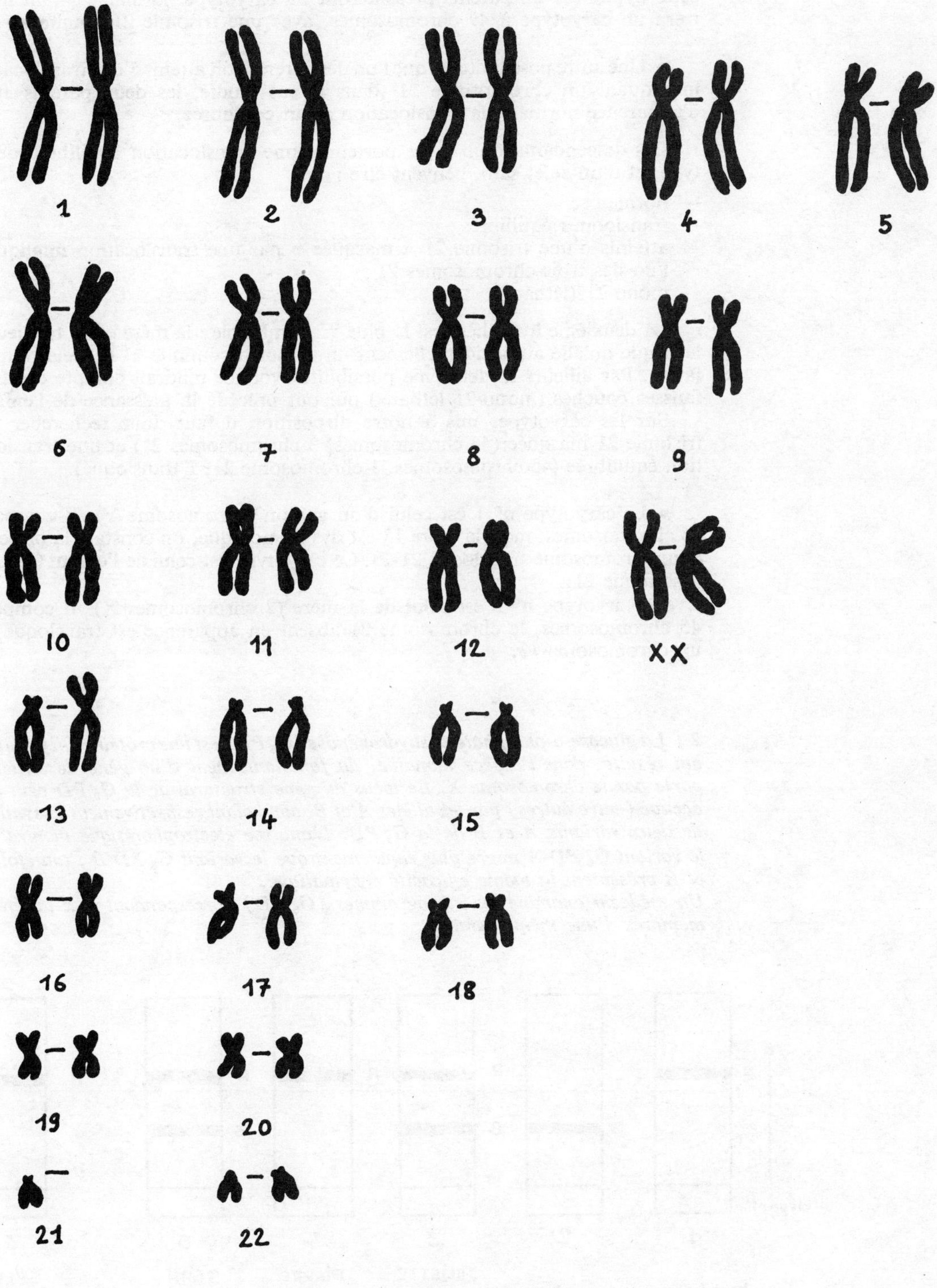

• La trisomie manifestée par l'enfant peut résulter d'un accident (malségrégation) survenu au cours d'une des deux divisions de la méiose, lors de la gamétogenèse, chez l'un des parents. Cet accident intervient semble-t-il plus fréquemment chez la mère, sa fréquence augmente avec l'âge de celle-ci. Dans cette hypothèse les parents présenteront un caryotype normal, l'enfant montrera un caryotype à 47 chromosomes, avec une trisomie 21 manifeste.

• Une autre possibilité est que l'un des parents soit atteint d'une translocation impliquant un chromosome 21 (dans le cas étudié, les deux parents étant d'apparence normale, la translocation serait équilibrée.

Les descendants d'un sujet porteur d'une translocation équilibrée de ce type, et d'un sujet sain, peuvent être :

— normaux ;
— transloqués équilibrés ;
— atteints d'une trisomie 21 « masquée » par une translocation impliquant l'un des trois chromosomes 21 ;
— mono-21 (léthaux).

La deuxième hypothèse est la plus vraisemblable : la mère étant très jeune, le risque qu'elle ait accidentellement un enfant trisomique 21 est relativement faible. Par ailleurs la deuxième possibilité évoquée rendrait compte des trois fausses couches (mono-21 léthaux) qui ont précédé la naissance de l'enfant.

Sur les caryotypes mis à notre disposition il faut donc rechercher une trisomie 21 masquée (46 chromosomes, 3 chromosomes 21) et une translocation équilibrée (45 chromosomes, 1 chromosome 21, 1 transloqué).

• Le caryotype n° 1 est celui d'un garçon (chromosome Y). Il comporte 46 chromosomes, mais la paire 13 est dysharmonique, on constate la présence d'un chromosome transloqué 21-13. Ce caryotype est celui de l'enfant (garçon, trisomique 21).

Le caryotype n° 2 est celui de la mère (2 chromosomes X). Il comporte 45 chromosomes, le chromosome 21 absent en apparence est transloqué sur un chromosome 13.

2 / La glucose-6-phosphate-déshydrogénase (G_6 PD) est une protéine enzymatique qui résulte, dans l'espèce humaine, du fonctionnement d'un gène de structure porté par le chromosome X. Le locus du gène structural de la G_6 PD peut être occupé (entre autres) par les allèles A et B, contrôlant respectivement la synthèse de deux variants A et B de la G_6 PD. L'analyse électrophorétique montre que le variant G_6 PD-A migre plus rapidement que le variant G_6 PD-B ; toutefois A et B présentent la même efficacité enzymatique.
Un médecin examine les zymogrammes (G_6 PD) correspondant aux différents membres d'une même famille :

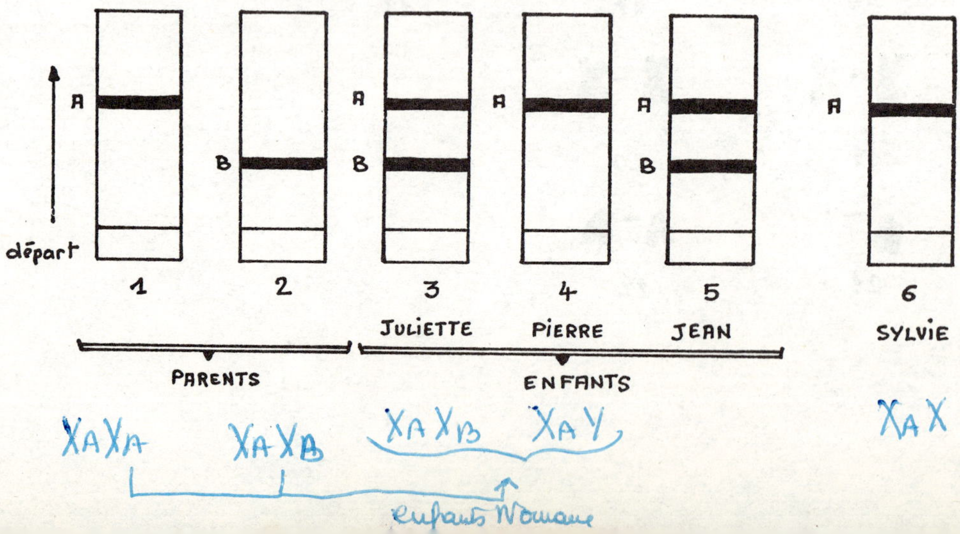

1° Sachant que la mère est homozygote pour le gène concerné, quel est parmi les zymogrammes des parents (1 et 2) celui qui se rapporte à la mère ? Justifiez votre réponse.

2° Pour ce caractère (G_6 PD) quels sont les génotypes du père, de la mère, de Juliette et de Pierre ?

3° Le troisième enfant de la famille, Jean, présente le zymogramme n° 5, que le médecin estime anormal. Il rapproche son cas de celui d'une jeune fille examinée à l'hôpital, Sylvie (zymogramme n° 6). Les zymogrammes présentés par les parents de Sylvie sont identiques à ceux des parents de Jean (1 et 2).

Pourquoi le médecin juge-t-il anormal le zymogramme présenté par Jean ? Comment peut-il expliquer, en se basant sur les connaissances concernant le fonctionnement du chromosome X dans l'espèce humaine les zymogrammes de Juliette, de Jean, de Sylvie ?

• La mère homozygote possède donc sur ses deux chromosomes X le gène sous la même forme allélique A ou B. Le père et les descendants masculins sont naturellement hémizygotes pour ce gène. Pierre, qui est un garçon normal, possède le variant A synthétisé sous la dépendance de l'allèle A, situé sur son chromosome X qui lui a été naturellement transmis par sa mère. La mère est donc homozygote X^A/X^A et le zymogramme n° 1 lui correspond.

Le zymogramme n° 1 appartient à la mère, le zymogramme n° 2 appartient donc au père. La mère est homozygote X^A/X^A, le père est hémizygote X^B/Y. Les enfants Juliette et Pierre sont respectivement hétérozygote X^A/X^B et hémizygote X^A/Y.

• Le médecin est inquiet à propos du zymogramme du troisième enfant de la famille, Jean, car un garçon ne peut normalement être hétérozygote pour un gène porté par le chromosome X. En effet, le locus du gène sur un chromosome X ne peut être que sous une seule forme allélique (ici A ou B) mais absolument pas sous les deux. Il y a une exclusion mutuelle de l'une ou l'autre forme. Le médecin rapproche le cas de Jean de celui de Sylvie qui est actuellement examinée à l'hôpital car cette jeune fille dont les parents sont X^A/X^A (♀) X^B/Y (♂) ou X^B/X^B (♀) X^A/Y (♂) (l'énoncé ne le précise pas) devrait être normalement hétérozygote X^A/X^B comme Juliette. Elle ne peut être homozygote X^A/X^A que s'il s'agit d'une naissance illégitime (X^A/X^A ♀, X^A/Y ♂) mais dans ce cas elle ne serait pas examinée à l'hôpital. On peut donc raisonnablement rejeter cette dernière éventualité.

• Les tentatives d'explication que peut évoquer le médecin sont multiples mais l'expérimentation seule lui permettra de choisir parmi ses hypothèses.

• *Première hypothèse :* Jean possède une garniture chromosomique anormale à la suite d'accident de méiose chez le père et non chez la mère. Jean est victime du syndrome de Klinefelter et son génotype est $X^A X^B/Y$.

Schéma de la méiose chez les parents de Jean (le même schéma est valable pour les parents de Sylvie) (voir p. 133).

Dans le cas de Sylvie, si la mère est X^A/X^A et son père X^B/Y, elle peut être victime du syndrome de Turner. Elle a alors pour génotype (X^A/O), qui est le résultat de la fécondation d'un ovule normal X^A avec un spermatozoïde XO. Si sa mère est X^B/X^B et son père X^A/Y, l'accident de méiose a eu lieu chez la mère : fécondation d'un ovule XO avec un spermatozoïde X^A.

• *Deuxième hypothèse :* Le médecin peut aussi expliquer le cas de Jean par une translocation d'un bras du chromosome X portant le gène B sur un autre chromosome. Ainsi, c'est un spermatozoïde contenant le chromosome Y et une partie de l'X transloquée qui féconde un ovule normal.

Le cas de Sylvie peut également résulter (dans l'hypothèse d'une mère X^A/X^A et d'un père X^B/Y) de la fécondation d'un ovule normal X^A par un spermatozoïde dont l'X a subi la délétion du bras portant le gène B.

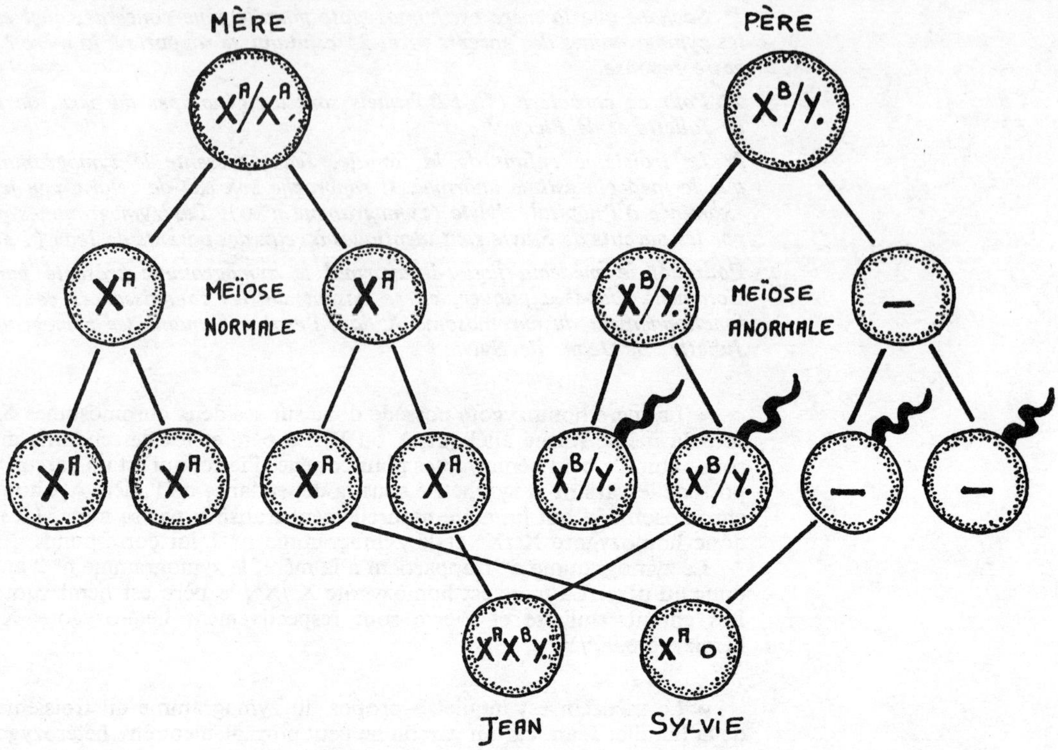

• *Troisième hypothèse :* L'allèle B du père a muté en allèle A. Dans ce cas (extrêmement rare d'ailleurs), Sylvie est homozygote X^A/X^A. Mais on ne comprend pas pourquoi elle serait examinée à l'hôpital. On peut donc raisonnablement rejeter cette hypothèse.

Le médecin pourra trancher entre les deux premières hypothèses à la suite des examens des caryotypes de Jean et de Sylvie.

• Chez la femme, l'un des chromosomes X se trouve partiellement inactivé sous une forme hétérochromatique que l'on appelle « corps de Barr ». Cette inactivation est très précoce au cours du développement embryonnaire. Il s'ensuit que c'est tantôt un X qui est inactivé et tantôt l'autre. L'inactivation est en *mosaïque*. Ceci explique qu'une femme normale comme Juliette possède les deux variants A et B (une partie de ses cellules synthétise le variant A, l'autre partie le variant B). On explique la présence des deux variants A et B chez Jean par le même phénomène. Quant à Sylvie, ne possédant qu'un allèle A, il est normal de ne constater que la synthèse du variant A chez cette jeune fille.

3 / Dans un hôpital on reconstitue, à partir de documents d'archives portant sur plusieurs années, le pedigree d'une famille.
Le médecin étudie, en les comparant à un hémocontrôle (témoin), les résultats de l'analyse électrophorétique des hémoglobines de trois frères : Pierre, Michel et Jean.
Deux documents, P_1 et P_2, se rapportent à Pierre, un document M_1 concerne Michel, un document J_1 concerne Jean.
Les fiches médicales indiquent par ailleurs que Jean a eu deux filles, Véronique et Yvonne. L'analyse révèle que Véronique possède à la fois, et en proportions sensiblement égales, de l'hémoglobine S et de l'hémoglobine C. La fiche de Yvonne indique qu'elle est morte atteinte d'une anémie hémolytique (hémoglobinose S).
— Sachant que les hémoglobines A_1 F et A_2 comportent toutes deux chaînes polypeptidiques α, associées respectivement à deux chaînes β (A_1), ou deux chaînes γ (F), ou deux chaînes δ (A_2).

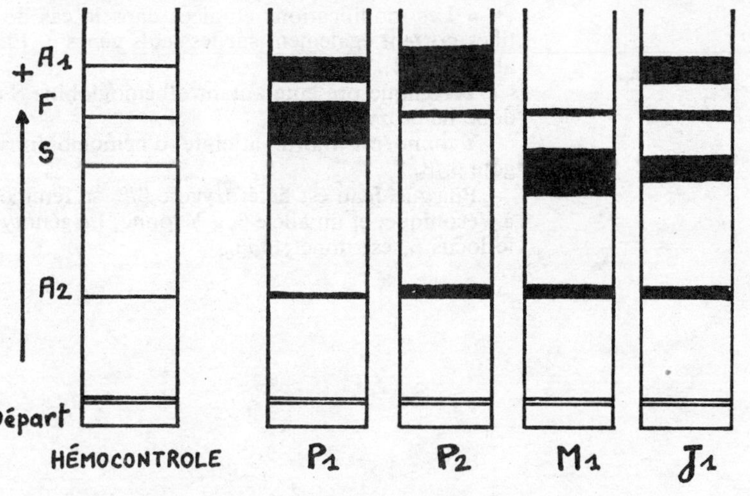

— Que l'hémoglobine S est une hémoglobine A_1 modifiée par suite du remplacement sur les chaînes β d'un acide glutamique par une valine (→ chaînes β_S).

— Que l'hémoglobine C est une hémoglobine A_1 modifiée par suite du remplacement sur les chaînes β d'un acide glutamique par une lysine (→ chaînes β_c).

1° Comment peut-on expliquer que les deux documents P_1 et P_2 se rapportant au même sujet (Pierre) soient différents ? Quelle est la signification génétique des différences observées ?

2° Pour tous les gènes considérés, quel est le génotype de chacun des trois frères, quels sont les génotypes de leurs parents ? Quel est le phénotype de leurs hématies ?

3° Pour les gènes concernés quel est le génotype de Véronique, le génotype de Yvonne, le génotype de la femme de Jean ?

• Les deux documents se rapportent au même sujet, Pierre. L'importance de la fraction hémoglobine F dans le document P_1 indique que l'électrophorèse a été réalisée à partir d'un échantillon prélevé peu après la naissance de Pierre (sang de cordon ?). Dans le document P_2, les proportions d'hémoglobine A_1 (la plus importante), d'hémoglobine A_2 et d'hémoglobine F (traces) indiquent que l'échantillon de sang examiné a été prélevé chez le sujet adulte. L'analyse comparative des deux documents met en évidence un phénomène de régulation. Chez le fœtus les gènes γ (hémoglobine F) sont actifs, les gènes β (hémoglobine A_1) sont réprimés. Chez l'adulte on observe une activation des gènes β et une répression des gènes γ (les gènes α sont dans tous les cas fonctionnels).

Suivant les données de l'énoncé seule l'hémoglobine $A_1(\alpha_2\ \beta_2)$ est susceptible de présenter des modifications, celles-ci n'intéressent que les gènes β. Tous les sujets étudiés sont donc homozygotes α/α, γ/γ, δ/δ.

En ce qui concerne les gènes β, Pierre dont l'hémoglobine A_1 est présente à un taux normal est β/β.

Michel ne montre pas d'hémoglobine A_1, mais des proportions importantes d'hémoglobine S, il est β_S/β_S.

Jean présente à des taux sensiblement comparables, à la fois de l'hémoglobine A_1 et de l'hémoglobine S, il est β/β_S.

Les enfants montrent donc trois génotypes distincts, deux homozygotes et un hétérozygote ; les parents sont donc tous deux hétérozygotes pour le gène β : β/β_S.

Pierre $(\alpha_2\ \beta_2)$ a des hématies normales.

Michel $(\alpha_2\ \beta_{S2})$ a des hématies falciformes.

Suivant les conditions d'oxygénation, Jean et les parents, hétérozygotes de type $(\alpha_2\ \beta\beta_S)$, peuvent ou non présenter des hématies falciformes.

• Les modifications étudiées dans le cas de Jean, de sa femme et de ses filles portent également sur les seuls gènes β. Elles concernent les trois formes alléliques β, β_S et β_C.

Véronique présente autant d'hémoglobine S que d'hémoglobine C, elle est donc hétérozygote β_S/β_C.

Yvonne est morte atteinte d'hémoglobinose S, elle est donc homogygote β_S/β_S.

Puisque Jean est hétérozygote β/β_S sa femme a donc transmis un allèle β_C à Véronique, et un allèle β_S à Yvonne. Le génotype de la femme de Jean, pour le locus β, est donc : β_S/β_C.

6

RECOMBINAISONS GÉNÉTIQUES

SOMMAIRE

I. Introduction

La génétique mendélienne met en évidence le rôle fondamental des phénomènes de la reproduction sexuée. Chez les organismes pluricellulaires eucaryotes ce mode de reproduction permet un double brassage des informations génétiques, au moment de la méiose pendant la gamétogenèse d'une part, au cours de la fécondation (caryogamie*) d'autre part. Une telle alternance de phases diploïdes et haploïdes séparées par la méiose et la caryogamie ne s'observe pas chez les virus ou chez les bactéries. Cependant, des échanges de matériel héréditaire peuvent se produire de façon naturelle chez ces microorganismes, lors de phénomènes que l'on décrit sous le vocable général de « parasexualité »* (1) (Pontecorvo, 1958) : transformation et conjugaison bactérienne, transduction. Des recombinaisons génétiques peuvent aussi être réalisées *expérimentalement* au laboratoire : c'est l'*ingénierie génétique** qui connaît un développement considérable depuis une vingtaine d'années. L'étude de ces phénomènes de recombinaison constitue une approche très fine dans l'analyse et la compréhension de la structure et du mode de fonctionnement des gènes.

II. La transformation bactérienne

Une expérience réalisée par Griffith en 1928 constitue la première démonstration du fait que des fragments de matériel génétique (ADN) d'une cellule (donneur) peuvent être transférés dans une autre cellule (receveur), intégrés dans le matériel génétique du receveur et transmis à sa descendance.

A / Expérience de Griffith

1 / Matériel

Le matériel choisi par Griffith est le pneumocoque, *Diplococcus pneumoniae**, la bactérie responsable de la pneumonie chez les Mammifères. Le pneumocoque existe sous deux formes phénotypiques différentes.

a) *Une forme virulente* (2), qui possède une capsule* composée essentiellement de polysaccharides, empêchant la phagocytose* de la bactérie, c'est-à-dire sa destruction par les globules blancs macrophages. Les colonies de bactéries virulentes montrent un aspect lisse ; on les désigne par la lettre S (*Smooth* = lisse).

(1) Il est à noter que les fusions cellulaires réalisées dans les expériences d'hybridation somatique sont à classer parmi les phénomènes de parasexualité.

(2) On appelle virulence* le pouvoir que possèdent certaines bactéries de se multiplier dans un organisme animal.

b) *Une forme non virulente*, pouvant apparaître par mutation, c'est-à-dire à la suite d'une modification brutale du matériel génétique, dans les colonies de bactéries virulentes. Ces bactéries non virulentes sont dépourvues de capsule ; elles forment des colonies d'aspect mat, rugueux ; on les désigne par la lettre R (*Rough* = rugueux).

2 / Protocole expérimental

L'expérience consiste à inoculer à des souris différents types de pneumocoques.

a) L'injection à des souris de bactéries vivantes du type S (virulentes) provoque la mort des animaux par pneumonie.

b) L'injection de bactéries vivantes du type R (non virulentes) est sans effet sur les souris traitées.

c) Griffith tue par la chaleur des bactéries de type S (virulentes). Il injecte ces bactéries tuées par la chaleur à des souris : celles-ci ne sont pas affectées par le traitement.

d) Enfin Griffith injecte à des souris un mélange de bactéries du type R (non virulentes) *vivantes* et de bactéries du type S (virulentes) *tuées* par la chaleur. Les souris meurent de pneumonie. On retrouve dans leur sang des pneumocoques *de type S*, *virulents*, *vivants*, dont il faut expliquer la présence.

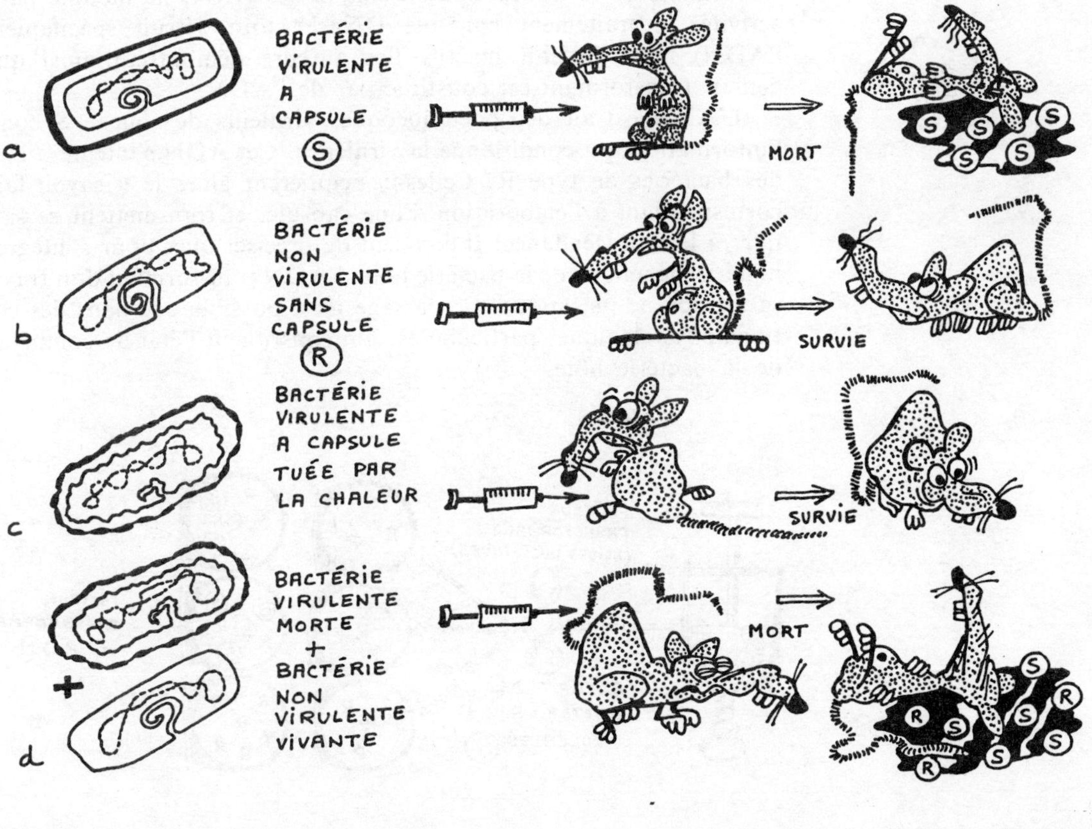

3 / Interprétation des résultats

Une « résurrection » des pneumocoques S tués par la chaleur est à exclure. Il faut donc admettre que la présence de bactéries virulentes de type S vivantes résulte d'une transformation* de bactéries du type R par l'action des bactéries du type S tuées.

Griffith pensa tout d'abord que la transformation pouvait être due à l'action des polysaccharides de la capsule des bactéries de type S. Cette hypothèse ne peut être retenue, en effet, des bactéries de type S tuées, *débarrassées de leur capsule*, provoquent également la transformation.

B / Nature du facteur transformant

1 / Transformation « in vitro »

D'autres auteurs, Dawson et Sia, démontrent peu après que la transformation peut être obtenue *in vitro* en tube à essais. Par ailleurs un « facteur transformant » contenant l'information génétique déterminant la virulence *est extrait de bactéries du type S.*

L'adjonction de ce facteur transformant au milieu où sont cultivées des bactéries de type R (non virulentes) provoque la transformation de ces bactéries en pneumocoques virulents de type S (Alloway, 1933). Le caractère héréditaire de cette transformation est démontré en utilisant les descendants de ces nouvelles souches pathogènes pour transformer d'autres bactéries non virulentes en bactéries S.

2 / Analyse du facteur transformant

L'analyse du facteur transformant fut entreprise en 1944 par Avery, McLeod et McCarty. Ces auteurs ont démontré qu'il est constitué par des acides nucléiques. Le traitement de l'extrait par une RNase, enzyme responsable de la destruction spécifique des ARN, ne modifie pas son activité, le traitement par une DNase* (qui détruit spécifiquement l'ADN) rend l'extrait inactif. Les auteurs démontrent ainsi que le facteur transformant est constitué par de l'ADN.

L'ADN extrait des pneumocoques virulents de souche S contient l'information qui conditionne la virulence. Cet ADN s'intègre à l'ADN des bactéries de type R. Celles-ci acquièrent alors le « savoir-faire » correspondant à l'élaboration d'une capsule, et transmettent ce savoir-faire à leur descendance. Il convient de préciser que, pour s'intégrer au matériel génétique de la bactérie hôte, l'ADN transformant doit traverser sa membrane plasmique. Ce passage n'est possible que dans des conditions physiologiques particulières, qui constituent l'état de compétence* de la bactérie hôte.

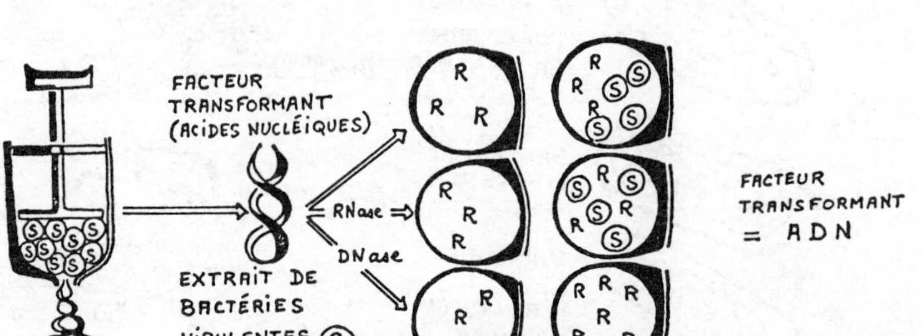

D'autres expériences ont montré que la transformation bactérienne ne se limite pas au seul caractère de virulence, elle peut être généralisée à l'ensemble des caractères héréditaires du pneumocoque. Par ailleurs des phénomènes de transformation sont mis en évidence chez d'autres espèces bactériennes.

C / Mécanisme de la transformation

La transformation bactérienne correspond à une recombinaison génétique qui s'opère en trois étapes :

1 / *Pénétration*

L'ADN donneur s'attache à la membrane plasmique de la bactérie receveuse. Le fragment transformant proprement dit, correspondant à un millier de paires de nucléotides, pénètre linéairement à travers la membrane. Au cours de ce passage l'un de ses brins est dégradé par une nucléase, ce qui fournit l'énergie nécessaire au transfert de l'autre brin qui pénètre donc seul dans le cytoplasme du receveur.

2 / *Synapsis*

L'ADN du receveur est dénaturé localement et l'un de ses brins excisé, au niveau d'une séquence structuralement proche de celle de l'ADN transformant. Le brin excisé est remplacé par le brin d'ADN du donneur qui s'intègre ainsi au chromosome de la bactérie receveuse. A ce niveau il se forme donc un hétéroduplex* (1) dont les deux brins ne sont pas rigoureusement complémentaires.

3 / *Réplication*

Au cours de la réplication de l'ADN de la bactérie receveuse, chaque brin sert de matrice pour la formation à son contact d'un brin *exactement* complémentaire. Les deux bactéries résultant de la division du receveur

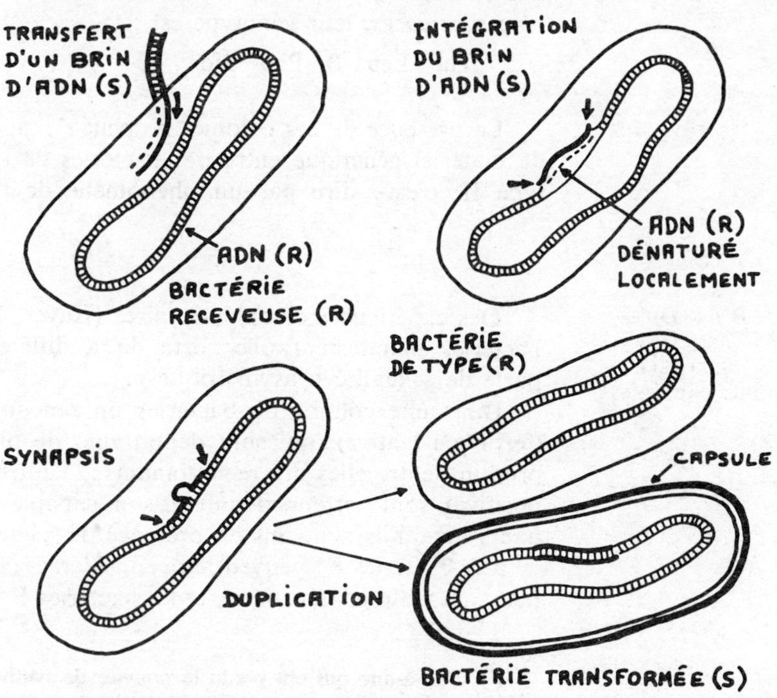

(1) ADN bicaténaire formé par deux brins d'origines différentes.

sont donc différentes, l'une est de type R comme la bactérie receveuse initiale, l'autre est une bactérie de *type S transformée*, à l'origine d'une nouvelle lignée virulente.

III. La conjugaison bactérienne

A / MISE EN ÉVIDENCE DES RECOMBINAISONS

L'existence de recombinaisons chez la bactérie *Escherichia coli* a été démontrée initialement par Lederberg et Tatum (1946-1951). Ces chercheurs sélectionnent après exposition à l'action mutagène de rayonnements X deux souches bactériennes mutantes, auxotrophes* (1) pour certaines substances :

— *Une souche I*, de génotype Thr^+ Leu^+ B_1^+ Phe^- Bio^-, est prototrophe* pour la thréonine (Thr^+), la leucine (Leu^+) et la vitamine B_1 (B_1^+), c'est-à-dire capable de synthétiser ces molécules ; elle est auxotrophe pour la phénylalanine (Phe^-) et la biotine (Bio^-).

— *Une souche II*, de génotype Thr^- Leu^- B_1^- Phe^+ Bio^+, prototrophe pour la phénylalanine (Phe^+) et la biotine (Bio^+), est auxotrophe pour la thréonine (Thr^-), la leucine (Leu^-) et la vitamine B_1 (B_1^-).

Si on étale sur un milieu qui ne contient aucune de ces cinq substances soit des bactéries I, soit des bactéries II, aucune des deux souches ne produit de colonies.

Si sur ce *même milieu* on étale *ensemble* des bactéries I et des bactéries II on constate que des colonies bactériennes se développent. Les bactéries constituant ces colonies sont donc prototrophes *pour les cinq substances*, leur génotype est :

Thr^+ Leu^+ B_1^+ Phe^+ Bio^+.

La présence de ces colonies ne peut s'expliquer que par un échange de matériel génétique entre des bactéries de type I et des bactéries de type II, c'est-à-dire par un phénomène de recombinaison génétique.

B / « DIFFÉRENCIATION SEXUELLE » DES BACTÉRIES

Des expériences complémentaires (Hayes, 1953) ont montré que les bactéries manifestent une sorte de « différenciation sexuelle ». On parle de sexualité « asymétrique ».

Dans une colonie de bactéries on rencontre des cellules dites F^- (fertilité négative), qui sont dépourvues de pilis et sont incapables de produire entre elles des recombinants. D'autres sujets, dits F^+ (fertilité positive), sont porteurs de pilis et sont capables de produire des recombinants lorsqu'ils sont mis en présence de bactéries F^-.

Les bactéries F^+ peuvent être considérées comme des « mâles », donneurs de matériel génétique, et les bactéries F^- comme des « femelles »,

(1) C'est-à-dire qui ont perdu le pouvoir de synthétiser un acide aminé ou une vitamine particulière. Des souches mutantes auxotrophes ne peuvent se développer que si on ajoute des substances nutritives à leur milieu.

receveuses de matériel génétique. Le « sexe » bactérien est en fait conditionné par la présence (F^+) ou l'absence (F^-) d'un grand plasmide*, encore appelé épisome* ou facteur F, qui est une molécule circulaire d'ADN extrachromosomique comportant environ 100 000 paires de bases.

L'épisome se réplique en même temps que le chromosome bactérien et n'admet pas la présence d'un autre épisome.

Ce plasmide porte des gènes responsables de la synthèse des protéines des pilis par les sujets F^+ et du déroulement des mécanismes de la conjugaison*.

Lorsqu'il y a contact entre une bactérie F^+ et une bactérie F^-, il se forme un canal de conjugaison entre les deux cellules (formé à partir d'un pili). Un brin de l'ADN de l'épisome de la bactérie donneuse se coupe et pénètre dans la bactérie F^- par le canal de conjugaison. Le brin ainsi transféré effectue sa réplication dans la bactérie receveuse, tandis que de la même façon le brin demeuré en place se réplique dans la bactérie donneuse. Chacune des deux bactéries reconstitue ainsi un

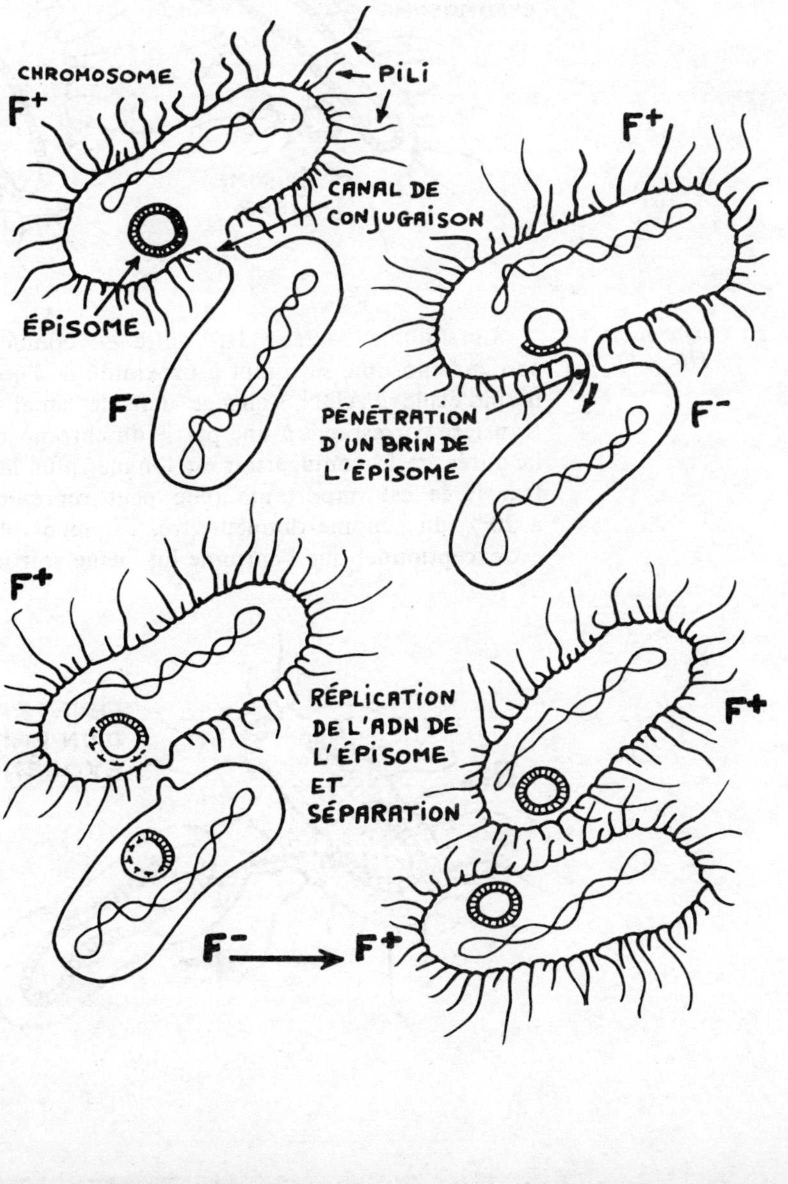

épisome, la bactérie receveuse F^- est donc potentiellement transformée en bactérie F^+ et ses descendantes seront F^+, munies de pilis.

Ainsi, l'introduction de quelques bactéries F^+ dans une culture de bactéries F^- peut conférer le sexe mâle à toute la culture, qui devient alors F^+ par transmission de l'épisome.

C / Transfert d'un fragment de chromosome

1 / *Bactéries Hfr*

Chez certaines bactéries F^+, le matériel génétique de l'épisome est intégré au chromosome bactérien. On appelle ces bactéries « Hfr »* : bactéries à haute fréquence de recombinaison. L'intégration résulte d'une recombinaison d'ADN intracellulaire au sein d'une bactérie F^+ ; ce phénomène se produit rarement (fréquence de 10^{-5} par génération),

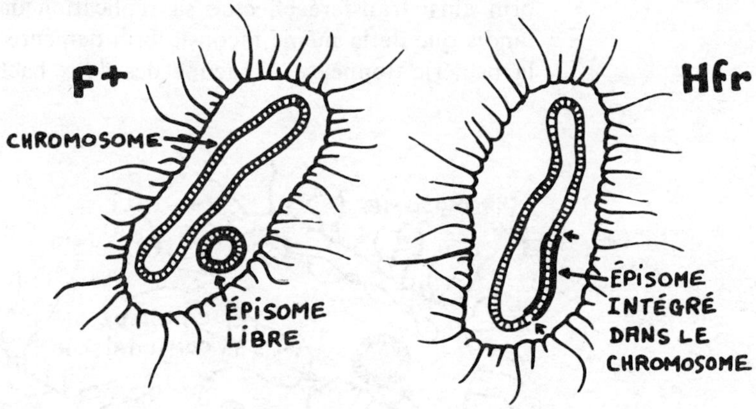

2 / *Conjugaison Hfr × F⁻*

Lorsqu'une bactérie Hfr entre en contact avec une bactérie F^-, son chromosome se rompt à proximité de l'épisome, et un des brins de la molécule d'ADN s'engage dans le canal de conjugaison. Le brin transféré correspond à une partie du chromosome bactérien initial. Plus la durée de la conjugaison est longue, plus la portion de chromosome transférée est importante (elle peut représenter en général de 10 % à 20 % du génome donneur, très rarement plus). En règle générale, il est exceptionnel que l'épisome lui-même soit incorporé dans sa totalité.

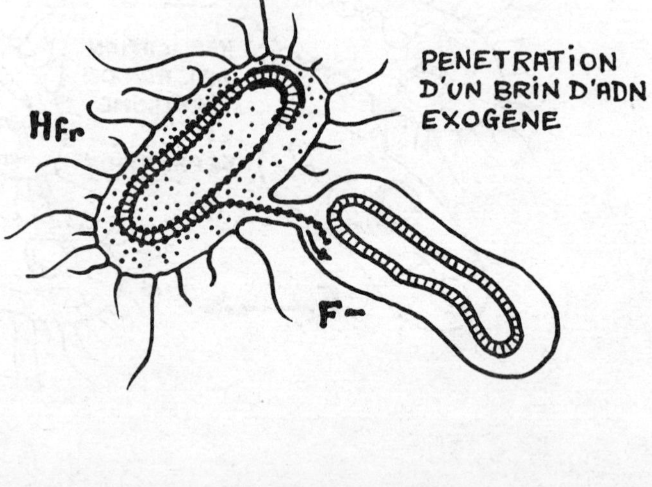

L'ADN de la bactérie Hfr est « réparé ».

Le matériel exogène qui a été transféré dans la bactérie F⁻ (pour *E. coli* on estime que 50 à 100 gènes sont transférés en une vingtaine de minutes) peut rester dans le cytoplasme (dans ce cas il n'y a pas de recombinaison et le matériel étranger est éliminé par la suite), ou être intégré dans le chromosome bactérien du receveur au niveau d'une région qui lui est homologue. L'appariement met en jeu l'action d'une endonucléase et d'une ligase. La portion d'ADN étranger ainsi intégrée forme ce qu'on appelle un exogénote*. La bactérie receveuse reçoit le nom de mérozygote*. Lorsqu'un mérozygote se divise il donne deux cellules filles dont l'une est transformée : elle porte à la fois des caractères de la souche receveuse et des caractères de la souche donneuse Hfr. Comme le plus souvent l'épisome n'a pas été incorporé, les bactéries transformées sont en général de type F^- ; quand l'épisome est totalement intégré (ce qui est exceptionnel) la bactérie devient Hfr.

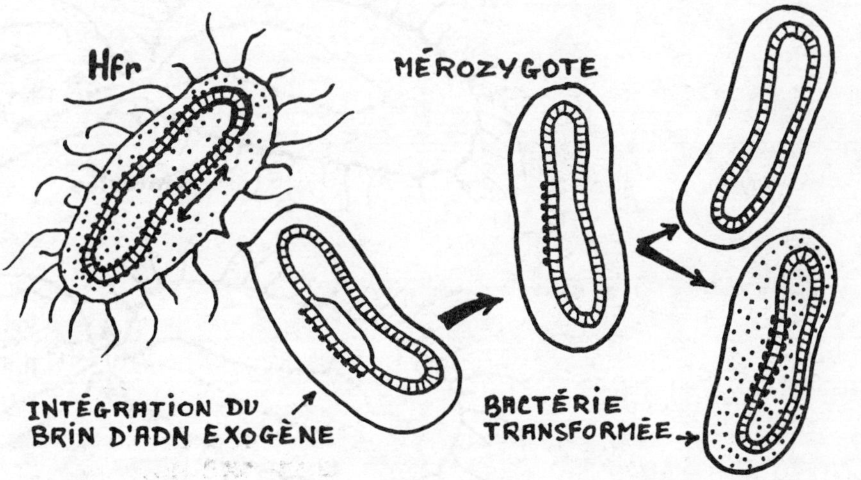

3 / Etablissement d'une carte génétique

Wollman et Jacob (1956) ont défini une méthode expérimentale, fondée sur l'existence du phénomène de conjugaison, pour établir une carte génétique du chromosome d'*E. coli*. Pour une souche Hfr donnée le chromosome se rompt toujours au même niveau. C'est donc toujours le même fragment d'ADN qui pénètre le premier dans la cellule receveuse, débutant par la même séquence : ABCD, etc., de gènes chromosomiques. En réalisant plusieurs expériences de conjugaison, *que l'on interrompt à des temps différents*, et en étudiant les caractères recombinés chez les mérozygotes, on peut déterminer l'ordre de succession des gènes considérés sur le chromosome de la bactérie Hfr.

Exemple : On mélange, dans un milieu de culture favorable à la conjugaison, des bactéries d'une souche Hfr et d'une souche F^-. Les bactéries F^- sont de génotype : $Thr^- \, Leu^- \, Az^S \, T_1^S \, Lac^- \, Gal^- \, Str^R$. Porteuses de gènes mutants, elles sont auxotrophes pour la thréonine (Thr^-) et la leucine (Leu^-), sensibles à l'action de l'azide (Az^S) et du phage T_1 (T_1^S), incapables d'utiliser le lactose (Lac^-) et le galactose (Gal^-), enfin elles sont résistantes à l'action d'un antibiotique, la streptomycine (Str^R). Les bactéries Hfr sont de type sauvage pour tous ces gènes ; elles sont sensibles à la streptomycine : Thr^+ Leu^+ Az^R T_1^R Lac^+ Gal^+ Str^S.

A intervalles de temps successifs des échantillons de cette culture mixte sont prélevés et agités au mixeur, de façon à interrompre la conjugaison. Chaque échantillon est d'abord étalé sur un premier milieu contenant du glucose (comme source de carbone) et de la streptomycine. Ce milieu permet d'éliminer les bactéries parentales non recombinées : Hfr (présence de streptomycine) et F^- (absence de thréonine et de leucine). Il sélectionne des *recombinants* de génotype Thr^+ Leu^+ Str^R.

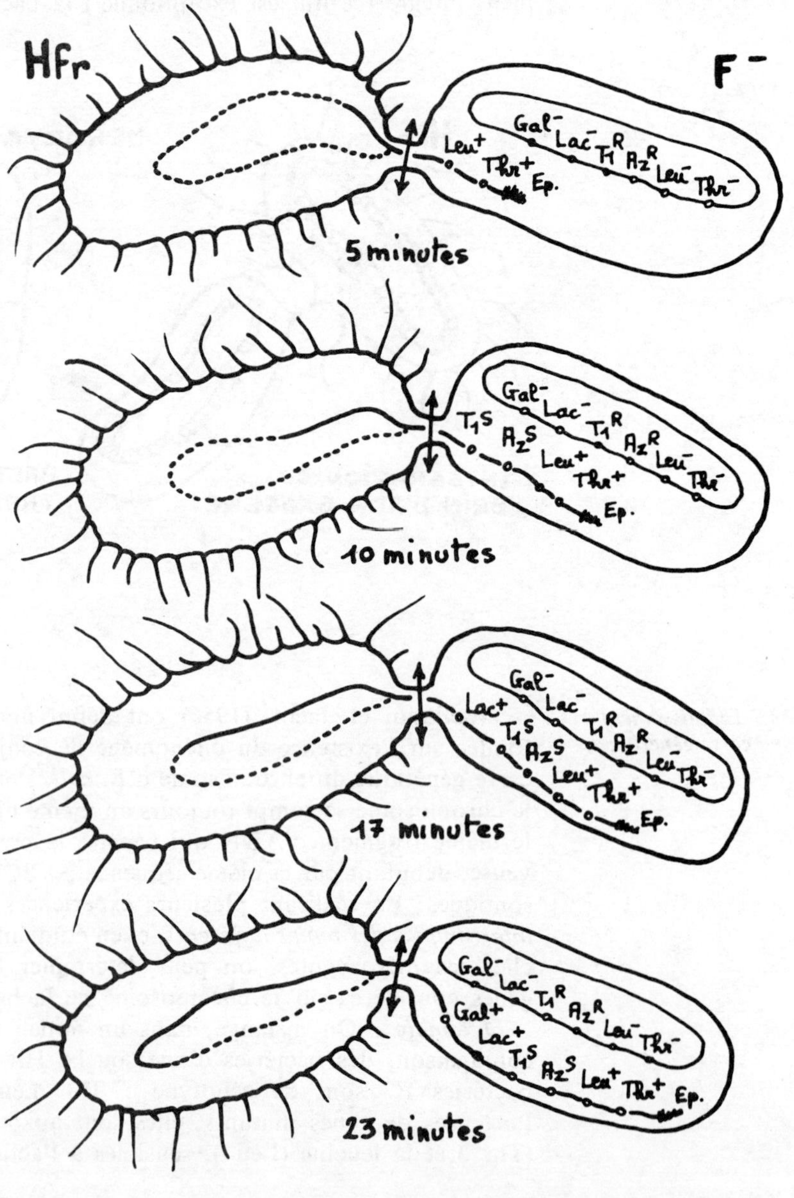

Des répliques des colonies bactériennes recombinantes apparues sur ce premier milieu sont ensuite mises en culture sur des milieux sélectifs pour les autres caractères marqueurs : Az, T_1 Lac et Gal.

On constate que les recombinants Thr^+ Leu^+ Str^R apparaissent au bout de quelques minutes : cela signifie que les gènes Thr et Leu sont les premiers à être transférés de la bactérie Hfr vers la bactérie F^-. Le gène Az vient ensuite (les recombinants apparaissent dans les échantillons dont la conjugaison est interrompue après huit minutes). Le gène T_1 pénètre après dix minutes, le gène Lac après dix-sept minutes, le gène Gal après vingt-trois minutes. La méthode permet donc de connaître l'ordre de succession des gènes sur le chromosome de la bactérie Hfr, et d'apprécier la distance séparant ces gènes : 7 « unités » entre T_1 et Lac, 6 « unités » entre Lac et Gal... Il faut que la conjugaison se poursuive quatre-vingt-dix minutes pour que la totalité du génome de la bactérie donneuse Hfr (y compris l'épisome) soit transférée à la bactérie receveuse.

IV. La transduction

A / Les bactériophages

Les bactériophages* sont des virus parasites des bactéries; ils ont été mis en évidence par Twort en 1915. Ce sont des virus à ADN (ADN bicaténaire, linéaire ou circulaire, de 50 000 paires de bases). Comme tous les virus ils ne possèdent ni membrane plasmique, ni cytoplasme, ni noyau, mais une simple enveloppe protéique (capside*) emballant le matériel génétique. Ils sont incapables de se multiplier librement. Pour se reproduire ils doivent obligatoirement parasiter une bactérie hôte : ils se fixent sur elle par leur plaque basale épineuse, puis injectent leur ADN dans la bactérie.

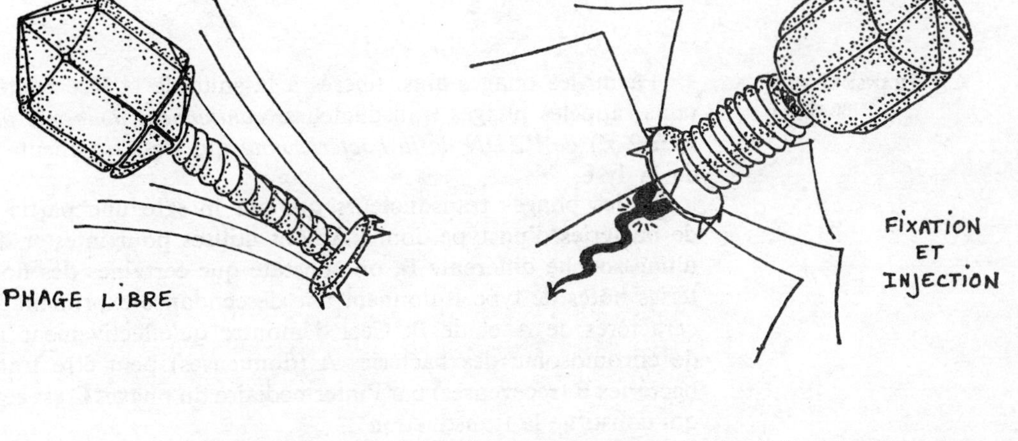

B / Travaux de Lederberg

En 1952 Lederberg et Zinder étudiant l'action d'un bactériophage (phage P) sur diverses variétés de colibacilles et de salmonelles montrent que des caractères génétiques peuvent être transmis d'une bactérie à

l'autre par l'intermédiaire de bactériophages. Le phage P est un phage tempéré; si on l'introduit dans une culture de bactéries deux éventualités peuvent se produire :

— Le plus souvent le bactériophage se multiplie aux dépens de la bactérie hôte et produit des centaines de phages qui sont libérés lors de la lyse bactérienne. C'est l'infection lytique.

— Plus rarement les molécules d'ADN infectieux se circularisent et s'intègrent au chromosome bactérien. La bactérie porteuse du génome viral (prophage*) intégré dans son chromosome est dite lysogène*. Elle se multiplie normalement, en répliquant le génome viral, jusqu'à ce que des circonstances défavorables (mutation, agression du milieu extérieur, cellule hôte en mauvais état) provoquent la séparation du génome viral et du chromosome, et donc la reprise du cycle normal de réplication virale (le génome viral assurant ainsi en quelque sorte sa survie). Au cours du processus de séparation, un court fragment du chromosome bactérien peut rester associé au génome viral, être répliqué avec lui, et intégré à tous les virus produits.

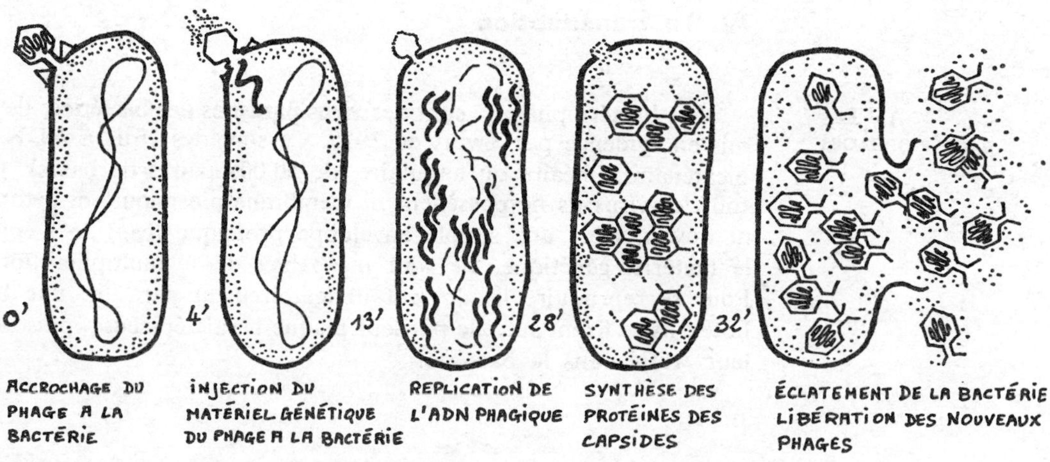

C / Transduction généralisée

Parmi les phages ainsi libérés à la suite de la lyse bactérienne, certains, appelés phages transducteurs, *contiennent donc une petite portion* (1 à 2 %) *de l'ADN de la bactérie hôte* qui s'est fragmenté au moment de la lyse.

Si les phages transducteurs qui ont intégré une partie du génome de bactéries d'un type donné A sont utilisés pour infester des bactéries d'une souche différente B, on constate que certaines des nouvelles bactéries hôtes de type B donnent une descendance exprimant à la fois des caractères de A et de B. Ceci démontre qu'effectivement un segment de chromosome des bactéries A (donneuses) peut être transmis à des bactéries B (receveuses) par l'intermédiaire du phage. C'est ce phénomène qui constitue la transduction*.

La transduction est dite généralisée lorsque n'importe quel segment du chromosome bactérien donneur peut être transmis à la bactérie réceptrice par l'intermédiaire du phage.

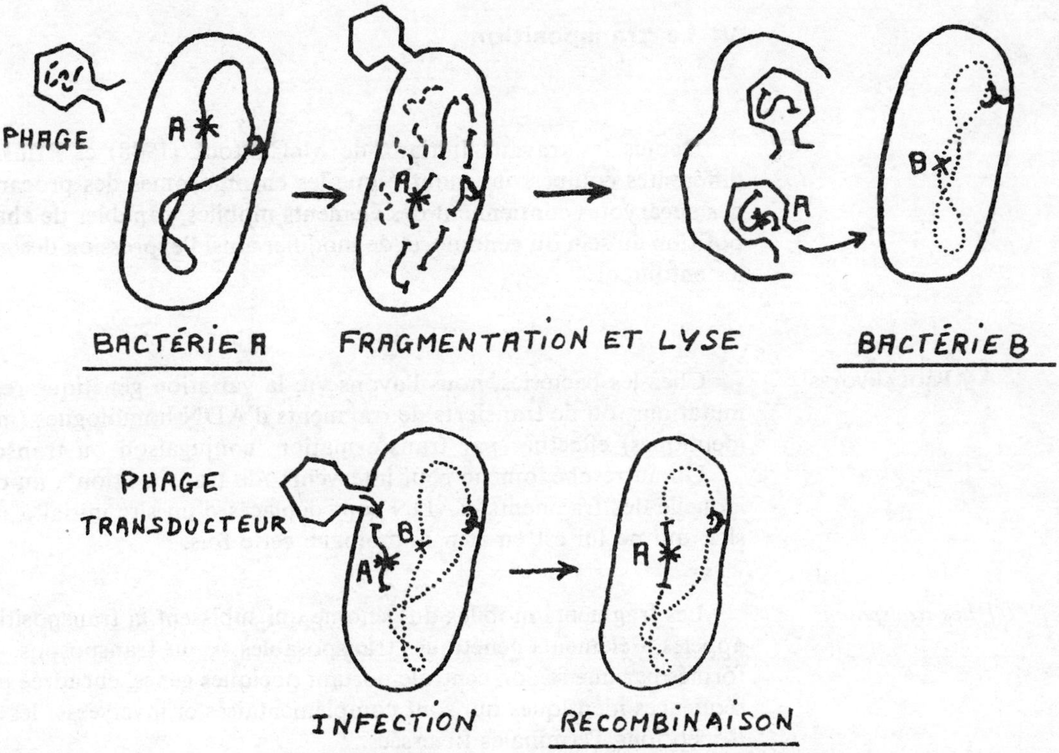

D / Transduction spécialisée

On parle de transduction spécialisée lorsque le transfert est limité à des segments *spécifiques* du chromosome donneur. Un bon exemple de transduction spécialisée concerne le bactériophage Lambda, qui ne peut transférer que le locus « galactose » (gal) d'*E. coli*, des cellules donneuses aux cellules réceptrices.

Mis au contact de bactéries gal$^+$ lysogènes, le bactériophage incorpore le groupe de gènes (opéron gal) qui chez la bactérie gouverne le métabolisme du galactose. Après sa libération consécutive à la lyse de la bactérie hôte, le bactériophage « Lambda-gal » est mis en contact avec des souches bactériennes déficientes, chez lesquelles l'opéron gal n'est pas fonctionnel (gal$^-$). Les bactéries lysogènes (gal$^-$) associées aux prophages porteurs de (gal$^+$) deviennent capables de métaboliser le galactose. Dans ce cas précis le prophage Lambda-gal reste intact, associé au génome de la bactérie hôte et se repliquant avec lui. Ce type d'association constitue ce que l'on appelle un hétérogénote* pour l'opéron gal.

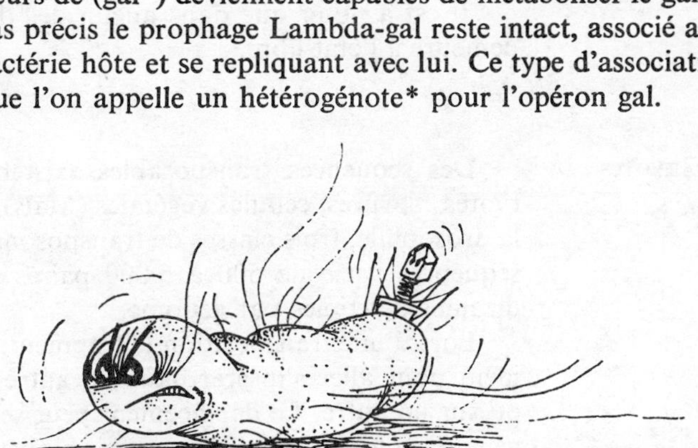

V. La transposition

Depuis les travaux initiaux de McClintock (1948) et Brink (1954), différentes équipes ont montré que les chromosomes des procaryotes et des eucaryotes contiennent des éléments mobiles, capables de changer de position au sein du génome, et de modifier ainsi l'expression des gènes qui les entourent.

A / Procaryotes

Chez les bactéries, nous l'avons vu, la variation génétique résulte de mutations, ou de transferts de fragments d'ADN homologues (mais non identiques) effectués par transformation, conjugaison ou transduction.

Un autre phénomène peut intervenir : la transposition*, au cours de laquelle des fragments d'ADN sont déplacés d'un site initial à un autre site, qui ne lui est en rien homologue cette fois.

1 / Les transposons

Les fragments mobiles du génome qui subissent la transposition sont appelés « éléments génétiques transposables », ou transposons. Ils sont formés par une région centrale portant quelques gènes, encadrée par deux séquences identiques qui sont complémentaires et inversées : les RTI ou Répétitions Terminales Inversées.

Les gènes portés par les transposons sont le plus souvent des gènes de résistance aux antibiotiques, auxquels sont associés des gènes codants pour les enzymes qui interviennent dans le mécanisme de la transposition.

2 / Le mécanisme de la transposition

Une endonucléase, la transposase*, codée par l'un des gènes portés par la séquence centrale du transposon, provoque la rupture des brins de la molécule d'ADN « cible ». Deux éventualités peuvent alors se produire :

a) Le transport reste en place, mais il se réplique et sa copie vient se fixer sur l'ADN cible. Une autre enzyme, la résolvase*, codée par un gène du transposon intervient dans cette opération.

b) Le transposon lui-même se sépare de son site initial (délétion), et va s'intégrer à l'ADN cible, grâce à l'action de la résolvase.

Il est à noter que dans aucun des deux processus le transposon ne demeure à l'état libre.

B / Eucaryotes

Des séquences transposables existent aussi dans les cellules eucaryotes : levures, cellules végétales (Maïs) ou animales (Drosophile). Chez la drosophile, trois classes de transposons ont été étudiées; la taille de ces séquences varie de 500 à 5 000 paires de bases, il en existe plusieurs dizaines de copies par génome.

Lors d'une transposition le fragment « nomade » quitte son emplacement pour aller s'insérer dans un autre site, sur le même chromosome ou sur un autre. Le déplacement peut se traduite par l'inactivation d'un gène dans lequel (ou à proximité duquel) l'insertion s'est produite, et la réactivation éventuelle d'un gène situé au niveau du site quitté par le transposon. Ce phénomène, qui se produit aussi bien dans les cellules somatiques que dans les cellules germinales, n'est pas extrêmement fréquent, il joue cependant un rôle important dans l'ensemble des processus de diversification, de différenciation et d'évolution des systèmes biologiques.

VI. Les rétrovirus

Ce sont des virus de très petite taille, dont le matériel génétique est formé par de l'ARN. Le premier rétrovirus a été isolé par Rous dès 1910 (virus du sarcome aviaire), mais c'est seulement en 1978 que les premiers rétrovirus humains ont été mis en évidence.

A / Le virus VIH (Virus d'Immunodéficience Humaine)

Le virus VIH est un rétrovirus humain isolé en 1983, il est responsable du Syndrome d'Immuno-Déficience Acquise, le SIDA*.

1 / Constitution générale

Le diamètre de la particule virale est de 0,1 μm. Le génome du virus est localisé au centre de la particule, dans un nucléoide* formé par des protéines p24 et p18 (de masses moléculaires 24 000 et 18 000 Da). Le nucléoide est entouré par une membrane lipidique renfermant une glycoprotéine formée de 2 sous-unités : gp 120 (120 000 Da) et gp 41 (41 000 Da); la sous-unité gp 120 fait saillie vers l'extérieur.

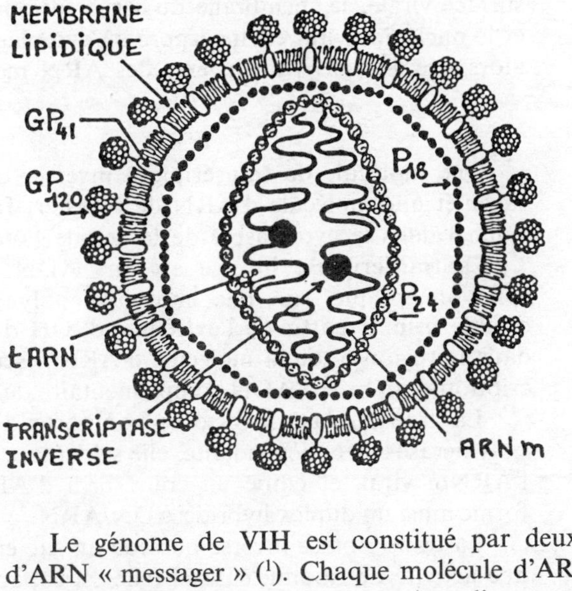

2 / Génome

Le génome de VIH est constitué par deux molécules identiques d'ARN « messager » (1). Chaque molécule d'ARNm est associée à une molécule d'ARN de transfert. Le virus dispose en outre d'une trentaine de molécules d'une transcriptase inverse.

(1) Parler d'ARN « messager » dans ce cas particulier constitue une commodité de langage. Il s'agit d'un ARN composé de 9 749 nucléotides.

Ce génome porte 3 gènes principaux :

— gag (gène de l'antigène de groupe) : ce gène code pour un précurseur commun aux protéines p24 et p18 (qui est clivé secondairement par une protéase) ;

— pol : c'est le gène codant pour la synthèse de la transcriptase inverse ;

— env : c'est le gène qui code pour la glycoprotéine de l'enveloppe.

On connaît 6 autres gènes codant pour de petites protéines qui interviennent dans la régulation de l'activité d'expression du génome viral, et pour la synthèse de la protéase qui intervient dans le clivage de p24 et p18.

Les deux extrémités, 5′ et 3′ de la molécule d'ARN sont formées par des séquences répétitives de nucléotides, TRE_5 et TRE_3 (Répétition Terminale Extrémité 5′ ou Extrémité 3′).

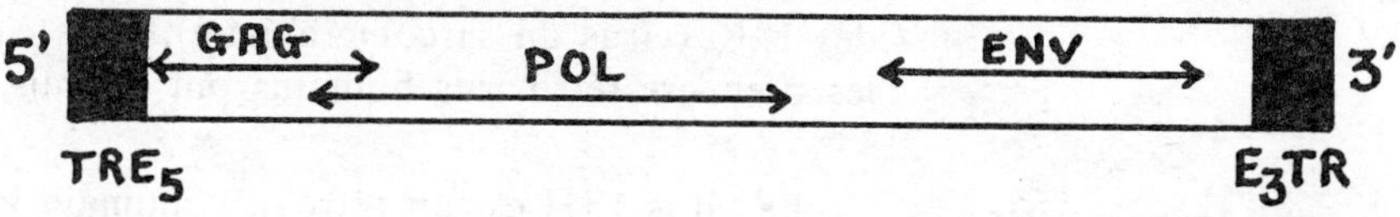

3 / *L'infection*

L'infection initiale est provoquée par la pénétration dans l'organisme de particules virales ou de cellules étrangères infectées (globules blancs), *via* le sang, les sécrétions vaginales, le sperme ou le lait maternel par exemple.

Une fois que le virus a pénétré dans l'organisme, il se fixe sur une cellule cible, qui est le plus souvent une cellule du système immunitaire de défense de l'organisme : un lymphocyte T4*, porteur d'une molécule spécifique : CD4 [1]. A la suite d'interactions spécifiques entre la molécule CD4 à la surface de la cellule cible, et la protéine gp120 de la surface virale, la membrane du virus fusionne avec celle de la cellule, et le nucléoide viral est incorporé au cytoplasme cellulaire où se produit alors une transcription inverse des ARN messagers viraux.

B / La transcription inverse

1 / *Phase initiale*

Une molécule de transcriptase inverse, une molécule d'ARN messager et une molécule d'ARN de transfert forment un complexe fonctionnel dans le cytoplasme de la cellule hôte.

La transcriptase inverse est une ADN polymérase ; elle ne peut fonctionner que sur une molécule polynucléotidique partiellement double brin, à partir de l'extrémité 3′-OH d'une amorce. L'ARNt fixé dans la région 5′ de la molécule d'ARNm sert d'amorce pour la transcription d'un brin d'ADN complémentaire de la séquence d'ARNm.

La transcriptase inverse se comporte d'abord comme une ADN polymérase-ARN dépendante, elle se déplace de 3′ vers 5′ par rapport à l'ARNm viral, et édifie un court brin d'ADN complémentaire. Il se forme ainsi un duplex hybride ADN/ARN.

La transcriptase inverse possède un site enzymatique qui lui confère une activité de ribonucléase H (elle est capable d'hydrolyser une molécule d'ARN associée à un autre polynucléotide). Elle hydrolyse la région 5′ de la matrice d'ARNm viral.

(1) D'autres types cellulaires dans l'organisme possèdent sur leur membrane plasmique la molécule CD4, et constituent donc également des « cellules cibles » pour le virus.

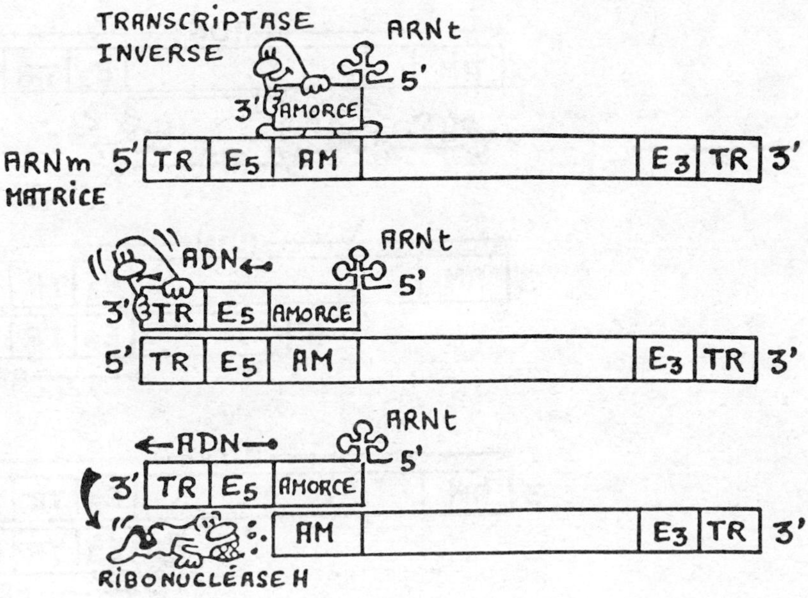

2 | Le premier saut

Le brin d'ADN néo-formé (toujours associé à l'amorce d'ARNt) effectue alors un premier « saut » sur sa matrice ; il était fixé en 5', il va se fixer en 3'.

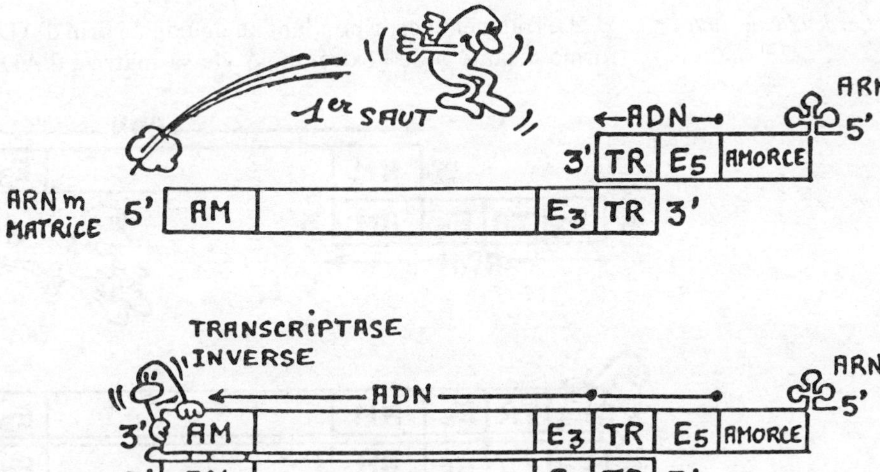

La transcriptase inverse reprend alors la synthèse du brin d'ADN là où elle avait été interrompue, et forme une copie de la totalité du brin matrice d'ARN.

Arrivée à l'extrémité 5' du brin d'ARNm matrice, elle reprend son activité de ribonucléase H et hydrolyse tout l'ARN matrice à l'exception d'une courte séquence en position centrale.

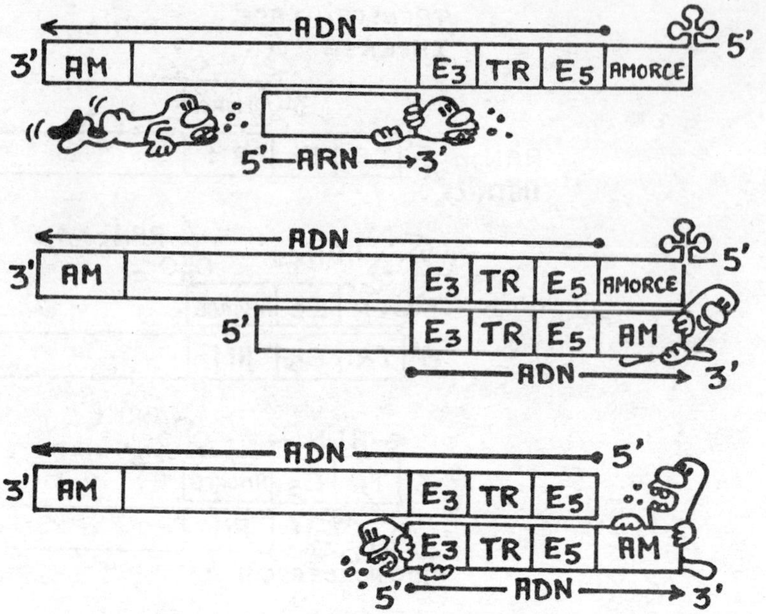

Elle se comporte alors comme une ADN polymérase ADN dépendante, et édifie un deuxième brin d'ADN, complémentaire de la région 5′, du premier. L'ARNt amorce est ensuite éliminé par l'activité ribonucléasique H, ainsi que ce qui restait de l'ARN matrice.

3 / Le deuxième saut

Le fragment correspondant au deuxième brin d'ADN, qui vient d'être formé « saute » de l'extrémité 5′ de sa matrice d'ADN à l'extrémité 3′.

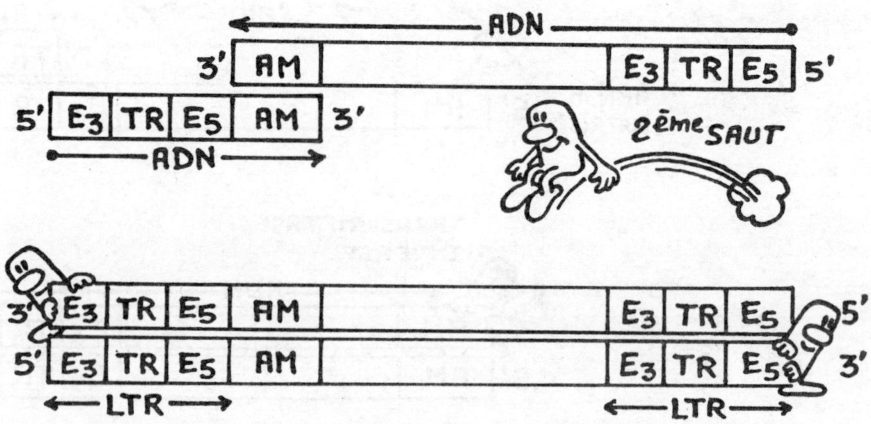

La transcriptase reprend son rôle d'ADN polymérase ADN dépendante et achève la synthèse du second brin d'ADN.

Au total, il se forme ainsi un ADN bicaténaire correspondant au génome viral, et porteur de deux longues répétitions terminales (LTR) à chacune de ses extrémités. Celles-ci jouent un rôle de régulation dans la réplication du génome.

C / L'immuno-déficience

1 / Phase silencieuse

L'ADN bicaténaire porteur des informations virales est alors transporté vers le noyau de la cellule infectée. Grâce à l'action d'une intégrase* (d'origine virale), il s'intègre de façon stable à l'ADN nucléaire (recombinaison), constituant ainsi un provirus.

Le provirus peut rester silencieux pendant de longues périodes ; il n'est pas exprimé. La cellule infectée poursuit normalement ses activités, et l'organisme, bien que manifestant une séropositivité, ne présente pas de symptômes particuliers. Il peut cependant transmettre des cellules infectées.

2 / Expression virale

Puis à la suite d'une stimulation de la cellule porteuse par un événement extérieur, le message génétique du provirus est transcrit en de multiples exemplaires d'ARN messagers. Ces ARNm sont traduits dans le cytoplasme et donnent naissance aux protéines virales. Des virions s'assemblent dans la cellule hôte. Ces virions quittent la cellule en très grand nombre, en prélevant des éléments lipidiques à la membrane plasmique pour édifier leur propre enveloppe. Les lésions répétées de sa membrane plasmique provoquent la mort de la cellule hôte. Les virus se répandent dans l'organisme et vont infecter d'autres cellules cibles qui sont à leur tour détruites.

La population des lymphocytes T4 diminue considérablement (1). Ces lymphocytes T4 agissent habituellement comme les organisateurs de toutes les opérations de défense de l'organisme (ce sont les recruteurs des lymphocytes B et des lymphocytes T8 cytotoxiques « tueurs »). Le système immunitaire de défense de l'organisme est donc détruit. L'organisme, incapable de se défendre, est alors exposé à différents types d'infections « opportunistes » ; il peut aussi développer certaines formes de cancers (sarcome de Kaposi*, lymphomes).

D / Transformation maligne

1 / Oncogènes

Certains cancers comme le Sarcome de Rous*, qui affecte la volaille, sont provoqués par des virus dits oncogènes*.

Le virus du Sarcome de Rous est un rétrovirus oncogène. Le mécanisme par lequel il infecte les cellules cibles de son hôte est très voisin de ce que nous avons vu à propos du VIH.

Le génome de ce virus (ARN) porte 4 ou 5 gènes, dont le gène Src (sarcome) qui est un oncogène, c'est-à-dire un gène capable d'engendrer une tumeur (onkos = tumeur). Les oncogènes (dont le gène Src) sont des gènes *d'origine eucaryote* qui ont été secondairement incorporés par des génomes viraux. Normalement, chez les eucaryotes, ils interviennent dans la régulation des processus de croissance et de prolifération cellulaire.

2 / Transformation maligne

L'ARN messager porteur du génome viral fait l'objet d'une transcription inverse dans le cytoplasme de la cellule hôte ; les instructions virales sont alors reportées sur une molécule d'ADN bicaténaire.

(1) Seule une petite fraction des lymphocytes T4 est détruite par une action *directe* du virus, des mécanismes secondaires interviennent dans la destruction des cellules, par exemple les lymphocytes T4 de l'organisme infecté ont tendance à fusionner, formant des masses syncytiales qui dégénèrent et deviennent la cible de cellules « tueuses », ce qui accélère encore le processus d'élimination.

L'ADN porteur du programme viral est intégré dans l'ADN nucléaire de la cellule hôte (recombinaison), et sera répliqué et exprimé avec lui.

L'expression du gène src transforme les cellules infectées ; elle aboutit à la production d'une protéine modifiant le cycle cellulaire, ce qui détermine l'apparition rapide de cancers (tumeurs des muscles, des os et des vaisseaux sanguins chez le poulet).

VII. L'ingénierie génétique

L'ingénierie génétique, qui a pris tout son développement au début des années 1980, met en œuvre des techniques fondées en particulier sur la recombinaison des acides nucléiques, et qui permettent diverses manipulations du matériel génétique. C'est ainsi qu'il est possible :

— d'isoler et de caractériser des séquences d'ADN correspondant à tout ou partie d'un gène donné, de les amplifier (c'est-à-dire de les produire en grandes quantités), et de s'en servir comme outils pour parvenir à une meilleure connaissance d'un génome et de son fonctionnement;

— d'associer au matériel génétique d'une cellule (procaryote ou eucaryote) des séquences d'ADN qui ont été isolées et identifiées, dans des conditions leur permettant de s'exprimer, c'est-à-dire d'être transcrites, d'être répliquées et éventuellement transmises héréditairement.

Parmi les opérations qui peuvent être effectuées dans le cadre de l'ingénierie génétique nous retiendrons : la préparation de fragments d'ADN, l'association de ces fragments à des molécules d'ADN d'origines diverses susceptibles de servir de « vecteurs », l'amplification de ces fragments, enfin leur utilisation en vue de modifier ou d'analyser un génome.

A / Obtention d'un fragment d'ADN

1 / Préparation de l'ADN

L'ADN des mammifères est le plus souvent recueilli à partir des leucocytes du sang. Un prélèvement de 20 ml de sang permet en effet d'obtenir quelques centaines de microgrammes d'ADN, ce qui est suffisant pour effectuer la plupart des manipulations de routine. Un traitement isotonique provoque l'hémolyse des globules rouges. Les leucocytes sont ensuite isolés par centrifugation, puis traités par un détergent fort (SDS) et des protéases (protéinase K). Ce traitement provoque, d'une part, la libération de l'ADN nucléaire dans le milieu, et d'autre part la dégradation des protéines associées à cet ADN.

L'ADN est alors extrait (phénol, chloroforme, éther, isobutanol), puis précipité par l'éthanol froid (— 20 °C). Il se présente sous la forme de longs fragments de plusieurs dizaines de milliers de paires de bases formant des filaments blanchâtres, visibles à l'œil nu. Ces filaments sont récupérés par enroulement autour d'une baguette de verre, et repris dans une solution tamponnée (Tris EDTA). Sous cette forme, l'ADN peut être conservé plusieurs mois à 4 °C.

Il est aussi possible de recueillir de l'ADN à partir de prélèvements tissulaires ou de cellules en culture. Les quantités obtenues sont alors beaucoup plus faibles (quelques dizaines de microgrammes), ce qui rend plus délicates les manipulations ultérieures.

Les séquences d'ADN obtenues de cette façon sont très longues et doivent être fractionnées de façon reproductible en fragments plus petits, susceptibles de correspondre en tout ou partie au gène que l'on souhaite étudier.

2 / *Fragmentation enzymatique*

a) *Les endonucléases de restriction*

Chaque type de bactérie synthétise une ou deux enzymes du groupe des endonucléases de restriction*. Les enzymes de ce groupe sont capables de sectionner l'ADN au niveau d'un site de reconnaissance spécifique constitué par une courte séquence de paires de bases.

La bactérie protège son propre ADN contre la ou les endonucléases de restriction qu'elle produit : au moment de la réplication de l'ADN des méthylases viennent associer des groupes méthyle sur l'adénine et la cytosine des sites de reconnaissance, ce qui empêche la fixation ultérieure à ce niveau des endonucléases bactériennes.

La présence des endonucléases de restriction constitue un mode de défense contre une éventuelle infection virale : un génome viral introduit dans la bactérie, et qui présenterait les séquences reconnues par les endonucléases bactériennes (et non protégées par méthylation), serait détruit.

On a purifié plusieurs centaines d'endonucléases de restriction produites par différents types de bactéries; au laboratoire, on les utilise comme outils pour fragmenter expérimentalement *de façon très reproductible* les molécules d'ADN isolées.

b) *Mode d'action*

Chaque endonucléase reconnaît spécifiquement dans une séquence polynucléotidique d'ADN une courte séquence, en général arrangée symétriquement, formée par 4, 5, ou 6 paires de bases, à laquelle on donne le nom de palindrome*. Un palindrome est un mot, ou une phrase qu'on peut lire dans les deux sens. Ici, une séquence palindromique est une séquence d'ADN qui est identique sur les deux brins quand elle est lue de 5′ vers 3′ ou de 3′ vers 5′.

Chaque fois que cette séquence se trouve reproduite sur la molécule d'ADN utilisée dans l'expérience, l'enzyme de restriction spécifique se fixe à son niveau et sectionne la molécule, déterminant ainsi la formation de « fragments de restriction ».

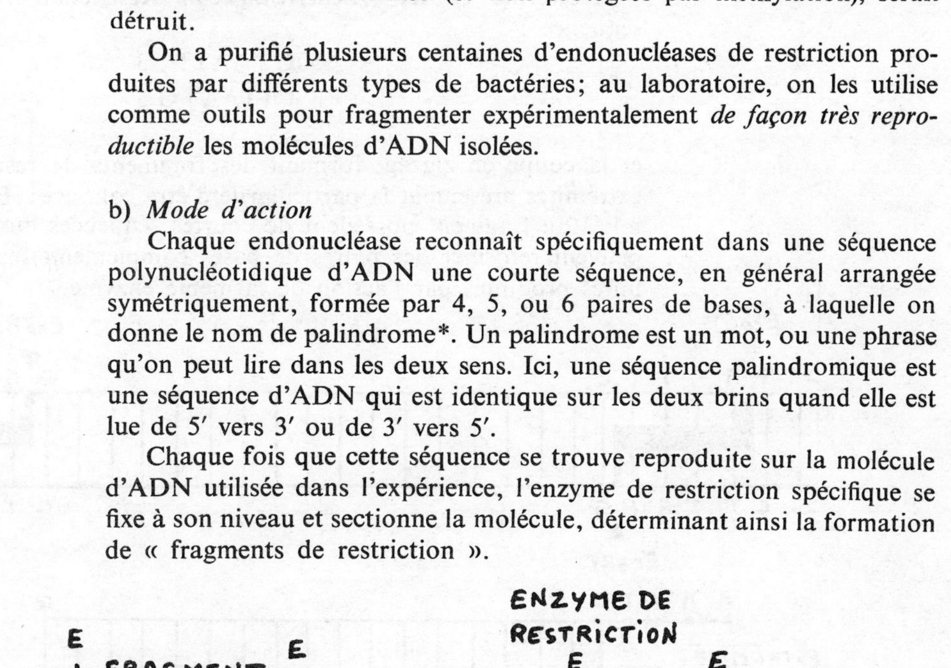

Bien entendu, sur une longue molécule d'ADN, un palindrome d'un type donné se répète plusieurs fois, et la molécule est découpée en plusieurs fragments. Un même type de molécule d'ADN soumis à l'action d'une enzyme de restriction donnée donnera toujours les mêmes fragments, l'expérience est donc reproductible.

Statistiquement, plus le palindrome est court, et plus il se répète fréquemment. En théorie une séquence de 6 paires de bases apparaît toutes les 4 096 paires de bases, une séquence de 4 paires de bases apparaît toutes les 256 paires de bases.

En pratique, une enzyme de restriction qui reconnaît un palindrome de 6 paires de bases engendre généralement des fragments de 1 000 à 20 000 paires de bases, une enzyme qui reconnaît une séquence de 4 paires de bases engendre des fragments de quelques dizaines à quelques centaines de paires de bases.

c) *Extrémités*

Suivant les cas, les enzymes de restriction peuvent produire des fragments à extrémités franches, ou des fragments dont les extrémités sont en « zigzag ».

L'enzyme HpaI (produite par *Hemophilus parainfluenzae**) reconnaît une séquence :

5′ GTT ↑ AAC 3′
3′ CAA ↓ TTG 5′

et la coupe entre les deux paires de bases centrales, formant des fragments de restriction à extrémités franches.

L'enzyme EcoRI (*Escherichia coli* Restriction I) reconnaît une séquence :

5′ G ↑ AATTC 3′
3′ CTTAA ↓ G 5′

et la coupe en zigzag, formant des fragments de restriction dont les extrémités présentent la particularité d'être cohésives. En effet les extrémités du fragment possèdent de courtes séquences monocaténaires qui peuvent reformer des paires de bases complémentaires avec des extrémités produites par l'action de la même enzyme.

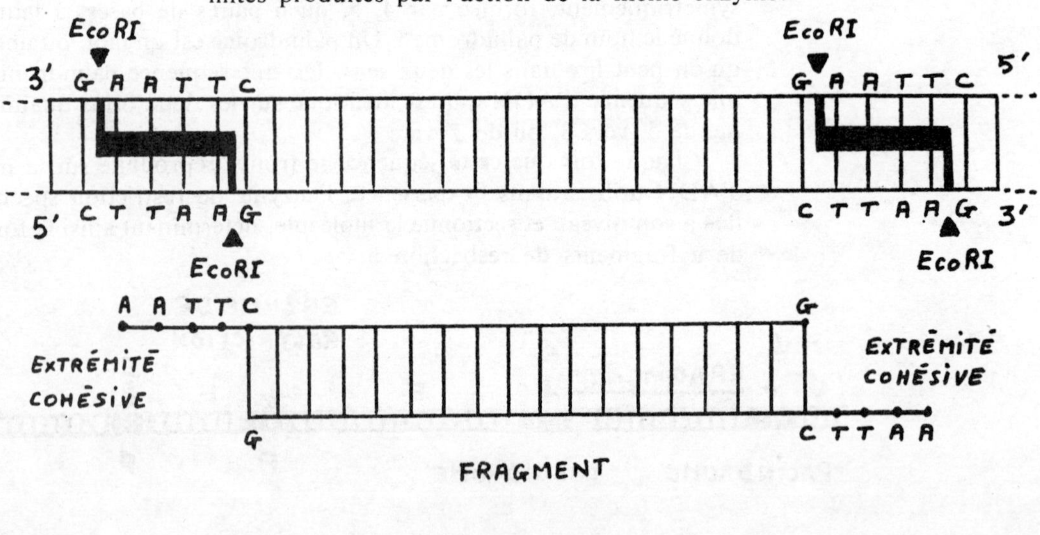

Des fragments possédant des extrémités cohésives complémentaires seront associés par l'intervention d'une ADN ligase qui catalyse la formation d'une fonction phospho-diester 3' - 5' (le groupe phosphate étant apporté par un ATP).

Un autre type de ligase permet d'assembler des extrémités franches.

Il est possible d'obtenir des séquences d'ADN correspondant à des gènes sans recourir à la fragmentation de molécules d'ADN d'origine cellulaire.

a) *Synthèse d'oligonucléotides*

On sait synthétiser de courtes séquences d'ADN par voie organique en additionnant des nucléotides les uns aux autres suivant un ordre défini. En règle générale on obtient par cette méthode des ADN monocaténaires (1) de petite taille (oligonucléotides de 40 à 120 bases).

La synthèse de ces oligonucléotides est effectuée en routine par des appareils automatiques. Les réactions s'effectuent dans une colonne chargée de microbilles sur lesquelles on a fixé (en 3') le premier nucléotide de la séquence que l'on désire construire. Différents réactifs présents dans la colonne interviennent alors successivement pour réaliser l'incorporation des autres nucléotides de la chaîne en formation; ils agissent suivant un cycle qui dure environ cinq minutes par nucléotide. La construction de la séquence, c'est-à-dire l'ordre d'insertion des différents nucléotides, est pilotée par des microprocesseurs.

Le produit final est élué, puis purifié par électrophorèse ou par chromatographie pour éliminer les oligonucléotides non conformes. Plus la séquence demandée est longue et plus il y a d'erreurs. La méthode est en fait très efficace pour des oligonucléotides comportant une cinquantaine de bases, au-delà sa rentabilité devient médiocre.

Pour obtenir des chaînes plus longues, il suffit de synthétiser plusieurs types d'oligonucléotides choisis de façon qu'ils puissent s'hybrider par leurs extrémités. Les fragments successifs correspondant alternativement aux deux brins incomplets d'un ADN bicaténaire vont donc s'associer. Les zones complémentaires manquantes sont ensuite synthétisées par voie biologique grâce à l'action d'une ADN polymérase de type I.

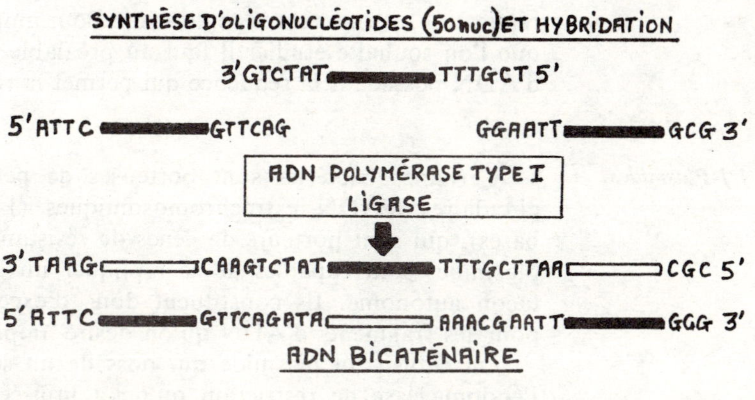

(1) Si on souhaite obtenir un ADN bicaténaire, on peut obtenir la synthèse du brin complémentaire en faisant agir une ADN polymérase.

b) *Transcription inverse*

On peut aussi constituer expérimentalement des séquences d'ADN directement à partir de molécules d'ARN messager, en utilisant une transcriptase inverse purifiée à partir de rétrovirus (voir p. 113 et 190). Toutefois il faut savoir que dans la majorité des cas l'isolement d'un ARNm donné est une opération très délicate.

Dans un premier temps, on isole les ARN totaux à partir de tissus ou de cellules, qui sont homogénéisés dans un tampon. La composition de ce dernier vise d'une part à inhiber les RNases endogènes, d'autre part à dénaturer les molécules d'acides nucléiques et à éliminer les protéines qui leur sont associées.

Les débris cellulaires sont éliminés par centrifugation, et les ARN sont extraits à partir du surnageant. Cette extraction (il s'agit essentiellement de séparer les ARN de l'ADN) peut être pratiquée par centrifugation sur un gradient discontinu de chlorure de caesium. La densité des ARN est très supérieure à celle de l'ADN, ils sont capables de traverser un « coussin » de chlorure de caesium 5,7 M qui s'oppose en revanche au passage de l'ADN.

Les ARN sont récupérés au fond du tube, lavés, puis précipités à l'éthanol ou congelés à — 70 °C.

Pour isoler les ARN messagers à partir de la fraction des ARN totaux, on utilise le fait que la plupart des ARNm des eucaryotes se caractérisent par la présence d'une séquence poly-A en 3′. Les ARN totaux sont passés sur une colonne d'oligo dT-cellulose. Les séquences poly-A des ARNm s'hybrident aux oligo dT, fixant ainsi les ARNm à la colonne. On élimine par lavage les ARN non fixés, puis les ARNm sont élués par abaissement de la force ionique et précipités par l'éthanol.

Pendant toutes ces opérations, il convient de travailler dans des conditions permettant de prévenir rigoureusement tout contact avec les multiples RNases exogènes présentes dans l'environnement.

B / Vecteurs

On a donc obtenu un petit nombre d'exemplaires d'une séquence d'ADN purifiée. On doit maintenant multiplier les exemplaires disponibles de cette séquence, c'est-à-dire amplifier le fragment.

Cependant celui-ci ne possède pas les signaux spécifiques (origine de réplication) permettant la réplication. Pour amplifier le fragment d'ADN que l'on souhaite étudier il faut au préalable l'associer à une molécule d'ADN possédant la séquence qui permet la réplication.

1 / Plasmides

Certaines bactéries sont porteuses de petits plasmides, molécules circulaires d'ADN extrachromosomiques (1 000 à 15 000 paires de bases), qui sont porteurs de gènes de résistance aux antibiotiques. Ces plasmides sont capables de se répliquer un grand nombre de fois de façon autonome. Ils constituent donc d'excellents vecteurs potentiels pour les fragments d'ADN qu'on désire amplifier.

On choisit un plasmide qui possède un seul site de coupure pour l'endonucléase de restriction qu'on a utilisée pour isoler le fragment donneur. Il faut aussi que ce site soit situé en dehors du gène d'initiation de la réplication du plasmide vecteur (si cette séquence était interrompue elle ne serait plus fonctionnelle). Il faut enfin que ce site soit situé en dehors d'un des gènes de résistance aux antibiotiques du plasmide (¹).

Le plasmide est coupé à l'aide de l'enzyme de restriction, il est ainsi linéarisé (²).

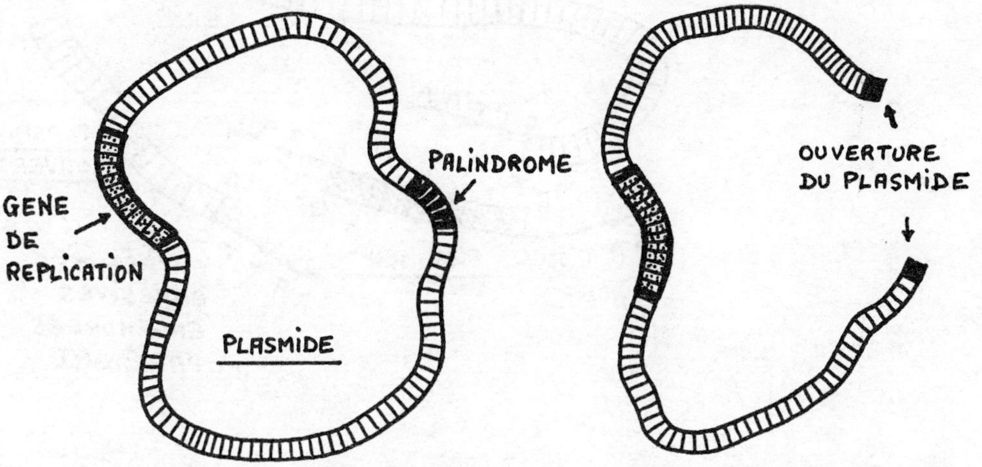

Si l'endonucléase de restriction utilisée ne produit pas d'extrémités cohésives, on peut former expérimentalement des extrémités complémentaires à la fois sur le fragment d'ADN et sur le vecteur linéarisé en utilisant l'activité de poly dC et poly dG-transférases, ou de poly dA et poly dT-transférases.

Lorsqu'on met en contact les plasmides ouverts et les fragments dont les extrémités sont complémentaires, en présence d'ADN ligases, des appariements se produisent et l'on obtient une population de vecteurs associés au fragment étudié (toutefois certains fragments se circularisent et certains plasmides se referment sur eux-mêmes sans incorporer le fragment).

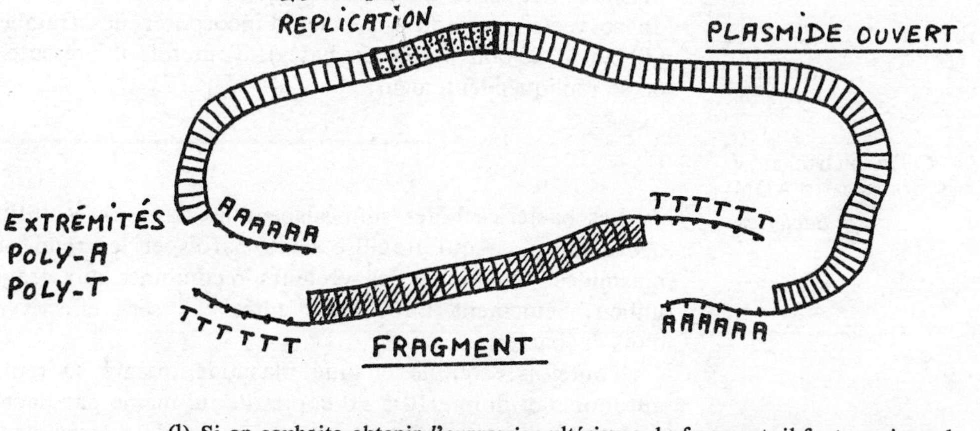

(¹) Si on souhaite obtenir *l'expression* ultérieure du fragment, il faut aussi que le vecteur possède une séquence *promoteur*, bien située par rapport au fragment recombiné.

(²) Le plasmide pBR_{322}, par exemple, est très utilisé; il possède deux gènes de résistance aux antibiotiques susceptibles de servir de « marqueurs » : un gène de résistance à la pénicilline*, et un gène de résistance à la tétracycline*. Ce plasmide peut être linéarisé par l'enzyme de restriction PstI qui le clive au niveau du gène de résistance à la pénicilline.

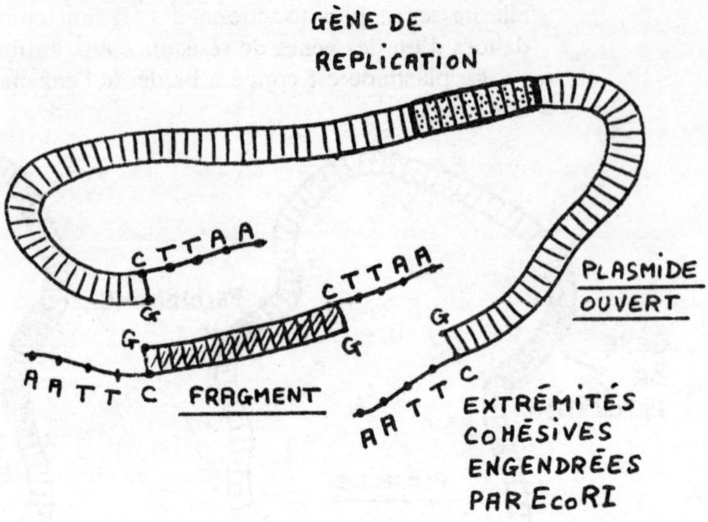

2 / Bactériophage lambda

On peut aussi utiliser comme vecteur le génome du virus bactériophage lambda. C'est un ADN linéaire de 48 502 paires de bases, qui peut être coupé dans sa région centrale (dépourvue de gènes nécessaires à la réplication de l'ADN viral). La taille des fragments que l'on peut associer au génome du bactériophage lambda est importante (environ 20 000 paires de bases). L'ADN du bactériophage lambda possède à ses deux extrémités des séquences simple brin (séquences cos) qui sont complémentaires. Ces extrémités cohésives permettent à la molécule de se circulariser.

3 / Cosmides

Les cosmides* sont des vecteurs artificiels construits à partir d'un plasmide auquel on a ajouté les séquences cos du phage lambda. L'intérêt de ce vecteur est qu'il permet d'incorporer des fragments très longs (40 000 à 50 000 paires de bases). Toutefois il présente l'inconvénient de se répliquer lentement.

C / Amplification des séquences d'ADN

1 / Bactéries

Les bactéries hôtes sont suspendues dans une solution de chlorure de calcium, ce qui fragilise leurs parois et les rend perméables aux plasmides. On ajoute les vecteurs recombinés aux fragments dans le milieu. Seulement 1/100 000 d'entre eux sera effectivement transféré dans la bactérie.

Toutefois, comme chaque plasmide intégré se réplique de façon autonome et donne 10 à 20 copies de lui-même par bactérie, et comme les bactéries se multiplient très rapidement, il y a amplification du nombre des plasmides recombinés.

On sélectionne les bactéries qui ont incorporé les plasmides recombinés, en prenant des « répliques » des colonies obtenues, et en les confrontant à un milieu contenant l'un ou l'autre des antibiotiques auquel le plasmide confère une résistance. C'est le « clonage* ».

Les bactéries non porteuses de plasmides meurent dans tous les cas.

Les bactéries porteuses de plasmides qui se sont refermés sans s'associer au fragment, et dont tous les gènes confèrent encore la résistance aux différents antibiotiques, survivent dans tous les cas.

Les bactéries porteuses de plasmides associés au fragment d'ADN étudié meurent lorsqu'elles sont confrontées au milieu contenant l'antibiotique correspondant au gène de résistance interrompu par l'insertion du fragment.

On retient les colonies correspondant à cette dernière réplique; les bactéries qui les composent détiennent le fragment d'ADN que l'on souhaitait amplifier.

2 / Levures

Les fragments d'ADN susceptibles d'être répliqués par les bactéries sont, en règle générale, d'assez petite taille (quelques milliers de paires de bases). Il est possible d'intégrer des fragments beaucoup plus importants aux cellules de levure, sous forme de « chromosomes artificiels » qui seront répliqués et transmis aux cellules filles. On peut cloner de la sorte des séquences comportant plusieurs centaines de milliers de paires de bases.

3 / Amplification in vitro

Une autre technique peut être mise en œuvre pour obtenir l'amplification de séquences d'ADN connues, il s'agit de la méthode du PCR* *(polymerase chain reaction)*. Cette technique d'amplification (qui est automatisée) permet de produire en un temps limité des quantités importantes d'une séquence d'ADN. Elle consiste à réaliser *in vitro* des réplications multiples d'un fragment d'ADN initial, en utilisant comme amorce des oligonucléotides qui s'hybrident aux extrémités 3′ des deux brins de la molécule (procédé dit de l'extension d'amorce). Le nombre de copies s'accroît de façon exponentielle par rapport au nombre de réplications effectuées. La taille des fragments que l'on peut amplifier avec cette technique est actuellement limitée à quelques centaines de paires de bases.

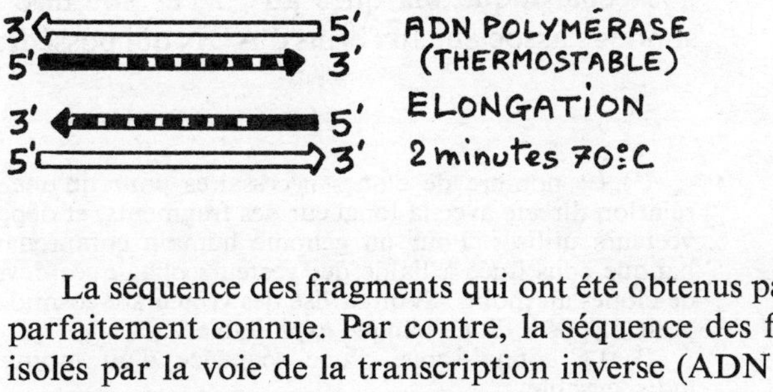

D / Identification des séquences d'ADN

La séquence des fragments qui ont été obtenus par synthèse directe est parfaitement connue. Par contre, la séquence des fragments qui ont été isolés par la voie de la transcription inverse (ADN complémentaire), ou après le découpage d'un génome par les enzymes de restriction reste à établir.

1 / Banques d'ADN complémentaire

Un ADN complémentaire est la copie, sous forme d'ADN, d'un ARN messager. Les ARNm sont obtenus à partir d'un type cellulaire donné, ils sont le produit de la transcription des gènes « de routine » et des quelques gènes « de luxe » qui s'expriment de façon spécifique dans ce type particulier de cellule. L'ensemble des copies de chacun des ARNm spécifiques du type cellulaire étudié constitue une banque d'ADN complémentaire. Celle-ci est donc représentative d'un nombre *réduit* de gènes aisément *identifiable,* et s'exprimant dans un *type cellulaire précis.*

2 / Banque génomique

L'ensemble des clones bactériens recombinants contenant les différents fragments d'ADN provenant d'un génome qui a été morcelé par des enzymes de restriction, constitue une banque génomique*. Celle-ci est *représentative de la totalité de l'information génétique d'une espèce.* C'est à partir de cette banque, qui est nécessairement constituée par un très grand nombre de clones différents, qu'il faut sélectionner le ou les quelques clones contenant le ou les quelques fragments d'ADN susceptibles d'être utilisés dans le cadre d'une recherche donnée (1).

3 / Criblage

La recherche d'un clone particulier au sein d'une banque porte le nom de criblage*. Pour effectuer cette opération on a recours à deux techniques principales : l'utilisation d'une sonde* oligonucléotidique de synthèse, ou celle d'anticorps.

a) *Oligonucléotides de synthèse*

On recherche, par exemple, parmi tous les fragments clonés, un gène ou une partie d'un gène codant pour une protéine particulière. On établit par microséquençage une partie de la séquence en acides aminés de cette protéine (2), ce qui permet de déterminer les séquences possibles d'ADN (3) qui lui correspondent.

A partir de ces données, on synthétise des oligonucléotides, qui sont marqués au ^{32}P et utilisés comme sondes pour cribler la banque par hybridation *in situ.*

Pour cela, des empreintes de chacun des clones constituant la banque sont prises sur des films de nylon. Ces films sont traités par la soude pour faire éclater les bactéries et séparer les brins d'ADN (dénaturation*). L'ADN est fixé aux membranes par un traitement aux UV, après quoi chaque membrane est incubée dans une solution contenant une sonde oligosaccharidique marquée au ^{32}P, et soumise à l'autoradiographie. Les sondes s'associent aux brins d'ADN qui possèdent une séquence qui leur est

(1) Le nombre de clones nécessaires pour qu'une banque soit complète est en relation directe avec la longueur des fragments, et dépend donc de la « capacité » des vecteurs utilisés. Pour un génome humain comprenant 3.10^9 paires de bases, une banque constituée à l'aide des vecteurs phagiques devra être constituée d'un million de clones au moins. Si on utilise des vecteurs « cosmides », il suffira de 300 000 clones pour disposer d'une banque exploitable.

(2) La connaissance d'une séquence d'au moins 15 à 20 acides aminés est indispensable.

(3) Plusieurs séquences sont possibles en raison de la dégénérescence du code génétique, la détermination de ces séquences est effectuée par des moyens informatiques.

complémentaire, seuls les clones qui possèdent un fragment d'ADN dont la séquence est complémentaire de celle d'une des sondes seront marqués.

b) *Anticorps*

Pour appliquer cette méthode il faut disposer d'un anticorps dirigé contre la protéine codée par le gène qu'on souhaite identifier. Un filtre de nitrocellulose imbibé d'un inducteur de l'expression du fragment recombiné à l'ADN bactérien [1] est déposé sur chacune des boîtes de culture constituant la banque génomique. Les protéines synthétisées s'absorbent sur les filtres, qui sont ensuite incubés en présence de l'anticorps marqué à l'iode 125. L'anticorps marqué se fixe sur les membranes qui contiennent la protéine contre laquelle il est dirigé. L'autoradiographie révèle donc les clones bactériens qui contiennent le fragment d'ADN codant pour la protéine étudiée.

E / Mise en œuvre et objectifs de l'ingénierie génétique

L'ingénierie génétique s'est développée dans le courant des années 1970. Elle représente une révolution méthodologique majeure, qui a permis d'intervenir au niveau moléculaire sur le matériel génétique : on sait désormais isoler, copier, associer de diverses manières des fragments d'acides nucléiques, en déchiffrer la séquence nucléotide après nucléotide, provoquer et contrôler leur expression dans les environnements les plus diversifiés, *in vivo* comme *in vitro*.

Ce qui est encore essentiellement un outil de laboratoire ayant, dans le domaine de la recherche fondamentale, permis de faire progresser nos connaissances de façon spectaculaire, deviendra nécessairement dans un proche avenir (et devient déjà sous nos yeux) un auxiliaire puissant de l'industrie et de la médecine.

1 / *Domaine industriel*

Dans le domaine industriel on peut envisager d'utiliser les méthodes de l'ingénierie génétique dans les filières de la pharmacie (production de protéines à usage thérapeutique, production de bio-réactifs), l'agro-alimentaire (production de protéines alimentaires, amélioration des espèces végétales et animales), de l'énergie (production de carburants), du textile (fibres synthétiques), de la protection de l'environnement (biodégradation des déchets et substances toxiques)... beaucoup d'autres applications restent à imaginer !

a) *Production bactérienne*

L'ingénierie génétique permet d'envisager la production par des bactéries de protéines de diverses origines.

Une première étape est la construction d'un vecteur d'expression. Celui-ci est formé par un plasmide à réplication rapide, auquel on ajoute un promoteur. Les promoteurs les plus fréquemment utilisés sont ceux des gènes bactériens Lac z (β-galactosidase), trp (opéron tryptophane), et β-lactamase (gène de résistance à l'ampicilline*).

[1] Dans ce cas, il est indispensable que le vecteur associé au fragment fournisse un promoteur fonctionnel au gène dont on veut mettre en évidence l'expression. C'est ce promoteur qui sera activé par l'inducteur.

Le gène codant pour la protéine à produire est associé au promoteur, et éventuellement à des activateurs d'expression [1].

Le vecteur ainsi « chargé » est intégré à des bactéries, qui sont cultivées en masse dans des fermenteurs de grandes dimensions. La protéine est récupérée dans le milieu de culture (s'il s'agit d'une protéine sécrétée) ou purifiée à partir d'un extrait bactérien. On prépare déjà ainsi des produits d'intérêt thérapeutique : insuline, interféron, somathormone, etc.

b) *Production par des cellules eucaryotes*

Certaines protéines ne deviennent actives qu'après avoir subi diverses modifications post-traductionnelles (glycosylation, par exemple) qui ne peuvent être effectuées par des bactéries. Elles ne pourront être produites que par des cellules eucaryotes, avec un rendement qui sera à l'évidence beaucoup plus faible.

Le gène à exprimer doit donc être optimisé, par excision de toutes les séquences qui ne sont pas indispensables à la fonction de la protéine, ou qui pourraient être responsables d'une relative instabilité de celle-ci. A l'inverse, on peut ajouter des séquences « dopantes », permettant d'améliorer, soit le taux de production, soit l'activité spécifique de la protéine. Il est enfin nécessaire d'ajouter, si elle n'existe pas, une séquence signal favorisant la sécrétion de la protéine dans le milieu extérieur.

Le vecteur choisi pour l'insertion du système génétique ainsi recomposé doit pouvoir se propager en un grand nombre de copies dans une cellule eucaryote, il doit aussi posséder un promoteur très efficace et des séquences de stimulation de la transcription.

Certaines cellules animales en culture peuvent incorporer le matériel génétique exogène qui leur est présenté sous forme de précipités, ou encore inclus dans des vésicules lipidiques appelées liposomes*. Une autre méthode, plus délicate, consiste à injecter directement les vecteurs transportant le gène étranger dans le noyau des cellules, en se servant d'une micropipette.

Quoi qu'il en soit, la production des protéines obtenues par cette méthode reste nécessairement très limitée sur le plan quantitatif. Une autre stratégie, encore très théorique, pourrait apporter une solution plus satisfaisante : la production d'animaux ou de plantes transgéniques*. Chez les mammifères, par exemple, on sait injecter un matériel génétique exogène dans l'un des deux pronucleus d'un œuf fécondé. Le gène greffé est intégré au génome du zygote lors de l'amphimixie, se réplique avec lui et se distribue *dans toutes les cellules de l'individu* lors des mitoses successives au cours du développement. On peut ainsi envisager, en utilisant un promoteur « conditionnel » approprié, de faire exprimer ce gène dans la glande mammaire d'une brebis ou d'une chèvre par exemple, et de recueillir la protéine produite dans le lait de l'animal transgénique.

(1) On peut aussi ajouter d'autres courts fragments d'ADN à la suite du promoteur, codant pour des séquences polypeptidiques qui se situeront à l'extrémité N-terminale de la protéine, et la protégeant contre une protéolyse trop rapide, par exemple, ou encore constituant un signal permettant sa sécrétion. L'adjonction de telles séquences peut constituer une commodité, leur inconvénient est que la protéine produite doit être débarrassée de la séquence « supplémentaire » avant d'être utilisée.

2 / Domaine médical

Grâce aux techniques de l'ingénierie génétique, les gènes humains sont devenus accessibles à l'analyse biologique, ce qui a permis des avancées considérables dans le domaine du diagnostic en particulier.

Entre 1977 et 1991, un millier de gènes humains déjà identifiés comme responsables d'une pathologie génétique ou connus pour correspondre à des fonctions métaboliques importantes, ont été clonés, utilisés comme sondes et analysés dans le détail.

Par ailleurs, la création de banques génomiques, permettant de cloner la totalité des séquences de l'ADN humain, codantes ou non codantes, et de les utiliser comme sondes, a permis de constituer une collection de marqueurs utilisés dans la localisation et la caractérisation de gènes qui n'étaient pas connus, et dont on a pu montrer qu'ils étaient responsables d'affections génétiques.

L'ingénierie génétique a aussi permis de démontrer que de nombreux gènes, qui régissent normalement la croissance et la multiplication cellulaires (proto-oncogènes) peuvent, à la suite d'une altération de leur séquence, être impliqués dans les phénomènes de cancérisation.

Le clonage et le séquençage du génome de virus, de bactéries, de parasites responsables de diverses affections, permet d'étudier la biologie de ces agents pathogènes, d'effectuer un diagnostic direct, et éventuellement de préparer des vaccins.

A plus long terme, on peut enfin envisager des possibilités extraordinaires d'interventions sur le matériel génétique, qu'il s'agisse de thérapeutique génique ou même, comme d'aucuns se plaisent à l'imaginer, « d'amélioration » de l'individu, voire de l'espèce humaine. Dans ces domaines, il convient cependant de faier preuve de la plus grande prudence et de beaucoup de vigilance. Toute intervention de ce type pose en effet des problèmes considérables au plan de l'éthique.

TEMPS FORT

Carte chromosomique de l'homme

Le schéma suivant représente les 22 types différents d'autosomes, le chromosome Y et le chromosome X, en coloration séquentielle de bandes (G), ainsi que la localisation de quelques-uns des principaux gènes cités dans ce manuel. Pour chaque chromosome la quantité d'ADN par chromatide est indiquée (exprimée en Mégabases), ainsi que le pourcentage que représente cette quantité d'ADN par rapport au génome haploide :

Chromosome 1 (250 Mb; 8 %) : El (elliptocytose), Rh (système de groupes sanguins Rhésus), d-Fuc (d-fucose), Duffy (groupe sanguin érythrocytaire), rARN 5 S (ARN ribosomal 5 S).

Chromosome 2 (243 Mb; 8 %) : IGK (immunoglobuline kappa).

Chromosome 3 (202 Mb ; 6,5 %) : TF (transferrine).

Chromosome 4 (195 Mb; 6,2 %) : PGM_2 (phosphoglucomutase 2), MNS (système de groupes sanguins MNS).

Chromosome 5 (184 Mb; 5,9 %) : Hex B (hexosaminidase B).

Chromosome 6 (173 Mb; 5,6 %) : HLA (complexe majeur d'histocompatibilité), SOD_2 (superoxyde dismutase 2).

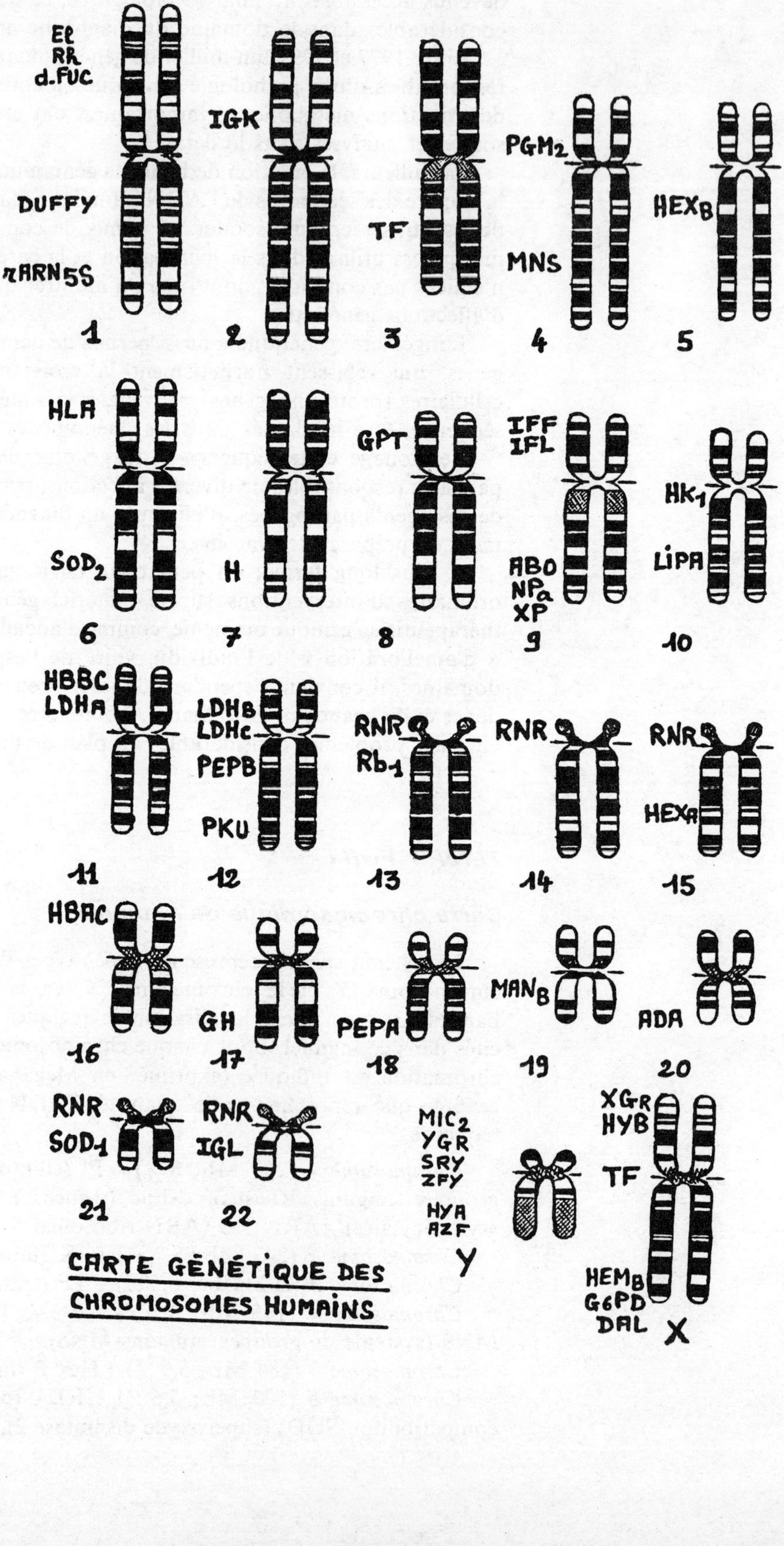

CARTE GÉNÉTIQUE DES CHROMOSOMES HUMAINS

Chromosome 7 (160 Mb; 5,2 %) : H (histones).

Chromosome 8 (146 Mb; 4,7 %) : GPT (glutamate pyruvate transaminase).

Chromosome 9 (137 Mb; 4,4 %) : IFF, IFL (interférons α et β), ABO (système de groupes sanguins ABO), NPa (syndrome *nail patella*), XP *(xeroderma pigmentosum)*.

Chromosome 10 (137 Mb; 4,4 %) : HK_1 (hexokinase 1), LIPA (lipase A).

Chromosome 11 (137 Mb; 4,4 %) : Hb-BC (gènes non α de l'hémoglobine), LDH-A (lactate déshydrogénase A).

Chromosome 12 (134 Mb; 4,3 %) : LDH-B (lactate déshydrogénase B), LDH-C (lactate déshydrogénase C), PEP-B (peptidase B), PKU (phénylcétonurie).

Chromosome 13 (110 Mb; 3,4 %) : RNR (rARN 45 S), Rb-1 (rétinoblastome).

Chromosome 14 (103 Mb; 3,3 %) : RNR (rARN 45 S).

Chromosome 15 (100 Mb; 3,2 %) : RNR (rARN 45 S), Hex A (hexosaminidase A).

Chromosome 16 (93 Mb; 3 %) : Hb aC (gènes de l'hémoglobine).

Chromosome 17 (85 Mb; 2,7 %) : GH (hormone de croissance).

Chromosome 18 (81 Mb; 2,6 %) : PEP-A (peptidase A).

Chromosome 19 (62 Mb; 2 %) : MAN B (mannosidase B).

Chromosome 20 (67 Mb; 2,1 %) : ADA (immunodéficience-adénosine déaminase).

Chromosome 21 (48 Mb; 1,5 %) : RNR (rARN 45 S), SOD^1 (superoxyde dismutase 1).

Chromosome 22 (52 Mb; 1,6 %) : RNR (rARN 45 S), IGL (immunoglobulines-chaînes légères).

Chromosome Y (53 Mb; 1,7 %) : MIC_2 (antigène de groupes sanguins), YGR (régulateur du niveau d'expression de MIC_2), SRY (gène de détermination du sexe mâle), ZFY (zing finger protéine), HY-A (antigène d'histocompatibilité A), AZY (facteur d'azoospermie).

Chromosome X (154 Mb; 5 %) : XG (antigène de groupe sanguin), HY-B (antigène d'histocompatibilité), HEM-B (hémophilie B), G_6 PD (glucose-6-phosphate déshydrogénase), DAL (daltonisme).

EXERCICES

1 | Deux souches bactériennes mutantes (A) et (B) sont mélangées en milieu liquide, puis étalées sur un milieu de culture complet. La souche (A) est auxotrophe pour la thréonine, la leucine et la méthionine, la souche (B) est auxotrophe pour la thiamine (vitamine B_1), l'arginine et la cystéine :

$$(A) = T^- L^- M^- B_1^+ A^+ C^+$$
$$(B) = T^+ L^+ M^+ B_1^- A^- C^-.$$

Au moyen d'un tampon de velours on prélève les six colonies qui se sont développées sur le milieu complet, puis on les implante par compostage (stamping method) *sur six milieux différents qui reçoivent donc chacun une empreinte identique, reflétant la disposition des six colonies initiales de la boîte mère. Chacune des six boîtes de réplique contient un milieu minimum supplémenté de deux des éléments pour lesquels les bactéries (A) et (B) sont auxotrophes. On constate que dans chacune des répliques un petit nombre de colonies se développent alors que les autres (en blanc sur le schéma) périclitent.*

Comment expliquez-vous que des bactéries puissent survivre sur un milieu additionné seulement de deux éléments alors que les souches (A) et (B) sont des triples auxotrophes ?

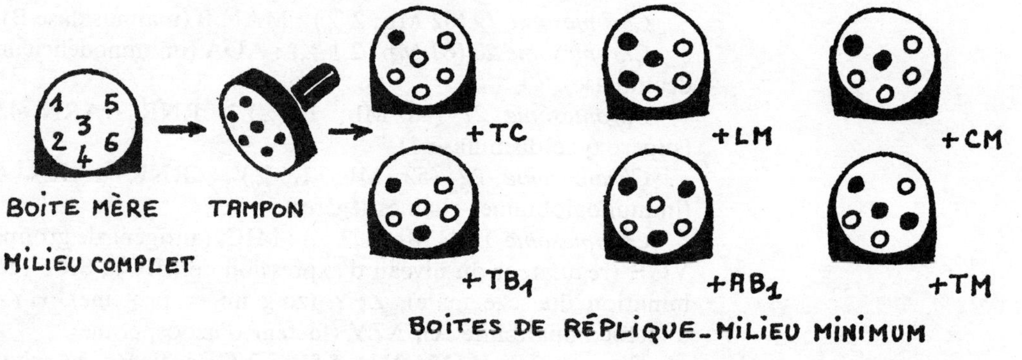

En fonction des résultats obtenus pouvez-vous définir le génotype des colonies 1, 2, 3, 4, 5, 6 ?

• Des bactéries des souches (A) et (B) ont été mises en contact dans le milieu liquide et sont entrées en conjugaison, donnant ainsi naissance à des bactéries recombinantes ; l'une des deux souches est donc Hfr et l'autre F^-. Certains génotypes recombinés ainsi réalisés permettent le développement des colonies sur un milieu minimum additionné seulement de deux éléments : les recombinants ne sont plus auxotrophes que pour un ou deux éléments, ou encore sont totalement prototrophes.

— *La colonie 1* se développe sur tous les milieux, elle est donc entièrement prototrophe : $T^+ L^+ M^+ B_1^+ A^+ C^+$.

— *La colonie 3* se développe sur les milieux LM, CM et TM, le supplément commun est M, la colonie est donc auxotrophe pour M : $T^+ L^+ M^- B_1^+ A^+ C^+$.

— *La colonie 4* se développe sur les milieux TB_1 et AB_1, le supplément commun est B_1, la colonie est donc auxotrophe pour B_1 : $T^+ L^+ M^+ B_1^- A^+ C^+$.

— *La colonie 6* se développe sur le seul milieu supplémenté par T et M, elle est donc auxotrophe pour T et M : $T^- L^+ M^- B^+ A^+ C^+$.

— En ce qui concerne *les colonies 2 et 5*, les données ne sont pas suffisantes pour que leurs génotypes puissent être définis avec certitude.

La colonie 2 se développe sur le seul milieu supplémenté par L et M. Elle peut être auxotrophe pour L et M ou pour L seul. (Elle n'est pas auxotrophe pour M seul puisqu'elle ne se développe pas sur les milieux CM et TM.)

De même, la colonie 5 se développe sur le seul milieu supplémenté par A et B_1. Elle peut être auxotrophe pour A et B_1 ou pour A seul. (Elle n'est pas auxotrophe pour B_1 seul puisqu'elle ne se développe pas sur le milieu TB_1.)

2 / Chez la bactérie Escherichia coli *on considère les caractères suivants :*

T^+ prototrophie pour la thréonine, T^- auxotrophie.
L^+ prototrophie pour la leucine, L^- auxotrophie.
Lac^+, Gal^+, Mal^+ capacité d'utiliser le lactose, le galactose, le maltose.
Lac^-, Gal^-, Mal^- incapacité d'utiliser ces sucres.
Str^s sensibilité à la streptomycine (antibiotique).*
Str^r résistance à la streptomycine.

Sachant que les bactéries n'utilisent pas le lactose, le galactose et le maltose lorsque du glucose est disponible dans le milieu, quels seront pour les caractères considérés les génotypes de bactéries capables de se développer sur les milieux suivants :

(A) milieu minimum + streptomycine et glucose
(B) milieu minimum + thréonine, leucine, galactose et streptomycine.

• Le milieu (A) sélectionne les bactéries T^+ L^+ Str^r.
Le milieu (B) sélectionne les bactéries Gal^+ Str^r.

3 / On dispose d'une souche de bactéries Hfr : T^+ L^+ Lac^+ Gal^+ Mal^+ Str^s et d'une souche F^- : T^- L^- Lac^- Gal^- Mal^- Str^r.
Dans trois échantillons t_1, t_2 et t_3 on mélange les deux souches en milieu liquide.
La conjugaison bactérienne est interrompue par brassage violent au mixeur à des temps variables :

$$t_1 = 8 \text{ mn} \quad t_2 = 10 \text{ mn} \quad t_3 = 25 \text{ mn}.$$

Chacun des trois échantillons est étalé sur deux milieux sélectifs :
(A) contenant de la streptomycine et du glucose ;
(B) contenant de la thréonine, de la leucine, de la streptomycine et du galactose.
Aucune colonie ne se développe dans les boîtes t_1 A et t_1 B.
Des colonies se développent dans la boîte t_2 A, aucun développement n'est observé dans la boîte t_2 B.
Des colonies se développent dans les deux boîtes t_3 A et t_3 B.
Connaissant les données du problème précédent, interpréter ces résultats.

• La conjugaison permet la pénétration du génome des bactéries Hfr dans les bactéries F^-.

Les bactéries Hfr (Str^s) ne peuvent se développer dans les milieux (A) et (B) qui contiennent de la streptomycine.

Les bactéries F^- ne peuvent se développer ni sur le milieu (A) car elles sont T^- L^-, ni sur le milieu (B) car elles sont Gal^-.

Seuls des recombinants T^+ L^+ Str^r peuvent se développer sur le milieu (A), seuls des recombinants Gal^+ Str^r peuvent se développer sur le milieu B.

Par conséquent après 8 mn de contact aucun recombinant n'est encore apparu, puisque aucune colonie ne se développe sur t_1 A ou t_1 B.

Après 10 mn des recombinants T^+ L^+ Str^r (F^-) sont apparus et se développent sur le milieu t_2 A, par contre le gène Gal^+ n'a pas encore été transféré des Hfr aux F^-, puisque aucune colonie ne se développe sur t_2 B.

Les premiers recombinants Gal^+ Str^r n'apparaissent qu'après 25 mn et sont capables de se développer sur le milieu t_3 B.

On peut conclure de ces observations que la séquence des gènes sur le chromosome de la bactérie Hfr est : T^+ L^+ Gal^+ (ou bien L^+ T^+ Gal^+) et l'on peut évaluer la distance entre ces gènes en mesurant le temps correspondant à leur pénétration dans la bactérie F^-. Dans le cas étudié il apparaît que les gènes T^+ et L^+ sont très proches, les résultats obtenus ne permettent pas de définir leur séquence de pénétration (T^+ L^+ ou L^+ T^+) ; le gène Gal^+ qui vient après ce groupe en est relativement éloigné.

Des expériences complémentaires de même type, utilisant des milieux sélectifs différents, permettent de compléter l'analyse et de préciser la séquence complète et la distance séparant les gènes considérés. Une carte chromosomique de la bactérie peut ainsi être établie.

4 / Le plasmide pBR_{322} possède deux gènes de résistance aux antibiotiques ; un gène de résistance à la pénicilline et un gène de résistance à la tétracycline. Pour hybrider ce plasmide à des fragments d'ADN codant pour la synthèse de la pro-insuline, on le clive par l'enzyme de restriction Pst, au niveau d'un site de reconnaissance situé au milieu du gène de résistance à la pénicilline.

Des bactéries traitées à l'aide d'une solution diluée de chlorure de calcium sont mélangées à une population de plasmides pBR_{322}, hybridés et non hybridés. Certaines ne captent pas de plasmides, d'autres captent le plasmide non hybridé, quelques-unes captent le plasmide hybridé (pBR_{322} + fragment).

Pourquoi traite-t-on les bactéries au chlorure de calcium ?

Comment peut-on sélectionner les bactéries qui ont intégré le plasmide hybridé ?

• — Le traitement au chlorure de calcium a pour effet de perméabiliser la paroi des bactéries, ce qui rend possible la pénétration des plasmides dans les bactéries devenues pour un temps « compétentes ».

— Les bactéries qui n'ont capté aucun plasmide ne peuvent résister ni à la pénicilline ni à la tétracycline.

— Les bactéries qui ont capté le plasmide pBR_{322} intact possèdent les gènes de résistance à la pénicilline et à la tétracycline.

— Les bactéries qui ont capté le plasmide hybride, dont le gène de résistance à la pénicilline, *interrompu par le fragment*, n'est plus fonctionnel, sont résistantes à la tétracycline seulement.

Pour sélectionner ces dernières on étale le mélange de bactéries sur un milieu gélosé contenant des éléments nutritifs, de façon à obtenir la croissance de colonies distinctes. Par compostage au tampon de velours on implante une réplique de ces colonies sur des milieux additionnés :

a) de pénicilline et de tétracycline;
b) de tétracycline seule.

Les colonies, qui ne survivent ni sur *a)*, ni sur *b)*, sont issues de bactéries qui n'ont pas capté de plasmide.

Les colonies qui survivent sur *a)* et sur *b)* sont issues de bactéries qui ont capté un plasmide pBR_{322} intact; les colonies qui survivent sur *b)* et ne survivent pas sur *a)* sont issues de bactéries qui ont capté le plasmide hybridé. On peut repiquer ces colonies sur le milieu initial (boîte mère) et les mettre en culture; on obtiendra des milliards de cellules contenant chacune des copies identiques du plasmide recombinant et capables de synthétiser la pro-insuline.

LECTURES CONSEILLÉES

Nous avons choisi de ne retenir que des ouvrages en langue française susceptibles d'être utilisés avec profit par l'ensemble des lecteurs. Dans la plupart de ces manuels, les étudiants qui le souhaitent trouveront une bibliographie comprenant des ouvrages de référence en langue anglaise.

Ouvrages de fond

BEAUDRY (J.-R.), *Génétique générale*, Paris, Maloine, 1985.

Inventaire complet de tous les aspects de la génétique, depuis les aspects moléculaires jusqu'à la génétique des populations.

BOUVIER (J.) et BRAS-HERRENG (F.), *L'ADN. De la cellule aux manipulations « in vitro »*, Paris, Dunod, 1987.

Un recueil d'exercices corrigés portant sur les acides nucléiques et la synthèse des protéines, qui est aussi, par les modes de raisonnement proposés et les informations qu'il apporte, un abrégé de biologie moléculaire très intelligent dans sa conception.

CRÉPIN (M.), *Expression des gènes et génie génétique*, Paris, Hermann, 1987, coll. « Méthodes ».

Les bases fondamentales du génie génétique et les méthodes développées au laboratoire sont présentées de façon accessible et stimulante.

HERBOMEL (P.), *L'expression du génome du noyau à l'organisme*, Paris, ESTEM, 1993.

L'ouvrage replace le fonctionnement du génome dans le contexte de l'architecture du noyau des cellules eucaryotes, reliant ainsi la biologie moléculaire du gène à la biologie cellulaire.

KAPLAN (J.-C.) et DELPECH (M.), *Biologie moléculaire et médecine*, Paris, Flammarion, 1993, coll. « Médecine-Sciences » (2e éd.).

Ouvrage complet et intelligent. Indispensable tout au long des études médicales.

KOURILSKY (P.), *Les artisans de l'hérédité*, Paris, Odile Jacob, 1987.

Un livre clair, accessible à tous, décrit les outils nécessaires au bricolage du vivant et retrace l'histoire de l'ingénierie génétique, en définissant clairement les enjeux.

LEWIN (B.), *Gènes*, Paris, Flammarion, 1988, coll. « Médecine-Sciences ».

Un ouvrage très bien documenté sur les différents aspects de la biologie moléculaire du gène.

ROBERT (J.-M.), *Génétique*, Paris, Flammarion, 1983, coll. « Médecine Sciences ».

Présentation très attrayante de la génétique moderne à tous ses niveaux (moléculaire, chromosomique, cellulaire, organique, populations). Ensemble orienté vers les applications médicales. Très complet.

RUSSEL (P.-J.), *Cours de Génétique*, Paris, Medsi, 1981.

Exposé clair et bien présenté, qui aborde la génétique « classique » par le biais de la génétique moléculaire.

WATSON (J. D.), HOPKINS (N.), ROBERTS (J.), STEITZ (J. A.) et WEINER (A. M.), *Biologie moléculaire du gène*, Paris, Inter Editions, 1989 (4e éd.).

Un ouvrage de référence pour la biologie moléculaire. Une revue claire et complète des connaissances acquises sur la constitution et le mode de fonctionnement du matériel génétique.

Périodiques

La Recherche, 57, rue de Seine, 75006 Paris (mensuel).

Pour la science (édition française de *Scientific American*), 8, rue Féron, 75006 Paris (mensuel).

Synthèses et mises au point sur les problèmes actuels de la biologie, sous une forme très accessible. Informations et actualités scientifiques de très bonne qualité. Niveau assez élevé.

Sciences et avenir, 14-16, rue de la Baume, 75008 Paris (mensuel).

Informations scientifiques. Sujets de synthèse. Chroniques d'actualité. Niveau public cultivé.

Science et Vie, 1, rue du Colonel-Pierre-Avia, 75503, Paris Cedex 15 (mensuel + hors résies).

De bons articles d'actualité. Des numéros hors série très bien documentés. Niveau public cultivé.

Médecine Sciences, 6, rue Blanche, 92120 Montrouge (mensuel).

Synthèses de haut niveau sur des problèmes de recherche d'actualité.

GLOSSAIRE-INDEX

Les mots figurant dans ce glossaire-index sont ceux dont le sens peut être mal connu du lecteur.

Lorsque l'un de ces mots apparaît pour la première fois dans le texte, il est signalé par un astérisque.

Les chiffres en caractères gras correspondent à la page où figure la définition la plus complète du mot recherché, les autres chiffres font référence éventuellement à des pages où le mot est cité dans un contexte susceptible d'apporter des précisions supplémentaires quant à son sens.

Les notations F_1 *et* F_3 *indiquent que des données supplémentaires peuvent être recherchées dans les fascicules 1* (Biologie cellulaire) *et 3* (Reproduction et développement) *de cette collection.*

Imprimé en France
Imprimerie des Presses Universitaires de France
73, avenue Ronsard, 41100 Vendôme
Octobre 1994 — N° 40 800